Adobe Acrobat DC

经典教程 第3版

[美] 布里·根希尔德 (Brie Gyncild)　丽莎·弗里斯玛 (Lisa Fridsma) 著

武传海 译

人民邮电出版社

北京

图书在版编目（CIP）数据

Adobe Acrobat DC经典教程：第3版 ／（美）布里·根希尔德（Brie Gyncild）著；（美）丽莎·弗里斯玛（Lisa Fridsma）著；武传海译. -- 北京：人民邮电出版社，2021.1
ISBN 978-7-115-54603-6

Ⅰ. ①A… Ⅱ. ①布… ②丽… ③武… Ⅲ. ①图形软件—教材 Ⅳ. ①TP391.412

中国版本图书馆CIP数据核字(2020)第142960号

版 权 声 明

◆ 著 ［美］布里·根希尔德（Brie Gyncild）
          ［美］丽莎·弗里斯玛（Lisa Fridsma）
  译 武传海
  责任编辑 胡俊英
  责任印制 王 郁 焦志炜

◆ 人民邮电出版社出版发行 北京市丰台区成寿寺路 11 号
  邮编 100164 电子邮件 315@ptpress.com.cn
  网址 https://www.ptpress.com.cn
  三河市君旺印务有限公司印刷

◆ 开本：800×1000 1/16
  印张：18.75
  字数：444 千字   2021 年 1 月第 1 版
  印数：1 – 2 000 册   2021 年 1 月河北第 1 次印刷

  著作权合同登记号 图字：01-2019-7207 号

定价：89.00 元

读者服务热线：(010)81055410 印装质量热线：(010)81055316
反盗版热线：(010)81055315
广告经营许可证：京东市监广登字 20170147 号

内容提要

本书由 Adobe 公司的专家编写，是 Adobe Acrobat DC 软件的官方指定教材。

本书详尽地介绍了各种创建和编辑 PDF 文档的方法，描述了审阅和注释 PDF 文档的技巧，阐述了创建交互式表单和多媒体演示文稿的技巧，探讨了添加安全保护和数字签名的方法，讨论了 Acrobat 的印前处理功能和工程技术功能，介绍了如何提高 PDF 文档的灵活性和易用性，还探讨了如何使用和创建动作。

本书语言通俗易懂，配以大量的图示，特别适合 Acrobat 新手阅读，有一定 Acrobat 使用经验的读者也能从中学到大量关于高级功能的知识。作为 Adobe 公司的官方培训教程，本书也适合各类培训班学员及广大自学人员参考。

前　言

　　Adobe Acrobat DC 是电子化办公中一个不可或缺的工具。借助 Acrobat Standard 或 Acrobat Pro，你几乎可以把所有文档转换成 PDF（Adobe 便携式文档格式）文档，这种文档会原封不动地保留原始文档的版式、内容、字体与图形。通过 Adobe Acrobat DC，你可以轻松编辑 PDF 文档中的文本与图像、添加注释、发布和共享文档、创建交互式表单等。

关于本书

　　本书是 Adobe 图形图像与排版软件官方培训教程之一，在 Adobe 产品专家的支持下编写推出。本书在设计时做了精心的安排，使读者可以灵活地使用本书进行自学。如果你是初次接触 Adobe Acrobat 软件，那么你将在本书中学到各种基础知识、概念，为掌握 Adobe Acrobat 打下坚实的基础。如果你已经用过 Adobe Acrobat 一段时间，那么通过本书，你将学到软件的许多高级功能，包括最新功能的使用提示与技巧。

　　书中每课在讲解相关项目时，都给出了详细的操作步骤。除此之外，本书还在讲解中留出了一些发挥空间，供读者自己去探索与尝试。学习本书时，你既可以从头一直学到尾，也可以只学习自己感兴趣的部分，请根据自身情况灵活安排。本书每一课最后都安排有一个复习题部分，以便读者对前面学习的内容进行回顾，巩固所学知识。

Acrobat Pro 与 Acrobat Standard

　　本书内容涵盖 Acrobat Pro 与 Acrobat Standard 的所有功能。但是，其中有些内容只针对 Acrobat Pro，具体如下。

- 文档与其他打印任务的印前检查。
- 创建 PDF 包。
- 检查 PDF 文档的可访问性。
- 应用 Bates 编号与校订。
- 比较文档版本。
- 使用与创建动作。

预备知识

学习本书之前，你应该对自己的计算机和操作系统有一定的了解，而且会使用鼠标、标准菜单与命令，还应该知道如何打开、保存、关闭文件。如果你还不懂这些知识，请阅读与自己所用的计算机和操作系统相关的纸质或在线帮助文档。

安装 Adobe Acrobat DC

学习本书之前，你要确保系统设置正确，并且安装了所需的软件与硬件。你需要单独购买 Adobe Acrobat DC。有关运行该软件的系统要求，请访问 Adobe 官网相应页面。

你必须把 Adobe Acrobat DC 安装到你的计算机硬盘上。在有些课程的学习过程中还需要用到其他软件，如 Adobe Acrobat Reader 桌面版、Adobe Acrobat Reader 移动版、Adobe Fill & Sign、Adobe Scan。你可以事先下载并安装它们，或者等到需要的时候再安装它们。

购买 Acrobat DC

Acrobat DC Standard 和 Acrobat DC Pro 都是独立软件，既可以单独购买（按期付费），也可以通过 Adobe Creative Cloud 购买。具体选择哪种方式，取决于你是个人还是机构。Acrobat Standard 与 Acrobat Pro 在功能上有一些差异，但是，不管是单独购买，还是通过 Adobe Creative Cloud 购买，你都可以使用 Adobe Document Cloud 服务。使用 Document Cloud 服务时，需要用到 Adobe Sign 等功能，这些内容后面会讲到。

如果你想了解更多有关购买 Acrobat DC 的内容，请访问 Adobe Acrobat 购买页面。

启动 Adobe Acrobat

与其他软件一样，你可以使用如下方法启动 Adobe Acrobat。

- Windows 系统：从"开始"菜单中依次选择"程序（或所有程序）>Adobe Acrobat DC"。

- Mac OS：打开 Adobe Acrobat DC 文件夹，双击程序图标。

在线资源

购买本书之后，请访问"数艺设"网站，你会得到许多资源。

课程文件

在学习本书的过程中，为了跟做示例项目，你需要先从"数艺设"网站下载课程项目文件。下载时，你既可以按课分次下载，也可以一次性把所有文件全部下载下来。

本书课程文件以 ZIP 文档的形式提供，这样不仅可以加快下载速度，还可以起到保护文档的作用，从而能够有效地防止文件在传输过程中发生损坏。使用课程文件之前，必须先对下载的文件进行解压缩，恢复它们原来的大小和格式，简单双击即可打开 ZIP 文档。

本书的每一课都对应着一个课程文件夹，在每一课的课程文件夹中，你可以找到学习对应课程所需要的全部项目文件。

更多资源

本书不是用来取代软件的说明文档的，因此不会详细讲解软件的每个功能，而只会讲解课程中用到的命令和菜单。有关 Adobe Acrobat DC 的功能与教程的更多信息，请参考如下资源。

- Adobe Acrobat 学习与支持：Adobe 在该页面中提供了有关 Adobe Acrobat 的全面内容，包括实用教程、帮助，以及一些常见问题和疑难问题的解答等。

- Acrobat DC 用户指南：在 helpx.adobe.com/acrobat/topics.html 页面中详细介绍了 Acrobat DC 的各种功能、命令和工具（按 F1 键或从"帮助"菜单中选择"联机支持"）；此外，你还可以从 helpx.adobe.com/pdf/acrobat_reference.pdf 页面下载 PDF 格式的帮助文档，这个文档已经为打印做了优化。

- Acrobat 论坛：在论坛里，你可以与同好就 Acrobat 与其他 Adobe 软件进行探讨与解答。

- Adobe Creative Cloud 学习：在这个页面，你可以学到各种技术、跨产品工作流与新功能的更新内容，还可以获得灵感启发。

- 教育资源：www.adobe.com/education 与 edex.adobe.com 为 Adobe 软件课程讲师提供了一个信息宝库；在其中，你可以找到各种级别的培训方案，包括采用综合教学法的免费 Adobe 软件课程，这些课程可以用作 Adobe Certified Associate 认证考试的培训课程。

此外，下面两个链接也非常有用。

- Adobe Add-ons：在这里，你可以找到各种工具、服务、扩展、示例代码等，用以扩展与补充你的 Adobe 产品。

- Adobe Acrobat DC 主页：有关 Adobe Acrobat DC 的更多信息，请访问主页。

Adobe 授权培训中心

Adobe 授权培训中心提供了有关 Adobe 产品的教师指导课程和培训。在官网的相关页面中，你可以找到 Adobe 官方授权的培训中心。

Adobe Acrobat DC 移动版

Adobe Acrobat DC 移动版是免费的，有适用于Android和iOS设备（包括iPad、iPhone、iPod Touch）的两个版本。借助于Adobe Acrobat DC 移动版，你可以随时

随地浏览与使用PDF文档。在Adobe Acrobat DC移动版中，你可以轻松浏览PDF文档，添加注释、删除线、下划线，使用手绘工具，浏览受密码保护与经过加密的PDF文档，以及填写、保存、发送PDF表格。你甚至还可以对文档进行电子签名。

如果你单独购买或者通过Adobe Creative Cloud购买（按期付费）了Acrobat，Adobe Acrobat DC 移动版的功能会变得更加强大。例如，你可以使用它在PDF文档中创建、导出、组织页面。如果你在iPad上使用Acrobat，你还可以用它编辑PDF文档中的页面。

你可以从iTunes App Store（iPad、iPhone、iPod Touch等iOS设备）或Google Play（Android设备）中下载Adobe Acrobat DC移动版。

有关Adobe Acrobat DC移动版的更多信息，请阅读本书第6课"在移动设备上使用Acrobat"中的内容，或者访问官网的相关页面。

资源与支持

本书由"数艺设"出品，"数艺设"社区平台（www.shuyishe.com）为您提供后续服务。

资源获取请扫码

"数艺设"社区平台，为艺术设计从业者提供专业的教育产品。

与我们联系

我们的联系邮箱是 szys@ptpress.com.cn。如果您对本书有任何疑问或建议，请您发邮件给我们，并请在邮件标题中注明本书书名及 ISBN，以便我们更高效地做出反馈。

如果您有兴趣出版图书、录制教学课程，或者参与技术审校等工作，可以发邮件给我们；有意出版图书的作者也可以到"数艺设"社区平台在线投稿（直接访问 www.shuyishe.com 即可）。如果学校、培训机构或企业想批量购买本书或"数艺设"出版的其他图书，也可以发邮件联系我们。

如果您在网上发现针对"数艺设"出品图书的各种形式的盗版行为，包括对图书全部或部分内容的非授权传播，请您将怀疑有侵权行为的链接通过邮件发给我们。您的这一举动是对作者权益的保护，也是我们持续为您提供有价值的内容的动力之源。

关于"数艺设"

人民邮电出版社有限公司旗下品牌"数艺设"，专注于专业艺术设计类图书出版，为艺术设计从业者提供专业的图书、U 书、课程等教育产品。出版领域涉及平面、三维、影视、摄影与后期等数字艺术门类，字体设计、品牌设计、色彩设计等设计理论与应用门类，UI 设计、电商设计、新媒体设计、游戏设计、交互设计、原型设计等互联网设计门类，环艺设计手绘、插画设计手绘、工业设计手绘等设计手绘门类。更多服务请访问"数艺设"社区平台 www.shuyishe.com。我们将提供及时、准确、专业的学习服务。

目 录

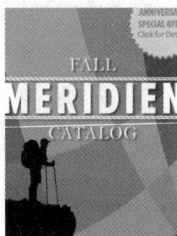

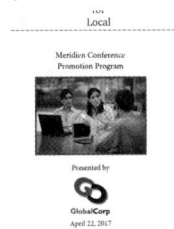

第 8 课　合并文件 ···164

第 9 课　添加签名与安全保护 ·································180

第 10 课　使用 Acrobat 审阅文档 ·····························202

第1课 Adobe Acrobat DC 概述

课程概览

本课学习内容如下。

- 了解 PDF、Adobe Acrobat DC、Acrobat Reader DC。

- 使用"主页"访问文件与工具。

- 从工具栏中选择工具。

- 使用"工具"面板中的工具。

- 自定义工具栏。

- 使用工具栏、菜单命令、页面缩略图、书签浏览 PDF 文档。

- 在"文档"面板中更改文档视图。

- 在阅读模式下查看 PDF 文档。

- 获取 Adobe Acrobat DC 帮助。

学完本课大约需要 1 小时。开始学习之前,请先前往"数艺设"网站下载本课项目文件。请注意,在学习过程中,原始项目文件会被覆盖掉。如果你想保留原始项目文件,请在使用项目文件之前进行备份。

在 Adobe Acrobat DC 界面中，需要使用的工具都放在触手可及的地方，界面布局整洁、清爽。此外，你还可以自定义工具栏，方便快速找到常用工具。

1.1 PDF 简介

PDF（Portable Document Format，便携式文档格式）是 Adobe 制定的一种文件格式，不管你使用何种应用程序在何种平台上创建文档，在把文档转换成 PDF 格式后，原始文档中的所有字体、排版格式、颜色、图形图像都会被原封不动地保留下来。PDF 文档体积小，而且安全性高。无论是谁，只要在计算机中安装好免费的 Acrobat Reader DC，就可以轻松地查看、浏览、注释，以及打印 PDF 文档。Acrobat Reader 还可以用于填写 PDF 表单，并在 PDF 文档中进行电子签名。

- 无论在哪种计算机系统或平台上查看 PDF 文档，原始电子文档的版面布局、字体、文本格式都会在 PDF 文档中得以保留。

- 你可以使用 Acrobat Reader、Acrobat Standard、Acrobat Pro 或 Adobe Document Cloud 查看 PDF 文档。

- PDF 文档支持多国语言，如日语和英语。

- PDF 文档可实现预期打印，并支持页边距和分页符。

- 你可以为 PDF 文档添加安全措施，防止他人非法修改或打印文档，或者对机密文档设置访问限制。

- 在 Acrobat 或 Acrobat Reader 中查看 PDF 文档时，你可以根据需要灵活地调整页面的缩放比例。当页面中包含带有复杂细节的图表时，要查看这些细节信息，缩放功能特别有用。

- 你可以通过网络、Web 服务器、电子邮件、CD、DVD，以及其他可移动媒介和 Document Cloud 把 PDF 文档分享给其他人。

1.2 Adobe Acrobat 简介

通过 Adobe Acrobat，你可以轻松地创建、管理、编辑、合并、搜索 PDF 文档。此外，你还可以创建表单、发起审阅、应用法律特征，以及为专业打印准备 PDF 文档。

借助于 Acrobat 软件或第三方文字编辑软件，你几乎可以把所有文档（包括文本文件、由排版或图形图像软件创建的文件、扫描文件、网页、数码照片等）转换成 PDF 文档。工作流程和文档类型决定了创建 PDF 的最佳方式。

1.3 Acrobat Reader 简介

如图 1-1 所示，Acrobat Reader 是 Adobe 公司推出的专门用于查看 PDF 文档的官方软件，任何人都可以从网上免费下载使用。Acrobat Reader 本质上是一个 PDF 阅读器，你可以使用它打开所有 PDF 文档，并与之进行交互。借助 Acrobat Reader，无须安装 Acrobat 软件就可以查看、搜索、验证、打印 PDF 文档，并且还可以进行数字签名、与其他人进行合作等。

图1-1

Acrobat Reader 可以显示多种媒体内容，如视频、音频。你还可以在 Acrobat Reader 中查看 PDF 包。

在 Windows 系统中，Acrobat Reader 会在保护模式（IT 专业人士称之为"沙盒"）下打开 PDF 文档。在保护模式下，当 Adobe Reader 显示 PDF 文档时，所有操作都在受限的环境（即"沙盒"）中以极其有限的方式运行，这样一来，恶意 PDF 文档就无法访问你的计算机和系统文件。从菜单栏中依次选择"文件 > 属性"，然后在"文档属性"对话框中单击"高级"选项卡，查看"保护模式"状态，即可知道 Adobe Reader 是否在保护模式下运行。

> **注意**：在 Windows 系统中使用 Adobe Reader 时，Adobe 会强烈建议你打开"保护模式"；如果你想禁用它，可以先从菜单栏中依次选择"编辑 > 首选项"，然后在"首选项"对话框左侧的"种类"中选择"安全性（增强）"，再在"沙盒保护"中取消勾选"启动时启用保护模式"；最后重启 Adobe Reader，更改才能生效。

1.4 Document Cloud 简介

如果你购买了 Document Cloud（包含在 Creative Cloud 中），那么你可以把 PDF 文档存放到线上云存储中。这样，无论身处何地，你都可以使用任意一款设备来访问它们。在使用浏览器访问 Document Cloud 时，你可以使用 Acrobat 桌面版的大部分功能，但无法使用注释工具。要访问 Document Cloud 中的文件和 Acrobat 功能，请前往 Adobe 官网相关页面，并根据提示进行登录。

在第 6 课"在移动设备上使用 Acrobat"中，我们将讲解更多有关 Document Cloud 的内容。

1.5 Acrobat 移动版简介

借助 Adobe Acrobat Reader DC 移动版（见图 1-2），你可以在平板电脑和手机上轻松打开 PDF 文档，以及使用 Acrobat 桌面版的许多功能。Adobe Scan、Adobe Sign、Adobe Fill & Sign 为访问移动设备的特定功能提供了便利。本书大部分内容着重讲的是 Acrobat 桌面版的功能，但在第 6 课"在移动设备上使用 Acrobat"中，你可以了解到更多有关移动版的内容。

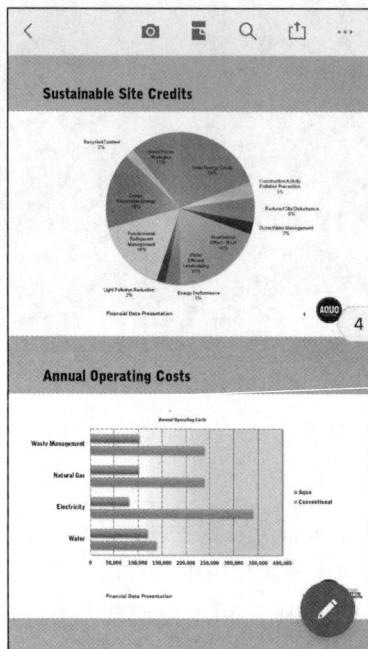

图1-2

添加Acrobat Reader安装程序

Acrobat Reader是一款免费软件，任何人都可以使用它来查看PDF文档。在向其他人发送PDF文档之前，你可以先让他们前往Adobe官网下载并安装Acrobat Reader软件。如果你通过CD或DVD向他人分享自己制作好的PDF文档，也可以把Acrobat Reader安装程序一同放到CD或DVD中，以方便他们安装使用。

当你把Acrobat Reader安装程序放到CD或DVD中时，应该在光盘根目录下同时添加一个ReadMe文本说明文件，用来说明如何安装Acrobat Reader，以及提供一些最新信息。

你可以制作并分享任意数量的Acrobat Reader副本，这些副本可以用在商业行为中。访问Adobe官方站点，可以了解更多关于分享和使用Acrobat Reader DC与Acrobat Reader移动版的信息。

1.6 在网络上使用 PDF 文档

随着网络的发展，电子文档得到大力普及。目前，绝大多数网页浏览器都支持运行 PDF 文档阅读器，因此你可以把 PDF 文档放在网站中，这样，当用户访问你的网站时，他们就可以直接在自己的浏览器窗口中查看 PDF 文档了。当然，他们也可以把 PDF 文档下载到本地。

当你在网页中加入 PDF 文档时，应该考虑把用户引导至 Adobe 网站，以便让用户在第一次遇到 PDF 文档时先前往 Adobe 网站下载 Acrobat Reader。

你可以按每次一页的方式查看并打印网页上的 PDF 文档。当采用每次一页的下载方式时，Web 服务器会只发送用户请求的页面，这可以大大缩短下载时间。另外，你还可以轻松地打印 PDF 文档中指定的页面或全部页面。PDF 特别适合用来在网上发布大型电子文档，而且在采用 PDF 格式交付打印文档时，打印机会把文档原封不动地打印出来，同时 PDF 文档还支持页边距和分页符。

此外，你还可以把网页下载下来，然后转换成 PDF 文档，以便存储、分享和打印。更多相关内容，请阅读第 2 课"创建 Adobe PDF 文档"中的相关内容。

"主页"选项卡

在 Acrobat 的"主页"选项卡中，你会看到一些指向教程与常见任务的链接，如把 PDF 文档转换为 Microsoft Word 文档等。默认设置下，"主页"选项卡会列出你最近打开的文档，你也可以选择查看扫描过的文件，或者浏览本地硬盘中的 PDF 文档，以及 Document Cloud、Dropbox 或 Google Drive 等云服务中的 PDF 文档。

如图 1-3 所示，在"最近"文件列表中选择一个文件后，"主页"选项卡中会显示出快速访问工具。单击某个工具，将打开所选文档，并且该工具将一直处于激活状态。

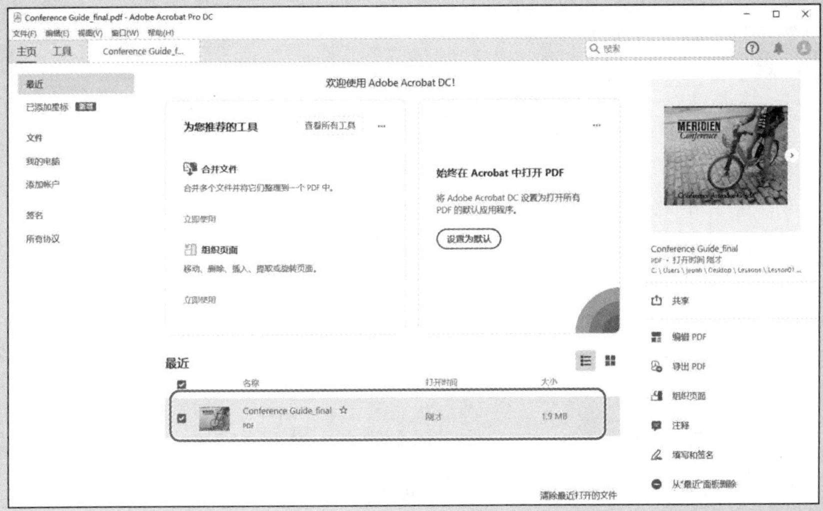

图1-3

如图1-4所示，在"主页"选项卡中，单击右上角的问号按钮（了解Adobe Acrobat DC），将在浏览器中打开"Adobe Acrobat 学习和支持"页面，里面有许多学习教程。

图1-4

1.7 打开 PDF 文档

默认 Acrobat DC 工作区十分精简、高效，用户在使用 Acrobat DC 处理 PDF 文档时可以快速找到最常用的工具。

1. 启动 Acrobat。"主页"选项卡中列出了最近打开的文件。"最近"文件列表只包含之前打开过的文件。如果某个文件是第一次被打开，那么它肯定不会出现在"最近"文件列表中。

2. 如图 1-5 所示，在左侧区域单击"我的电脑"。

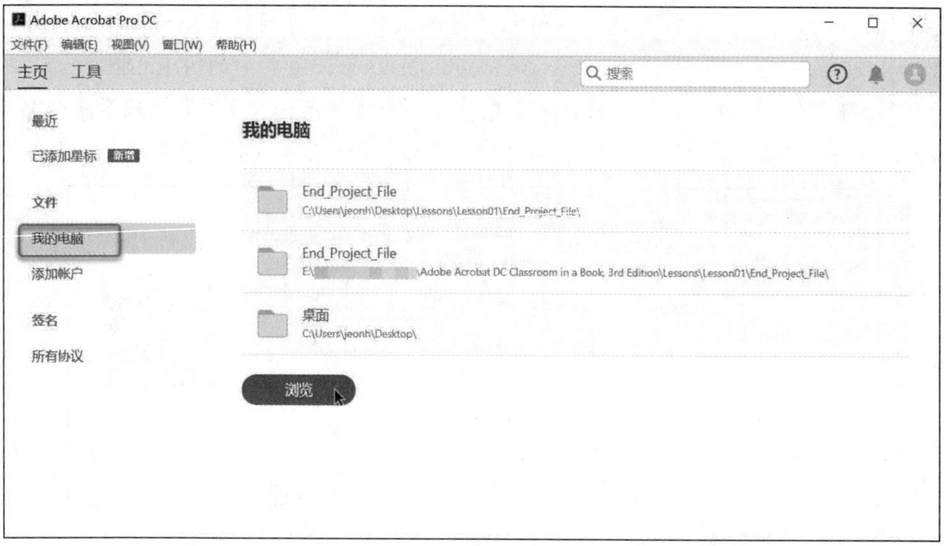

图1-5

3. 单击"浏览"按钮，转到 Lesson01/Assets 文件夹，选择 Conference Guide.pdf 文件。

4. 单击"打开"按钮。工作区顶部分别有菜单栏与工具栏。如图 1-6 所示，在 Acrobat DC 中，每一个打开的文档名称都占用一个选项卡，并且有各自的工作区和工具栏。你可以从菜单栏中访问常用的命令。

图1-6

Acrobat 支持两种不同的打开方式：一种是作为独立的应用程序打开，另一种是在网页浏览器中打开。不同打开方式下，Acrobat 呈现出的工作区会有一些差别。本书默认把 Acrobat 作为独立的应用程序使用。

> 提示：从菜单栏中依次选择"视图 > 显示 / 隐藏 > 菜单栏"，可以把菜单栏隐藏起来；此时，你无法使用任何菜单命令将其重新显示出来；若想把菜单栏重新显示出来，请按键盘上的 F9 键（Windows 系统）或 Command+Shift+M(Mac OS) 快捷键。

5. 如图 1-7 所示，把鼠标指针移动到文档窗口的左下角，会显示出当前页面的尺寸（文档窗口是工作区的一部分，用来显示打开的文档）。当把鼠标指针移出文档窗口的左下角时，显示的页面尺寸会自动消失。

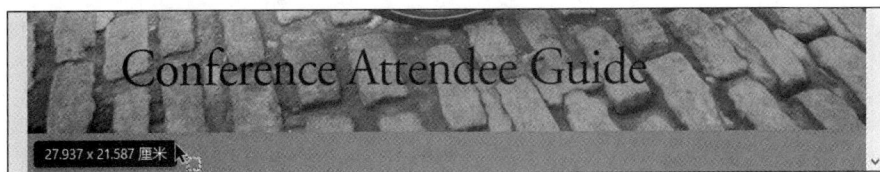

图1-7

1.8 Acrobat 工具栏

Acrobat 工具栏中包含了处理 PDF 文档时常用的工具和命令。当然，也可以在工具栏中显示其他工具，把工具添加到工具栏的快速工具区中，以及显示最近使用过的工具。Acrobat 工具栏设计得十分简单、高效，你可以把自己常用的工具添加进去。

1.8.1 使用工具栏

默认设置下，工具栏中包含"主页"选项卡、"工具"选项卡，以及每个打开文档的名称选项卡。在文档名称选项卡下，所显示的工具与文档密切相关，但一般都包括保存文件、上传文件、打印文件、把 PDF 文档作为电子邮件附件发送、查找文本、导航工具、页面控制工具，以及一些注释工具等。需要使用某个工具时，单击它即可，如图 1-8 所示。

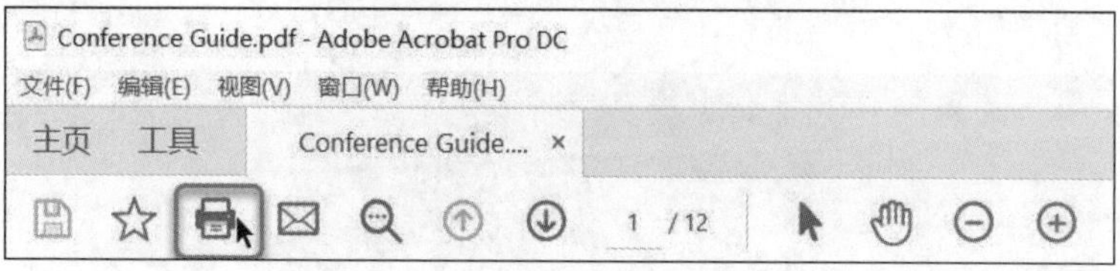

图1-8

如图 1-9 所示，把鼠标指针放到工具栏中相应的工具上，即可看到相应工具的名称或描述。

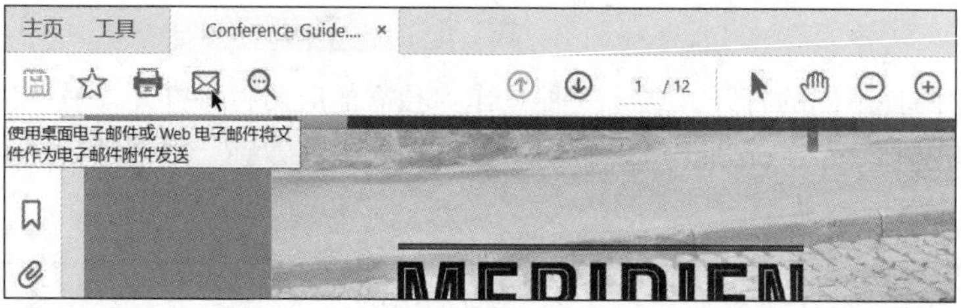

图1-9

1.8.2 使用页面控件

使用页面控件可以大大方便页面导航，它包括文本和图像选择工具（↖）、抓手工具（✋）、缩放工具、页面视图工具等。

> **提示**：在工具栏中单击"将页面控件移动到工具栏外"按钮，可以把页面控件从工具栏中移走；这些页面控件将单独组成一个浮动工具栏并漂浮在页面底部，当你把鼠标指针放到页面底部时，这个浮动工具栏就会显示出来；单击工具栏中的"将页面控件移动到工具栏中"按钮，这些页面控件就会重新回到工具栏中。

1. 如图 1-10 所示，在工具栏中，单击 3 次"放大"按钮（⊕）。Acrobat 会放大视图（见图 1-11 的左图），此时在程序窗口中，你只能看到文档的一部分（见图 1-11 的右图）。文本和图像选择工具（↖）是 Acrobat 的默认工具。你可以使用抓手工具在视图中平移文档。

图1-10

图1-11

2. 在工具栏中单击抓手工具（🖐）。

3. 在抓手工具处于选中的状态时，在应用程序窗口中拖动文档，你会看到文档的不同部分，如图 1-12 所示。

图1-12

4. 在工具栏中，单击一次"缩小"按钮（⊖），你可以看到更多页面内容。请注意，缩放工具不会改变文档的实际大小，只会改变文档在窗口中的视图缩放比例。

5. 如图 1-13 所示，单击缩放比例右侧的箭头，在弹出菜单中选择"适合可见"，可以把整个页面全部显示出来。

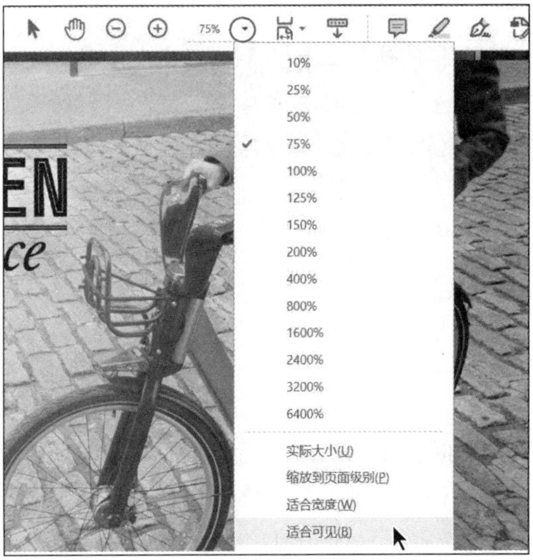

图1-13

> 提示：若某个工具右侧有一个箭头，则表示该工具有一个关联菜单；单击该箭头，可以打开相应的关联菜单。

工具面板中的工具

默认情况下，工具面板中显示的是最常用的工具。在工具栏中单击"工具"选项卡，打开工具面板，然后从某个工具下方的菜单中选择"添加快捷方式"或"删除快捷方式"，可以把指定工具添加到工具面板中，或者从工具面板中删除。当你设置好工具面板后，不管打开哪个PDF文档，你看到的工具面板都是一样的，除非你再次更改工具面板。（有些工具只在Acrobat Pro中可用。）

常用工具包括以下几个，如图1-14所示。

* 创建 PDF：基于现有的任意一个文件或扫描图像创建一个 PDF 文档。
* 合并文件：把多个 PDF 文档或其他文档合并成一个 PDF 文档。
* 编辑 PDF：编辑 PDF 文档中的文本、图像、链接以及其他内容，或裁剪页面。
* 导出 PDF：把 PDF 文档导出为 Microsoft Word 文档、图像、HTML 网页，或者其他格式。
* 组织页面：旋转、删除、插入、替换、拆分、提取，以及对页面的其他操作。
* 发送以供审阅：邀请他人审阅共享文档，并收集反馈意见。
* 注释：添加、搜索、阅读、回复、导入与导出注释。
* 填写和签名：对电子表单进行填写与签名。
* 扫描和 OCR：把文本转换成可编辑状态，提高扫描文档的质量。
* 保护：开启文件加密等安全功能。

图1-14

1.9 使用工具

在应用程序窗口右侧的工具面板中，用来执行不同任务的命令和选项分别放在不同分组下。此外，"工具"选项卡中还提供了许多其他工具，你可以通过"工具"选项卡访问这些工具，或者把它们添加到工具面板中。当你选择了一个工具之后，用户界面就会发生变化，所选工具的相关选项会随之显示出来。

使用工具面板中的工具

下面我们把 PDF 文档中的一个页面进行旋转，并编辑其中的文本，从而帮大家熟悉相关工具的用法。

1. 如图 1-15 所示，在屏幕右侧的工具面板中单击"组织页面"。此时，Acrobat 会显示文档中每一页的缩略图，同时在每页下方显示页码，如图 1-16 所示。"组织页面"工具栏会显示在 Acrobat 工具栏下方。

图1-15

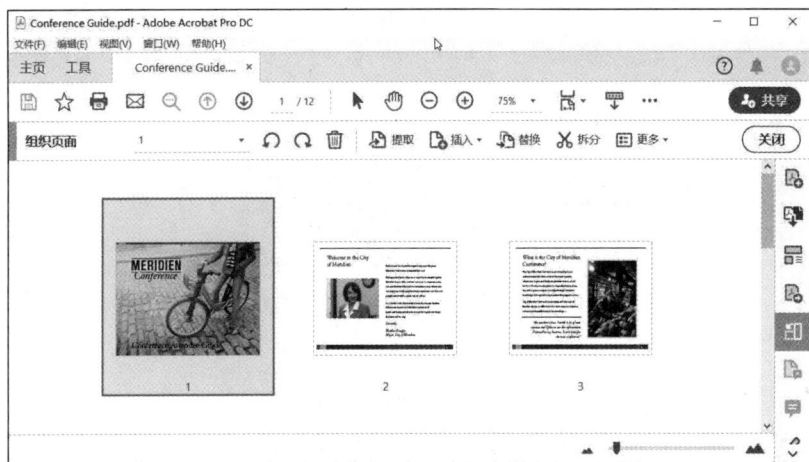

图1-16

2. 单击第 9 页的缩略图。当把鼠标指针移动到第 9 页上时，页面右侧会显示 4 个按钮，它们分别是两个旋转按钮、一个"删除"按钮和一个"插入"按钮。第 9 页中地图的朝向不对，我们修改一下。

3. 如图 1-17 所示，单击"顺时针旋转"按钮。此时，第 9 页沿着顺时针方向旋转了 90°，地图的朝向正确了，并且其他页面未受影响。

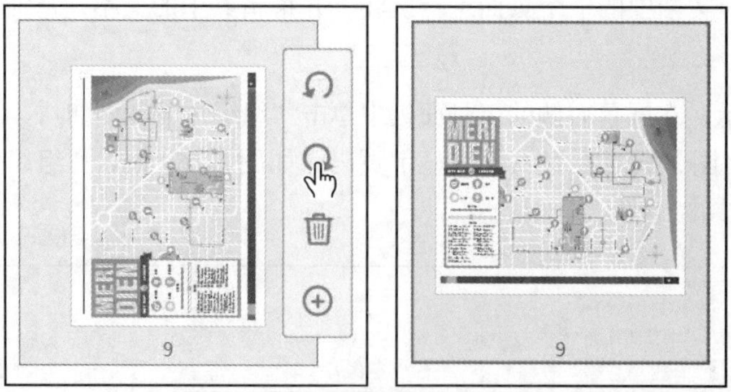

图1-17

4. 单击"组织页面"工具栏中最右端的"关闭"按钮，返回到文档视图中。

5. 在工具面板中单击"编辑 PDF"按钮。此时，"编辑 PDF"工具栏出现在 Acrobat 工具栏下方。同时，在应用窗口右侧出现一个面板，其中显示着与编辑文本、图像相关的选项如图 1-18 所示。文档窗口显示当前页面。默认情况下，"编辑 PDF"工具栏中的"编辑"选项处于选中状态。当你选择了某个工具后，用户界面会发生变化，并且与该工具相关的选项与内容也会显示出来，以帮助用户高效地使用这个工具。选择不同的工具，用户界面的显示内容也不同。

图1-18

6. 在工具栏的页码文本框中输入 12，然后按 Enter 键或 Return 键，跳转到第 12 页。当"编辑 PDF"工具栏中的"编辑"处于选中状态时，页面中的可编辑文本周围就会出现一个边框。把鼠标指针移动到文本上时，鼠标指针会变成 I 形状。

7. 在 Wireless Internet Access 这一段的第二句中，选中单词 and。

8. 如图 1-19 所示，输入 but，替换掉单词 and。

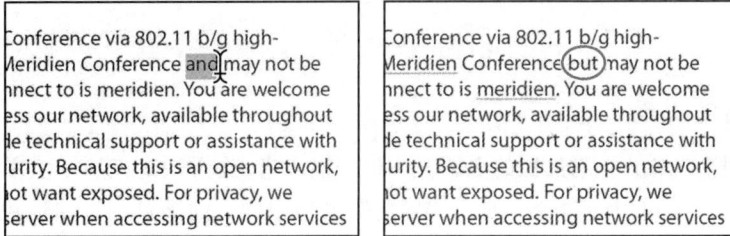

图1–19

> **注意**：若原文本字体不可用，Acrobat 会将其替换为默认字体，并显示提示信息，告诉你原字体已经被替换掉。

9. 单击"编辑 PDF"工具栏最右端的"关闭"按钮，关闭"编辑 PDF"工具栏。

10. 在菜单栏中依次选择"文件 > 另存为"，打开"另存为 PDF"对话框。

11. 在"另存为 PDF"对话框中，转到 Lesson01/Finished_Projects 文件夹下，然后在"文件名"文本框中输入 Conference Guide_final.pdf，单击"保存"按钮。这时，先不要关闭 Conference Guide_final.pdf 文件。

1.10 浏览 PDF 文档

在 Acrobat 中，你可以进行如下操作：缩放视图、跳转到不同页面、同时显示多个页面、浏览多个文档，甚至拆分文档，以便同时查看同一个文档的不同区域。在 Acrobat 中，多个地方都有导航工具，你只要根据需要选择最适合自己的工具即可。

1.10.1 更改缩放级别

前面我们已经用过放大工具和缩小工具，以及"缩放"菜单，你可以在工具栏中找到它们。此外，你还可以使用"视图"菜单中的命令来调整缩放级别。

1. 在菜单栏中依次选择"文件 > 打开"，转到 Lesson01/Assets 文件夹下，选择 Meridien Rev. pdf 文件，单击"打开"按钮。

2. 在菜单栏中依次选择"视图 > 缩放 > 适合高度"。此时，整个 PDF 文档都会显示出来，并且文档高度与程序窗口保持一致。

3. 在菜单栏中依次选择"视图 > 缩放 > 缩放到"，打开"缩放到"对话框。

4. 如图 1-20 所示，在"放大率"文本框中输入 125，然后单击"确定"按钮。

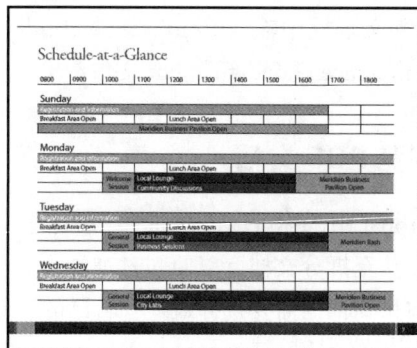

图1-20

1.10.2 访问指定页面

我们可以通过在 Acrobat 工具栏的页码文本框中输入指定页码来跳转到指定页面。此外，我们还可以使用"视图"菜单中的命令，或者"导览"窗格中的页面缩览图来快速跳转到文档中指定的页面。

1. 单击 Conference Guide_final.pdf 选项卡，把前面修改过的文件显示出来。若 Conference Guide_final.pdf 文件处于未打开状态，请将其打开。

2. 从菜单栏中依次选择"视图 > 页面导览 > 跳至页面"，打开"跳至页面"对话框。

3. 如图 1-21 所示，在"页面"文本框中输入 7，单击"确定"按钮。此时，Acrobat 会显示文档的第 7 页，如图 1-22 所示。

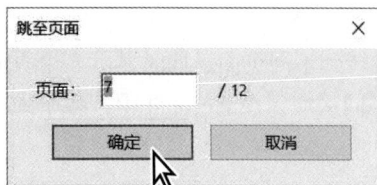

图1-21

图1-22

4. 从菜单栏中依次选择"视图 > 页面导览 > 上一页"。此时，Acrobat 显示出文档的第 6 页。"页面导航"菜单下的"上一页"和"下一页"命令与工具栏中的"上一页"和"下一页"按钮功能一样。

5. 若"导览"窗格未显示出来，可以单击程序窗口左侧的"箭头"按钮，把"导览"窗格显示出来。

6. 在"导览"窗格中单击"页面缩略图"按钮（ ）。此时，Acrobat 会把文档中所有页面的缩略图显示出来。当你打开一个 PDF 文档时，Acrobat 会自动为文档中的每一个页面创建缩略图。

7. 单击第 3 页的缩略图，跳转到第 3 页，如图 1-23 所示。此时，Acrobat 会把文档的第 3 页显示出来。

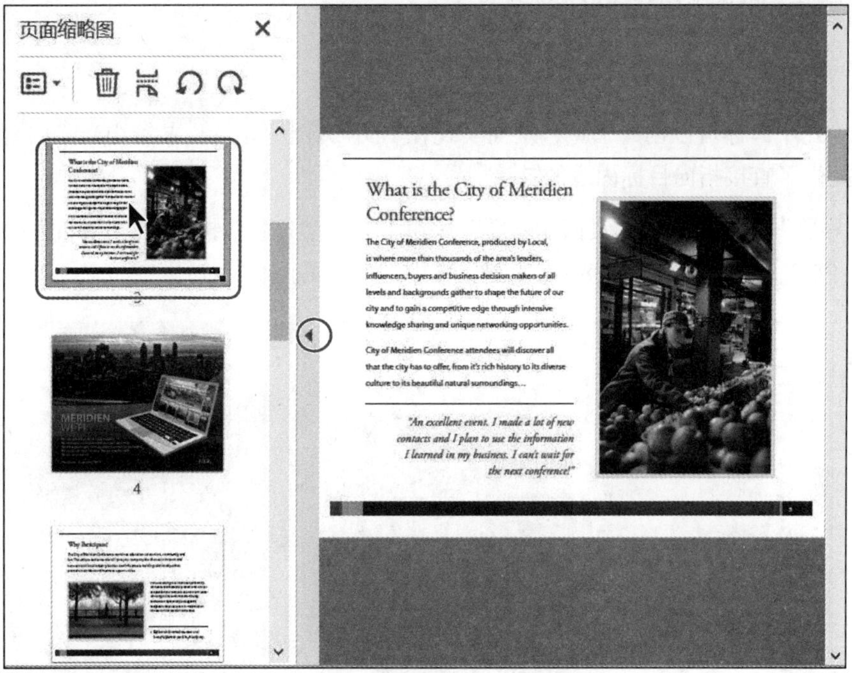

图1-23

8. 把文档放大到 200%。请注意，在页面缩略图上，黑框内的区域就是文档在文档窗口中的可视区域，如图 1-24 所示。

图1-24

9. 在工具栏中选择抓手工具（🖐）。

10. 在文档窗口中拖动文档，可以查看页面的不同区域。请注意，当你使用抓手工具拖动文档时，页面缩略图上的黑框也会随之移动。

1.10.3 使用书签在文档中导航

在 Acrobat 中，你可以创建书签，从而实现在 PDF 文档中导航。书签相当于内容页面的电子目录，它们提供了直接指向目标内容的链接。

1. 在"导览"窗格中单击"页面缩略图"按钮下方的"书签"按钮（🔖）。此时，Acrobat 会把当前 PDF 文档中的所有书签显示出来，如图 1-25 所示。

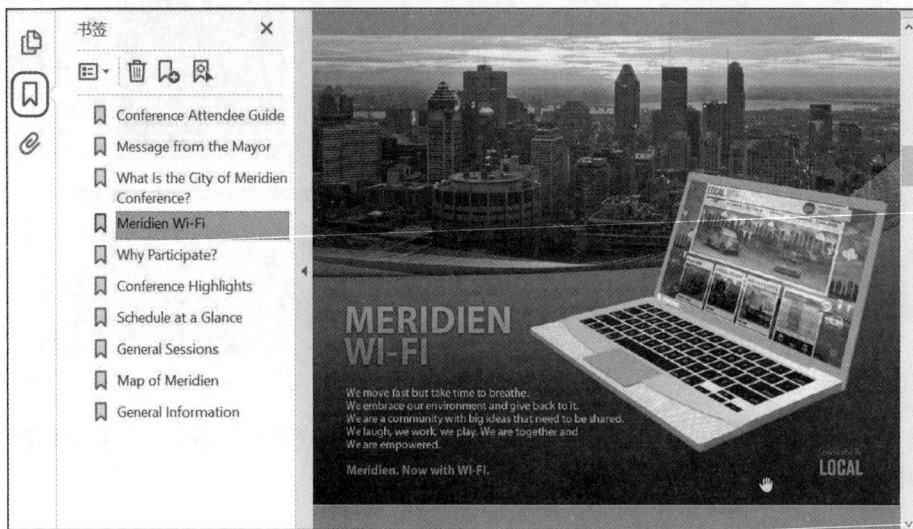

图1-25

2. 单击 Meridien Wi-Fi 书签。此时，Acrobat 会显示出第 4 页，其中包含了关于访问 Meridien 无线网络的信息。

3. 单击 General Sessions 书签。Acrobat 会显示第 8 页的内容，这是介绍会议的页面。你不必为每一个页面都创建书签。

> **提示**：你可以在 Acrobat 中为 PDF 文档创建书签，也可以在 PDFMaker 中创建 PDF 或者从 InDesign 导出 PDF 文档时，让程序自动生成书签。

4. 单击 General Information 书签。Acrobat 会显示第 10 页的内容，这是基本信息介绍页面。接下来，我们创建一个书签，帮助与会者快速找到急救信息。

5. 在 Acrobat 工具栏中单击"显示下一页"按钮（⬇），转到第 11 页。

6. 在工具栏中选择"文本和图像选择工具"（↖），然后，选中页面中的 First aid Information 标题文本。

7. 如图 1-26 所示，单击"书签"面板顶部的"新建书签"按钮（📖）。此时，Acrobat 会使用你选择的文本新建一个书签，并将其添加到 General Information 书签之下。

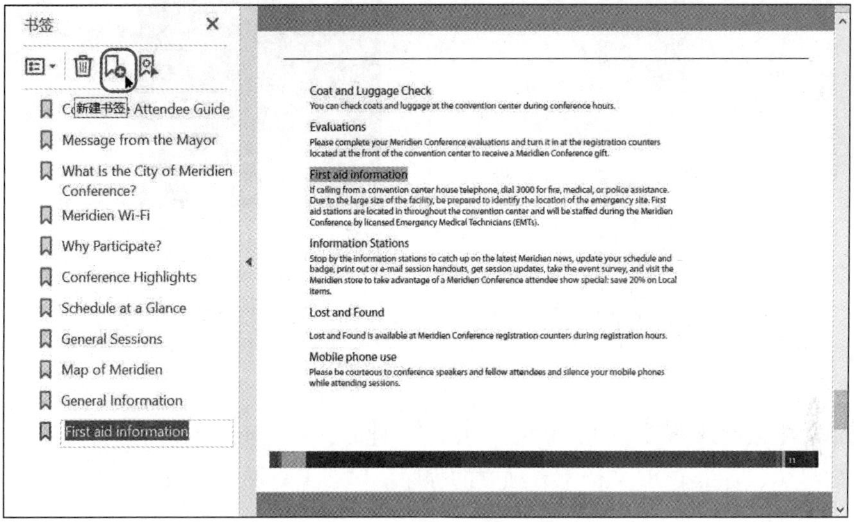

图1-26

8. 按下鼠标左键，把新书签拖动到 General Information 书签之上，当出现小三角形（见图 1-27）时，释放鼠标左键。此时，Acrobat 会对新书签进行缩进，将其嵌入 General Information 书签之下，如图 1-28 所示。

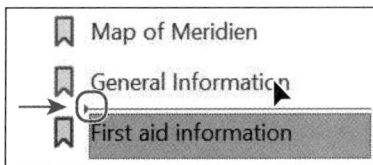

图1-27 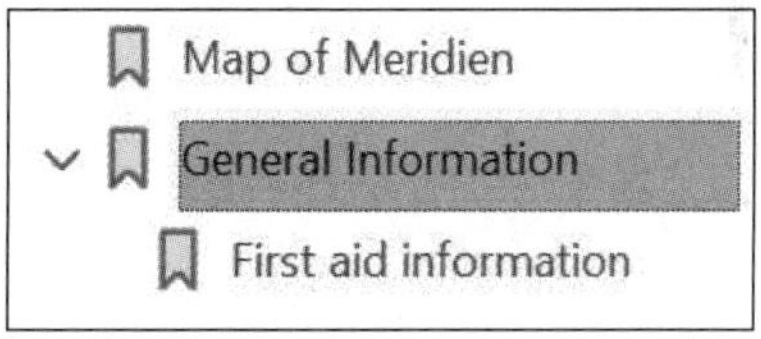   图1-28

9. 关闭"书签"面板。

1.10.4　查看多个文档

在 Acrobat 中，你可以同时处理多个 PDF 文档，并沿垂直方向或水平方向显示它们。前面我们已经打开了两个 PDF 文档，接下来，我们沿垂直方向或水平方向并排显示它们。

1. 从菜单栏中依次选择"窗口 > 平铺 > 垂直"。此时，Acrobat 会将所有打开的 PDF 文档并排显示，如图 1-29 所示。请注意，每个文档各有独立的程序窗口以及工具栏、各种面板。

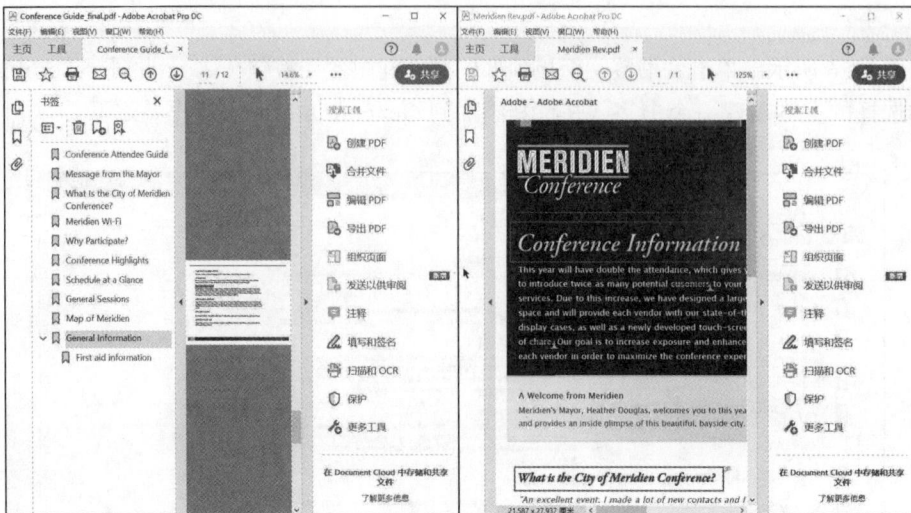

图1-29

2. 从菜单栏中依次选择"窗口 > 平铺 > 水平"。此时，Acrobat 会将所有打开的 PDF 文档沿水平方向显示，各个 PDF 文档都有独立的程序窗口、工具栏、面板等。

3. 从菜单栏中依次选择"窗口 > 层叠"。此时，Acrobat 会把当前活动文档显示在其他文件之上，但是每个打开的文档的标题栏都是可见的。

4. 调整窗口位置，把每个文档的工具栏显示出来。然后把一个文档的选项卡拖动到另一个文档选项卡上，出现蓝色线条时释放鼠标左键，就返回到标准带选项卡的文档视图，如图 1-30 所示。

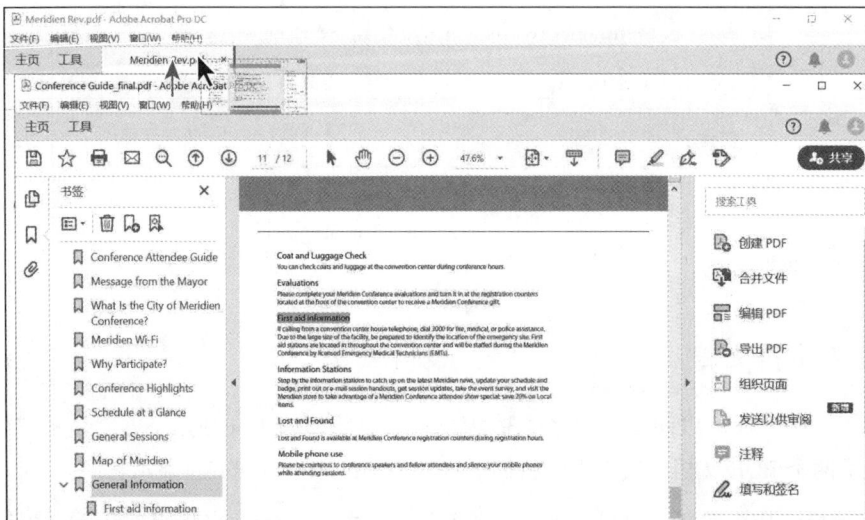

图1-30

1.10.5 拆分文档视图

有时，为了确保措辞一致，或者要比对多幅图像的不同之处，我们需要同时查看同一个文档的不同部分。此时，你可以拆分文档视图，把一个文档拆分到两个视图中，每个视图都可以独立导览。

1. 单击 Conference Guide_final.pdf 选项卡，使其处于活动状态。然后，从菜单栏中依次选择"窗口 > 拆分"。Acrobat 会在两个文档窗口中显示同一个文档，每个文档窗口有独立的滚动条，但文档的两个副本共享同一个工具栏和面板。

2. 单击位于上方的文档视图，使其成为活动视图。

3. 单击"显示上一页"按钮，往前翻一页。请注意，此时只有当前活动视图才会往前翻一页。

4. 单击位于下方的文档视图，使其成为活动视图。

5. 把文档放大到 150%。注意，此时只有当前活动视图中的文档才会放大，如图 1-31 所示。

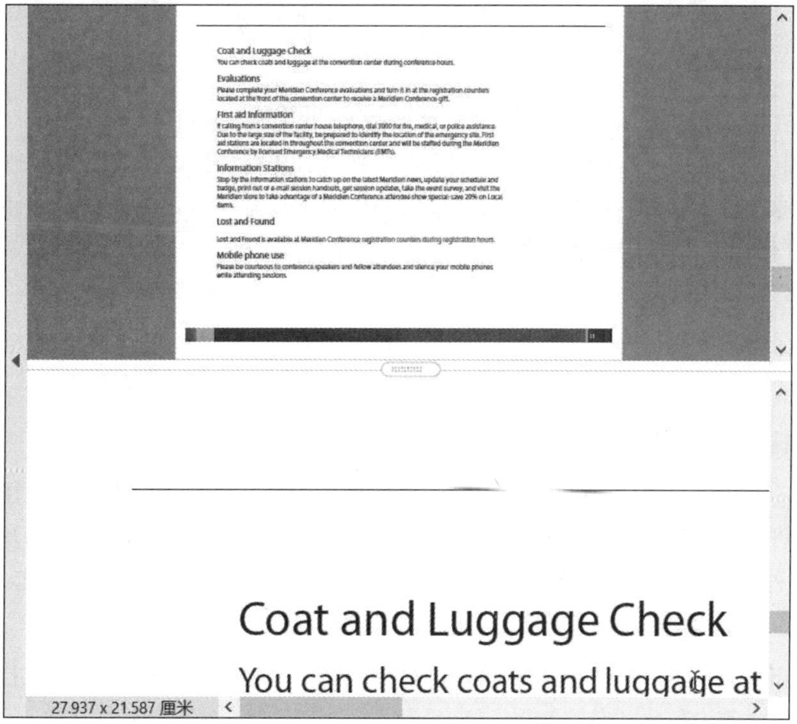

图1-31

6. 从菜单栏中依次选择"窗口 > 取消拆分"。Acrobat 会把文档恢复成单视图状态，其中显示的是选择"取消拆分"菜单命令时处于活动状态的视图。

7. 关闭所有打开的文档，不保存所做的修改。

1.11 在全屏模式下查看 PDF 文档

你可以设置在全屏模式下查看 PDF 文档，或者在这种模式下查看任意文档。在全屏模式下，菜单栏和工具栏都是隐藏的。

1. 从菜单栏中依次选择"文件 > 打开"，转到 Lesson01/Assets 文件夹下，找到 Aquo_Financial.pdf 文件，双击将其打开。

2. 如图 1-32 所示，在弹出的"全屏"对话框中，单击"是"按钮，在全屏模式下打开这个文档。

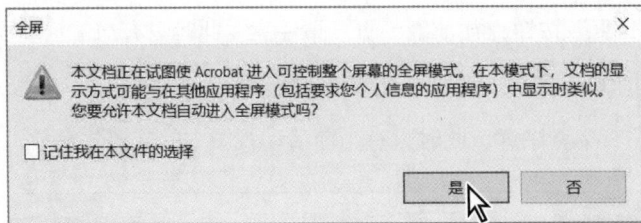

图1-32

请注意，在全屏模式下，文档会占满显示器的所有空间，并且 Acrobat 中的工具栏、菜单、面板都会隐藏起来。Aquo_Financial.pdf 文档是一个演示文稿，被设计成以屏幕独占方式进行查看。其中的图像、较大字体，以及水平页面布局都是为了让其在显示器上获得最佳展现效果。在 Acrobat 中打开任意一个 PDF 文档，然后，从菜单栏中依次选择"视图 > 全屏模式"，即可在全屏模式下查看该 PDF 文档。

3. 按 Enter 键或 Return 键，可以往后翻页。此外，你还可以按键盘上的箭头键来向前或向后翻页。

4. 按 Esc 键，退出全屏模式。

5. 若想在全屏模式下把导航栏显示出来，请做如下设置：从菜单栏中依次选择"编辑 > 首选项"（Windows 系统），或者依次选择"Acrobat> 首选项"（Mac OS），然后从"首选项"左侧的"种类"下拉列表中选择"全屏"，在右侧"全屏导览"选项组中勾选"显示导航栏"（见图 1-33），单击"确定"按钮，使设置生效。

这样，每当在 Acrobat 中以全屏模式打开一个 PDF 文档时，Acrobat 就会在文档窗口的左下角显示一个导航栏，其中包含"向前翻页""向后翻页""退出全屏视图"3 个按钮。这 3 个按钮会在你以全屏模式查看文档时在文档窗口左下角显示一小会儿，然后自动隐藏起来。当你再次把鼠标指针移动到文档窗口的左下角时，导航栏又会自动显示出来。请注意，"全屏"首选项设置针对的是运行 PDF 文档的计算机，而非具体文档。

若想把一个 PDF 文档设置为在全屏模式下打开，请做如下设置：从菜单栏中依次选择"文件 > 属性"，在"文档属性"对话框中单击"初始视图"选项卡，在"窗口选项"选项组中勾选

"以全屏模式打开"（见图 1-34），单击"确定"按钮，最后保存文档即可。更多相关内容，请阅读第 4 课"增强 PDF 文档"中的相关内容。

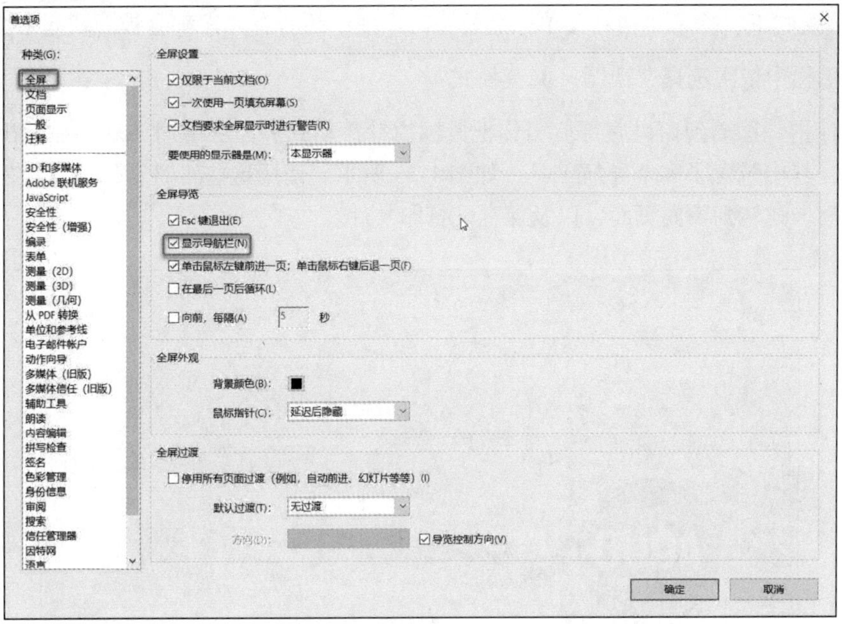

图1-33

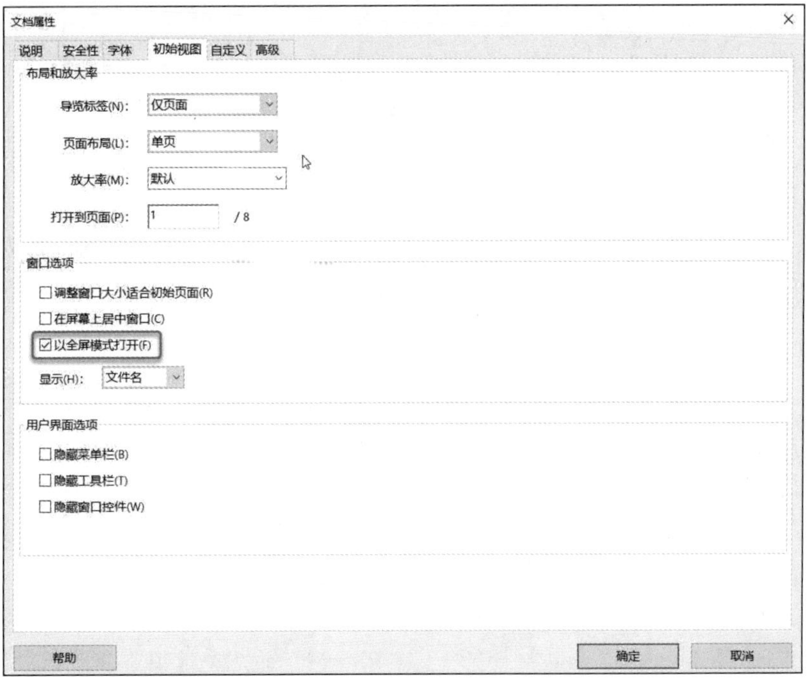

图1-34

1.12 在阅读模式下查看 PDF 文档

在不进入全屏模式的情形下，你可以进入阅读模式以便最大限度地利用屏幕空间来查看 PDF 文档。在阅读模式下，除了文档和菜单栏之外，工作区中的所有元素都会被隐藏起来。

1. 在菜单栏中依次选择"视图 > 阅读模式"。

2. 把鼠标指针移动到窗口底部。当你把鼠标指针移动到页面底部时，就会显示出一个浮动工具栏，其中包含了多个导航工具，如图 1-35 所示。使用这些工具，你可以轻松地放大、缩小页面、跳转到不同页面，以及保存、打印文件。

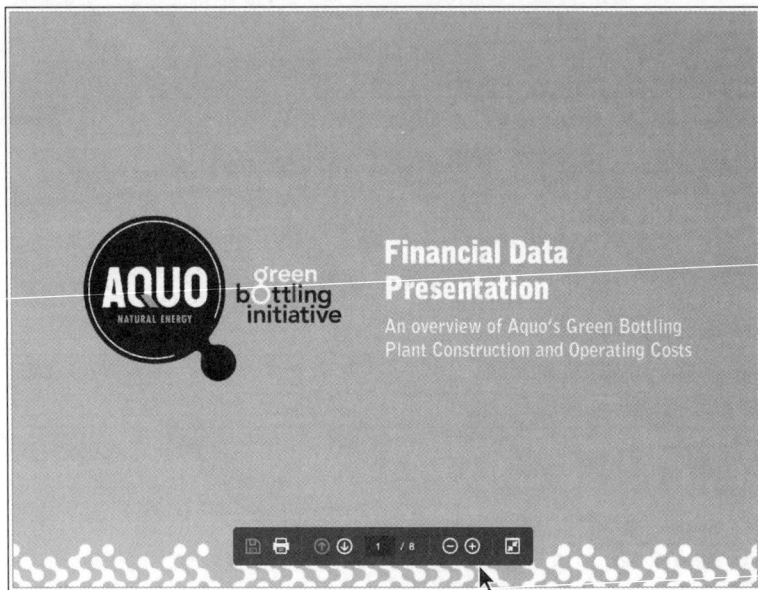

图1-35

3. 在浮动工具栏中单击"显示主工具栏"按钮（⬚），或者再次从菜单栏中依次选择"视图 > 阅读模式"，即可退出阅读模式，恢复为原来的工作区。

4. 从菜单栏中依次选择"文件 > 关闭"，关闭文件，不保存任何改动。

针对Web浏览设置Acrobat首选项

我们可以通过设置Acrobat的"因特网"（Internet）首选项来控制Acrobat加载与显示来自互联网的PDF文档的方式。

在Acrobat中，从菜单栏中依次选择"编辑>首选项"（Windows系统），或者依次选择"Acrobat>首选项"（Mac OS），在"首选项"对话框的左侧"种类"中选择"因特网"（Internet）。默认情况下，"因特网"的几个选项都处于选中状态。

- 默认为在阅读模式下显示：显示 PDF 文档时，不带任何工具栏和面板；当在 PDF 文档底部区域中移动鼠标指针时，会显示一个半透明的浮动工具栏；取消勾选该选项后，显示 PDF 文档的同时会显示工具栏和面板。
- 允许快速 Web 查看：勾选该复选框后，可以边查看边下载 PDF 文档，每次下载一页；取消勾选该复选框后，只有下载完整个 PDF 文档才能进行查看。
- 允许在后台智能下载：勾选该复选框后，PDF 文档会一直从网络下载，即便在第一个请求页面显示之后，下载仍然会在后台继续进行；但是，当 Acrobat 启动了其他任务（如翻阅文档）时，后台的下载就会停止。

在"首选项"对话框的"网络浏览器选项"选项组中单击"如何设置浏览器来使用 Adobe 产品查看 PDF 文档"链接，可以了解更多有关设置浏览器查看 PDF 文档的内容。

1.13　自定义 Acrobat 工具栏

默认情况下，Acrobat 工具栏中包含了一些常用的工具。通过"显示 / 隐藏"命令，你可以添加自己常用的工具，或者把它们添加到工具栏的"快速工具"中。针对工具栏的修改会影响到整个应用程序，所以你在任何一个 PDF 文档中看到的工具栏都是一样的（直到你再次修改工具栏的设置）。

1. 在 Acrobat 中打开任意一个 PDF 文档，以便访问工具栏。

2. 从菜单栏中依次选择"视图 > 显示 / 隐藏 > 工具栏项目 > 显示页面导航工具 > 上一视图"。此时，工具栏中显示出"上一个视图"按钮，它位于页码控件左侧。

> **注意**：若"上一个视图"按钮在工具栏中已经存在，则执行第 2 步中的命令会把"上一个视图"按钮从工具栏中删除。

3. 从菜单栏中依次选择"视图 > 显示 / 隐藏 > 工具栏项目 > 显示编辑工具 > 撤销"。此时，"撤销最后一个更改"按钮会出现在工具栏中，该按钮位于"查找文本"按钮右侧，如图 1-36 所示。通过"显示 / 隐藏"命令，我们可以把"文件""编辑""视图"菜单中的命令添加到工具栏中，并根据其所属的菜单与子菜单进行分组放置（如"页面导航"）。工具栏的快速工具区域中包含了通过工具面板添加的工具。几乎所有工具都是可用的。

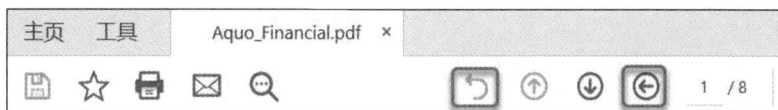

图 1-36

4. 从菜单栏中依次选择"视图 > 显示 / 隐藏 > 工具栏项目 > 自定义快速工具"。此时，Acrobat 将打开"自定义快速工具"对话框。"快速工具"工具栏中的当前工具显示在对话框顶部。同时，那些可以添加到"快速工具"工具栏中的工具会出现在对话框底部。接下来，我们把逆时针旋转工具和顺时针旋转工具添加到"快速工具"工具栏中。

5. 单击"组织页面"，将其展开。

6. 选择逆时针旋转工具（ ↺ ），单击"添加至工具栏"按钮（ ），将其添加到对话框顶部的"工具栏中显示的工具"中。

7. 选择顺时针旋转工具（ ↻ ），单击"添加至工具栏"按钮，如图 1-37 所示。

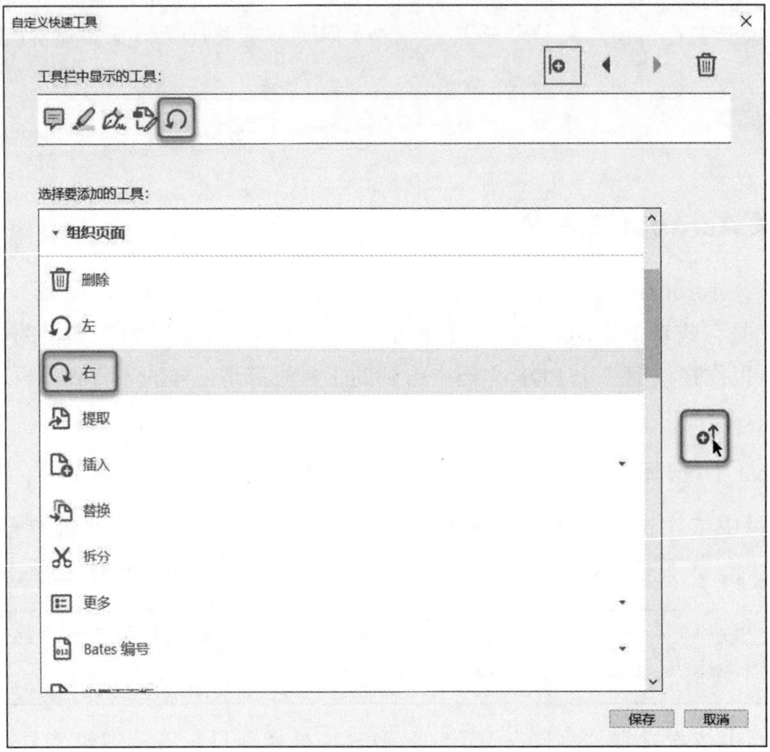

图1-37

8. 再次单击"组织页面"，将其折叠起来。然后单击"创建 PDF"，将其展开。

9. 选择"从文件创建 PDF"，单击"添加至工具栏"按钮。至此，我们已经向"快速工具"工具栏中添加了 3 个按钮。你可以重新排列这些工具、添加分隔符（用于组织各种工具），以及删除它们。

10. 在从文件创建 PDF 工具仍处于选中状态时，单击对话框顶部的"左移"箭头两次，将从文件创建 PDF 工具移动到旋转工具左侧。

11. 单击对话框顶部的"添加分隔符至工具栏"按钮，在从文件创建 PDF 工具和旋转工具之间添加一个分隔符。当单击"添加分隔符至工具栏"按钮时，Acrobat 会立即在当前所选工具之后添加一个分隔符，如图 1-38 所示。你可以使用对话框顶部的"左移"和"右移"按钮移动分隔符，就像移动某个工具一样。

图1-38

> **提示**：从菜单栏中依次选择"视图 > 显示 / 隐藏 > 工具栏选项 > 显示近期使用的工具"，Acrobat 会自动把你常用的工具添加到"快速工具"工具栏中。

12. 单击"保存"按钮，保存更改。

此时，你可以在工具栏的右端看到刚刚添加的工具和分隔符。

1.14 自定义用户界面亮度

默认情况下，Acrobat 采用的是一个浅灰色用户界面，如图 1-39 所示。某些情况下，在深灰色用户界面下查看某些文件会更容易一些。从菜单栏中依次选择"视图 > 显示主题 > 深灰"，即可更改用户界面的亮度。

图1-39

1.15 获取帮助

本书课程主要讲解 Acrobat DC 中常用的工具和功能。你也可以通过 Adobe Acrobat DC "帮助" 菜单中的 "联机支持" 获得更多有关 Acrobat 工具、命令、功能的信息。从菜单栏中依次选择 "帮助 > 联机支持"，Acrobat 会打开默认浏览器，并显示 "Adobe Acrobat 学习和支持" 页面。在这个页面中，除了有各种帮助主题之外，还提供了各种 Acrobat 学习教程链接、用户论坛，以及其他与 Adobe Acrobat 相关的社区资源。

当没有网络连接时，Acrobat 会弹出一条信息，要求用户检查网络连接。如果你打算在断网的情况下使用 Acrobat，请事先从 "Adobe Acrobat 学习和支持" 页面下载 PDF 格式的 Acrobat 帮助文档，然后打开 PDF 文档，在其中搜索相关主题即可。

1.16　复习题

1. 请说出 PDF 文档的两个优点。

2. 在 Acrobat 中如何跳转到不同页面？

3. 如何退出全屏模式，回到默认工作区？

1.17　复习题答案

1. PDF 文档有很多优点，下面列举几个。

- 无论在哪种计算机系统或平台上查看 PDF 文档，原始电子文档的版面布局、字体、文本格式都会在 PDF 文档中得到保留。

- PDF 文档可以在同一个页面中包含多种语言，如日语和英语。

- PDF 文档的打印结果是可预期的，并支持页边距和分页符。

- 可以为 PDF 文档添加安全措施，防止他人非法修改或打印文档，或者对机密文档做访问限制。

- 在 Acrobat 或 Acrobat Reader 中查看 PDF 文档时，可以根据需要灵活地调整页面的缩放比例。当页面中包含带有复杂细节的图表时，对于查看这些细节信息，缩放功能特别有用。

2. 执行如下操作之一，可以跳转到不同页面。

- 在 Acrobat 工具栏中单击"显示上一页"或"显示下一页"按钮。

- 在 Acrobat 工具栏的页码文本框中直接输入页码。

- 从菜单栏中依次选择"视图 > 页面导览"，并从中选择一个命令。

- 在"导览"窗格的页面缩略图中单击某个页面的缩略图。

- 在"导览"窗格的书签中单击某个书签。

3. 按键盘上的 Esc 键，即可退出全屏模式，返回到默认工作区。

第2课 创建Adobe PDF文档

课程概览

本课学习内容如下。

- 使用创建 PDF 工具，把 TIFF 文件转换为 Adobe PDF。

- 使用应用程序中的"打印"命令，把文件转换为 Adobe PDF。

- 把多个文档合并成一个 PDF 文档。

- 了解用于把文件转换为 PDF 的 Adobe PDF 设置。

- 减小 PDF 文档大小。

- 把纸质文档扫描到 Acrobat 中。

- 把扫描图像转换成可编辑、可搜索的文本。

- 在 Acrobat 和 Web 浏览器中把网页转换成 Adobe PDF。

学完本课大约需要 1 小时。开始学习之前，请先前往"数艺设"网站下载本课项目文件。请注意，学习过程中，原始项目文件会被覆盖掉。如果你想保留原始项目文件，请在使用项目文件之前进行备份。

在 Acrobat 中，你可以轻松地基于已有文件（如 Microsoft Word 文档、网页、扫描文档、图像等）创建 PDF 文档。

2.1 创建 Adobe PDF 文档

不论是使用何种程序在何种平台创建的文件，你都可以在 Acrobat 中把它们轻松地转换成 Adobe PDF 文档，同时保留原始文件中的字体、格式、图形、颜色等。例如，你可以基于图像、文档文件、网站、扫描文档、剪贴板创建 PDF 文档。

> **提示**：如果你是 Acrobat 或 Creative Cloud 的付费用户，你还可以使用 Acrobat DC 移动版把 Microsoft Office 文件与图像文件转换成 PDF 文档；更多相关内容，请阅读第 6 课"在移动设备上使用 Acrobat"中的相关内容。

把一个文档转换成 PDF 文档有两种方法：第一种是在创建这个文档的程序中打开文档（如在 Excel 中打开电子表格），然后使用程序中的相关命令进行转换，使用这个方法时不必使用 Acrobat 软件；第二种是在 Acrobat 中使用"创建 PDF"工具把文档转换成 PDF 文档，使用这种方法不必打开创建文档的原始程序。

创建 PDF 文档时，需要考虑文件大小和质量（如图像分辨率）。而要想控制文件大小和质量，你就得控制转换选项。你可以直接把要转换的文件拖动到 Acrobat 图标上来创建 PDF 文档，这种方法最快、最简单。如果你想对转换过程做更多控制，可以使用其他方法，例如使用 Acrobat 中的"创建 PDF"工具或者创建文件的原始程序中的"打印"命令。指定了转换设置之后，这些设置会在整个 PDFMaker 与 Acrobat 中起作用，直到你再次修改它们。

在第 7 课中，我们会讲解如何直接从各种 Microsoft Office 应用程序中创建 Adobe PDF 文档。在第 8 课中，我们会讲解如何把多种类型的文件合并成一个 PDF 文档。在第 13 课中，我们会讲解如何创建符合印刷质量要求的 PDF 文档。

> **注意**：在 Acrobat 中创建 PDF 文档时，你的系统中必须安装了创建原始文件的程序。

若 Adobe PDF 文档的安全设置允许，你还可以重新利用文档内容。你可以把 PDF 文档的内容提取出来，用在另外一个程序（如 Microsoft Word）中，或者重排文档内容以便用在移动设备或屏幕阅读器中。一个 PDF 文档中的内容能否重用，在很大程度上取决于这个 PDF 文档中所包含的结构信息。PDF 文档中包含的结构信息越多，其内容可重用的概率就越大，同时文档用在屏幕阅读器中的可靠性就越好。（更多内容，请阅读第 3 课"阅读与使用 PDF 文档"的相关内容。）

2.2 使用创建 PDF 工具

在 Acrobat 中，你可以使用"创建 PDF"工具把各种类型的文件（包含图像与非图像文件）转换成 Adobe PDF 文档。下面我们把一个 TIFF 图像转换成 Adobe PDF 文档。

1. 启动 Acrobat。

2. 单击"工具"选项卡，打开工具中心。

3. 如图 2-1 所示，在"创建和编辑"中单击"创建 PDF"按钮。此时，Acrobat 会显示创建 PDF 文档的一系列选项。通过创建 PDF 工具，你可以从单个或多个文件、屏幕截图、扫描图像、网站、剪贴板、空白页面创建 PDF 文档。请根据你的实际需要从中选择。默认选择的是"单一文件"。

图2-1

4. 如图 2-2 所示，在"单一文件"处于选中状态时，单击"选择文件"。

图2-2

5. 在"打开"对话框中转到 Lesson02/Assets 文件夹下，选择 GC_VendAgree.tif 文件，然后单击"打开"按钮。此时，Acrobat 会以缩略图的方式把所选图像显示出来，缩略图下方是图像文件的名称。

6. 单击"高级设置"，弹出"Adobe PDF 设置"对话框，如图 2-3 所示。根据所选文件类型的不同，"Adobe PDF 设置"对话框中显示的设置选项也不相同。就 TIFF 图像而言，"Adobe PDF 设置"对话框中包含的设置选项有"扫描优化""压缩""色彩管理"。

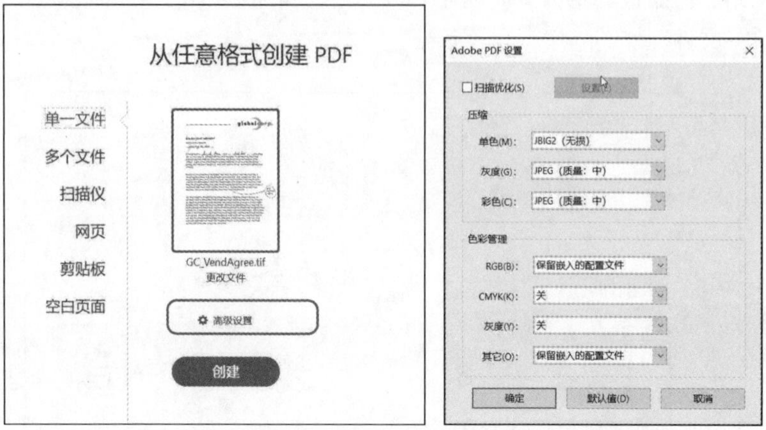

图2-3

> **注意**：若"高级设置"选项呈现为灰色，则表示不存在针对所选文件的设置选项。

7. 在"首选项"对话框的"转换为 PDF"面板中，你可以查看或编辑用于把文件转换成 PDF 文档的设置。单击"取消"按钮，关闭"Adobe PDF 设置"对话框，保持默认设置不变。

8. 单击"创建"按钮。此时，Acrobat 会把 TIFF 文件转换成 Adobe PDF 文档，并自动将其打开，如图 2-4 所示。

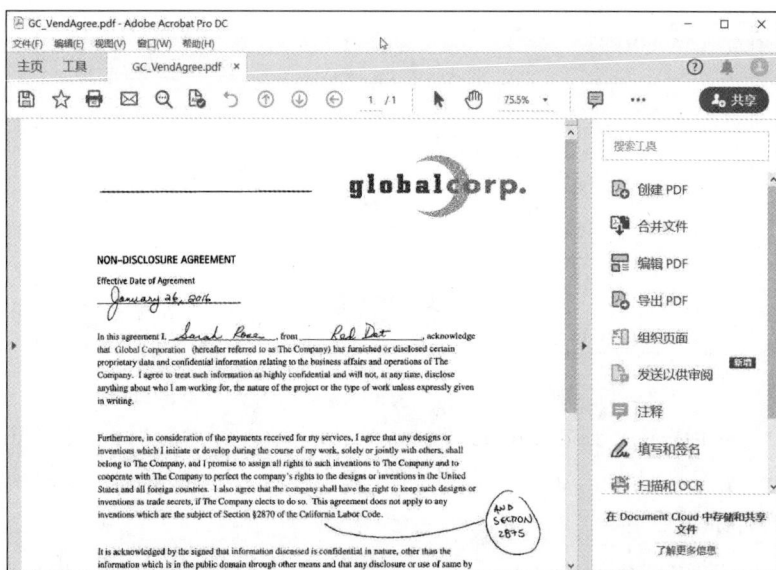

图2-4

9. 单击"页面控件"工具栏中的"更多工具"按钮（🖳），从弹出菜单中选择"适合一个整页"，这样你可以看到整个协议。

请注意，协议签署者的手写注释在 Adobe PDF 文档中得到了原样保留，如图 2-5 所示。

> **注意**：在"更多工具"弹出菜单中选择某个命令时，其按钮会与当前视图同时发生变化。

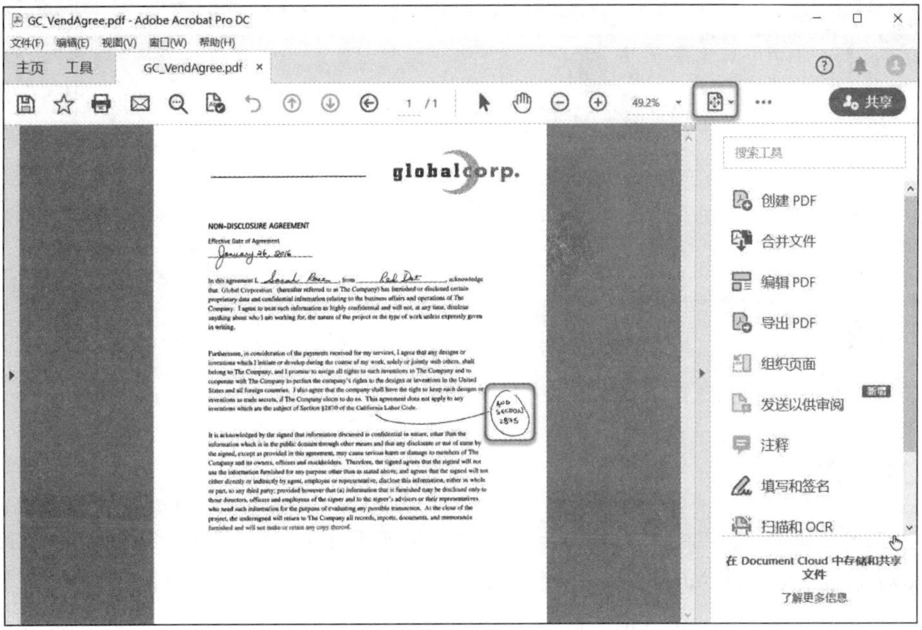

图2-5

10. 从菜单栏中依次选择"文件 > 另存为"，在"另存为 PDF"对话框中，把文件命名为 GC_VendAgree.pdf，将其保存到 Lesson02/Finished_Projects 文件夹中。然后从菜单栏中依次选择"文件 > 关闭文件"，把 PDF 文档关闭。

把PDF文档保存到云端

你可以直接把PDF文档保存到Box、Dropbox、Google Drive、OneDrive、Sharepoint中。在Acrobat DC中，单击"主页"选项卡，然后在左侧单击"添加账户"，找到你想添加的账户类型，单击"添加"，然后登录，同意Acrobat访问你的信息。添加好一个账户之后，它会出现在"另存为 PDF"对话框左侧的选项列表中，如图2-6所示。从菜单栏中依次选择"文件>另存为"，选择账户，为文件命名，然后单击"保存"按钮，即可把当前PDF文档保存到你指定的账户中。

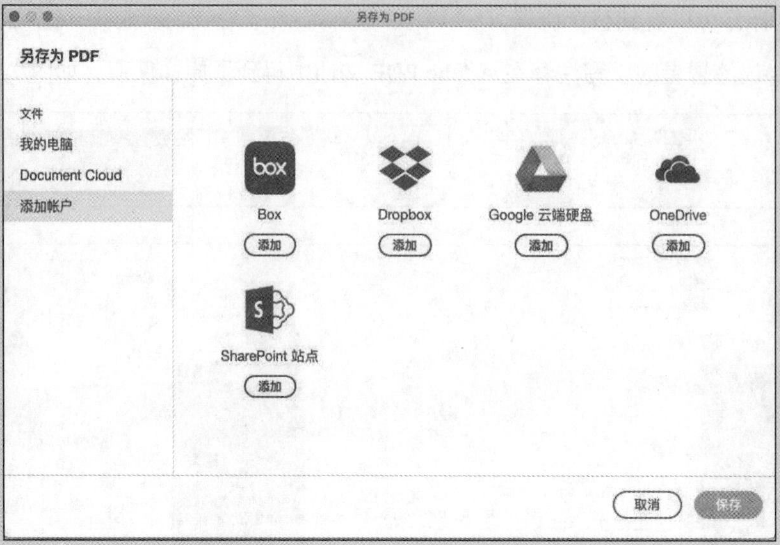

图2-6

2.3 拖放文件

除了前面介绍的方法之外，我们还可以通过把文件拖放到 Acrobat 图标上或 Acrobat 的文档窗口中（Windows 系统）来创建 Adobe PDF 文档。Acrobat 会使用你上次转换文件时指定的设置进行转换。

为了测试这种方法，我们把 Lesson02/Assets 文件夹中的 RoadieDog.jpg、Pumpkin.jpg、LoyalFan.jpg、Tulips.jpg 文件拖入 Acrobat 文档窗口（Windows 系统），或者桌面的 Acrobat 图标上，或者程序坞的 Acrobat 图标上（Mac OS），如图 2-7 所示。完成这个操作后，关闭所有打开的 PDF 文档。你可以把新创建的 PDF 文档保存起来，也可以直接关闭它们，不做保存。

图2-7

2.4 转换不同类型的文件

借助创建 PDF 工具中的"多个文件"选项，我们可以轻松地把不同类型的文件转换成

Adobe PDF 文档，并把它们合并成一个 PDF 文档。在 Acrobat Pro 中，你还可以把多个文档组织成一个 PDF 包。有关合并文件、创建 PDF 包的更多内容，我们将在第 8 课"合并文件"中进行讲解。

接下来，我们把一个文件转换成 Adobe PDF 文档，然后将其与其他几个 PDF 文档合并在一起。

合并文件

首先，选择要合并的文件，并指定要包含哪些页面。这里，我们将把一个 JPEG 图像和几个 PDF 文档合并在一起，但合并时我们只从一个 PDF 文档中挑选一个页面进行合并。

1. 在 Acrobat 中，单击"工具"选项卡，然后在"创建与编辑"中单击"创建 PDF"按钮。

2. 如图 2-8 所示，选择"多个文件"，然后选择"合并文件"，单击"下一步"按钮。此时，Acrobat 会打开"合并文件"工具栏，等待你指定要添加的文件。

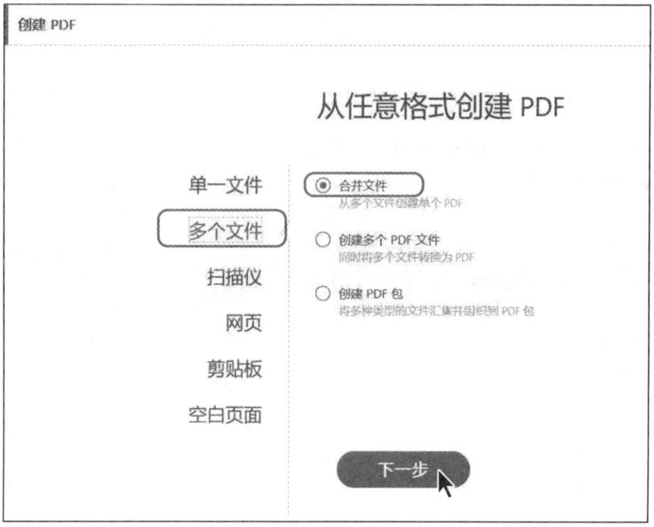

图2-8

3. 如图 2-9 所示，单击"添加文件"按钮。在"添加文件"对话框中选择你要转换与合并的文件。在不同的操作系统（Windows 系统或 Mac OS）下，你可以转换的文件类型不同。

4. 在"添加文件"对话框中，转到 Lesson02/Assets/MultipleFiles 文件夹下，在显示文件格式中选择"所有支持的格式"（在 Mac OS 中，单击"选项"才会出现"显示"菜单）。

5. 选择 Ad.pdf 文件，然后按住 Shift 键，单击 Data.pdf 文件，选中所有文件（Ad.pdf、bottle.jpg、Data.pdf），如图 2-10 所示。

6. 单击"打开"（Windows 系统）或"添加文件"（Mac OS）按钮。添加文件时，顺序无关紧要，因为你可以在"合并文件"窗口中重新调整它们的顺序。此外，你还可以在"合并文件"窗口中使用"删除"按钮，删除不想要的文件。

图2-9

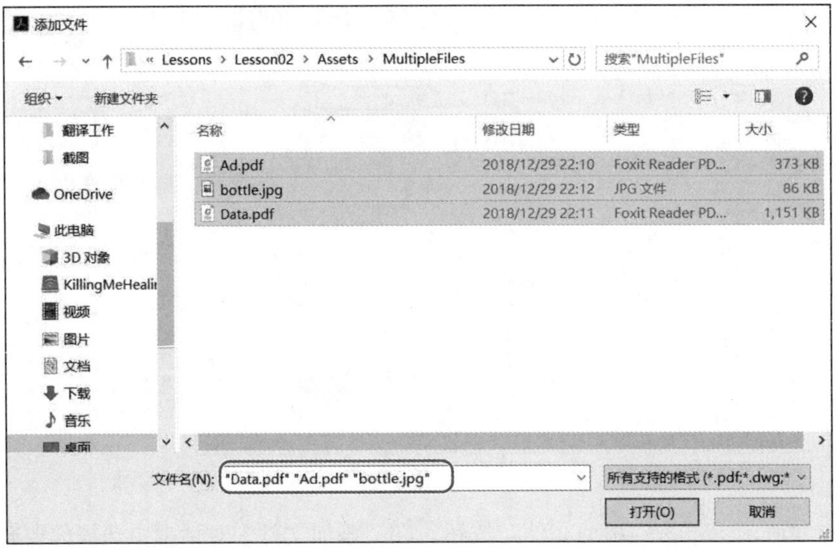

图2-10

7. 如果你看到的是文件列表，请在"合成文件"工具栏中单击"切换到缩略图视图"按钮，把添加的文件以缩略图形式显示。然后，把 bottle.jpg 文件的缩略图拖动到 Data.pdf 文件右侧，如图 2-11 所示。你可以转换文件中的所有页面，也可以选择文件中的某一个特定页面或某一些页面进行转换。

8. 如图 2-12 所示，把鼠标指针放到 Data.pdf 文件上，然后单击"展开 8 页"按钮（），查看文件中每一页的缩略图。

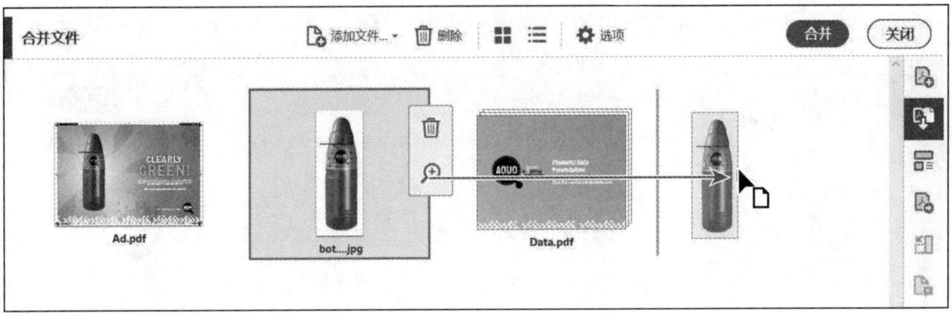

图2-11

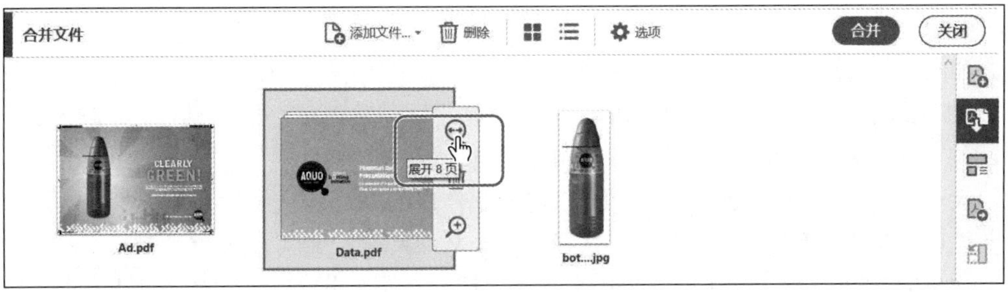

图2-12

9. 如图 2-13 所示，选择第 1 页，在"合成文件"工具栏中单击"删除"按钮。

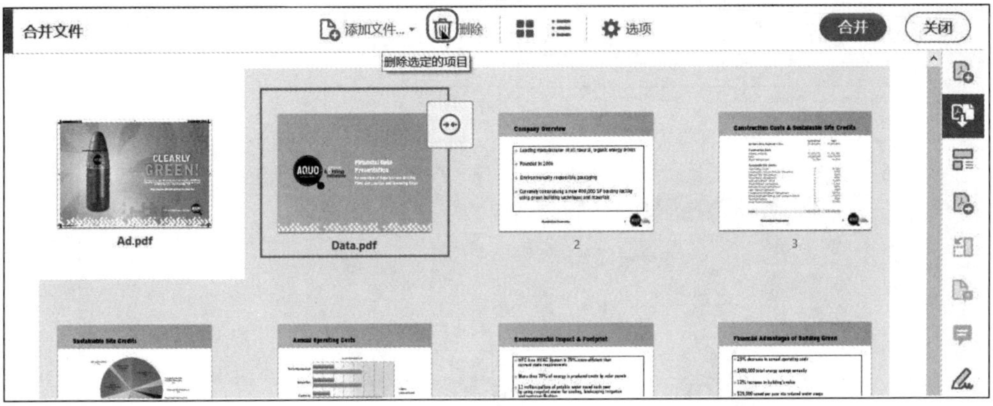

图2-13

> **注意**：在 Windows 系统中，"合成文件"工具栏中包含标签，但是在 Mac OS 中只显示按钮。这里的截图是在 Windows 系统中截取的。

10. 使用同样的方法，删除 Data.pdf 文件中的第 2、4、5、6、7 页。至此，只剩下 4 个缩略图：Ad.pdf、Data.pdf 中的第 3 页与第 8 页，以及 bottle.jpg。

11. 如图 2-14 所示，在工具栏中单击"选项"按钮（⚙），为转换 PDF 文档指定设置。

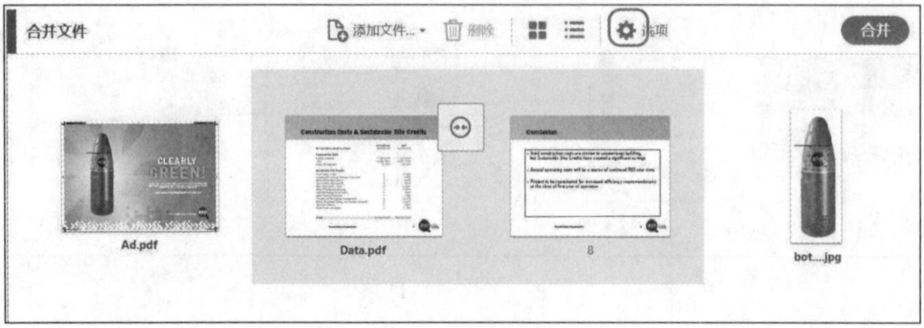

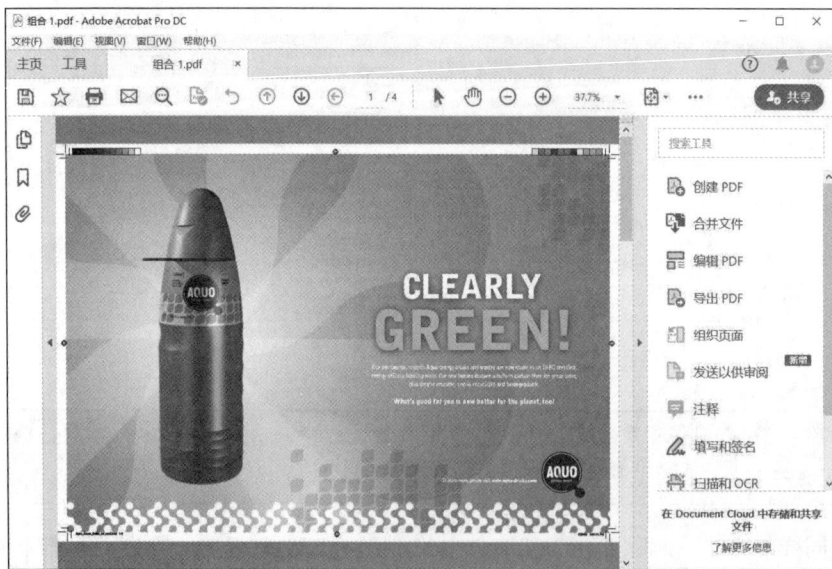

图2-14

12. 如图 2-15 所示，在"选项"对话框的"文件大小"中选择"默认文件大小"，在"其他选项"中，确保"另存为 PDF 包"处于未勾选状态，然后单击"确定"按钮。在"文件大小"中，选择"默认文件大小"，这样制作出的 PDF 文档可用于查看和普通商务打印；选择"较小文件大小"，制作出的 PDF 文档适用于网络传送；选择"较大文件大小"，制作出的 PDF 档适用于在打印机上进行高质量打印。

13. 单击"合并"按钮。Acrobat 会先把所有文件分别转换成 PDF 文档，然后把所有选中的文件合并在一起，命名为组合 1.pdf，而后将其自动打开，如图 2-16 所示。

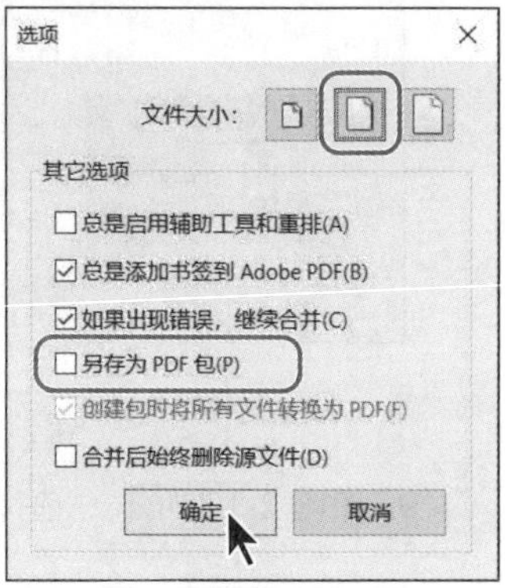

图2-15

图2-16

14. 使用"显示下一页"（ ↓ ）和"显示上一页"（ ↑ ）按钮，可以浏览合并好的文档。

15. 从菜单栏中依次选择"文件 > 另存为"，在"另存为"对话框中，转到 Lesson02/Finished_ Projects 文件夹下，设置"文件名"为 Aquo.pdf，然后单击"保存"按钮。经过上面一系列操作，我们把一个 JPEG 图像转换成了 Adobe PDF 文档，并将其与其他 PDF 文档合并在了一起。

16. 从菜单栏中依次选择"文件 > 关闭文件"，关闭合并好的 PDF 文档。

插入空白页面

在 Acrobat 中，我们可以轻松地把一些空白页面插入一个 PDF 文档中，将其用作过渡页面或笔记页面。

1. 在 Acrobat 中，打开刚创建好的 Aquo.pdf 文件，在工具选项卡下单击"组织页面"按钮。

2. 在"组织页面"工具栏中依次选择"插入 > 空白页面"（见图 2-17），在"插入页面"对话框中，从"位置"下拉列表中选择"之后"，在"页面"选项组中选择"最后一页"，然后单击"确定"按钮，如图 2-18 所示。此时，Acrobat 会在最后一页之后添加一个空白页，尺寸与最后一页相同。

图2-17

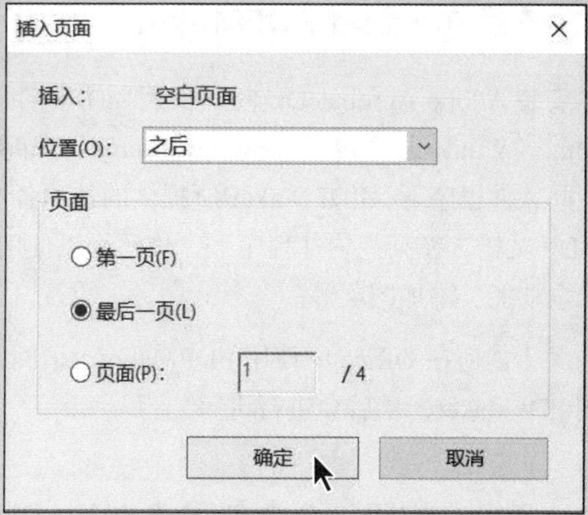

图2-18

3. 在右侧工具面板中选择编辑 PDF 工具。空白页面显示在文档窗口中，而工具面板就位于文档窗口右侧。

4. 在"编辑 PDF"工具栏中单击"添加文本"。

5. 把鼠标指针移动到空白页面上，鼠标指针变为 I 形状。单击页面顶部，创建一个文本插入点。

6. 在右侧的"格式"面板中把字体设置为 Adobe Garamond Pro Bold。

7. 如图 2-19 所示，输入文本 Notes。你可以根据需要在右侧"格式"面板中更改文本的各个属性，包括字体大小、颜色等。

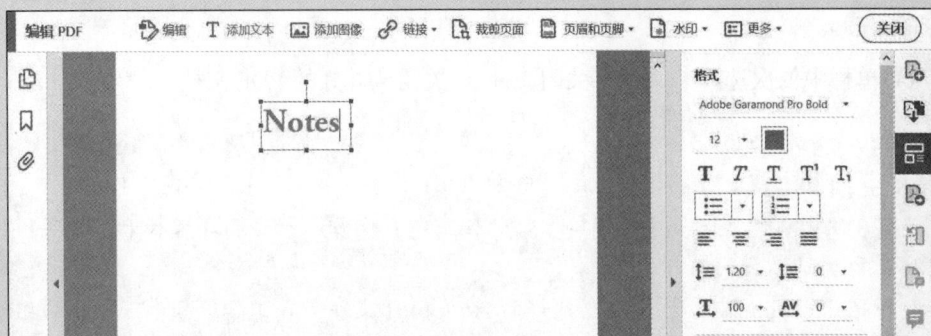

图2-19

8. 关闭文件。若需要，可以保存更改。

2.5 使用 Acrobat PDFMaker

安装 Adobe Acrobat DC 时，安装程序会同时向所支持的软件［包括 Microsoft Office、Google Chrome（Windows 系统）、Mozilla Firefox、Autodesk AutoCAD 等］添加 Acrobat PDFMaker 按钮。在不同软件程序下，PDFMaker 所提供的选项各不相同，尽管如此，我们仍然可以轻松地使用它创建 PDF 文档。在某些软件程序下，你还可以使用 PDFMaker 添加书签、为 PDF 文档添加标签、添加安全功能、添加图层等。

关于如何在 Office 中使用 PDFMaker，请阅读第 7 课中的相关内容。有关如何在网页浏览器中使用 PDFMaker，稍后会进行讲解。

2.6 使用"打印"命令创建 Adobe PDF 文档

前面讲过，我们可以使用 Acrobat 中的创建 PDF 工具轻松创建 Adobe PDF 文档。除此之外，我们还可以使用各个应用程序中的"打印"（带有 Adobe PDF 打印机，Windows 系统）或"另存为 Adobe PDF"（Mac OS）命令来创建 Adobe PDF 文档。

2.6.1 打印到 Adobe PDF 打印机（Windows 系统）

与办公室中常见的打印机不一样，Adobe PDF 打印机并不是一台真实的打印机，它是一个虚拟打印机，用来把电子文件转换成 Adobe PDF 文档，而非用来把电子文档打印到纸张上。

几乎所有软件程序都支持 Adobe PDF 打印机，不管软件程序本身是否内置创建 PDF 文档的功能。但是，请注意，Adobe PDF 打印机创建的是不带标签的 PDF 文档。（重排文档内容以供移动设备使用时，需要用到标签结构，同时带标签的 PDF 文档在屏幕阅读器中会有可靠的显示效果。）

通过 Adobe PDF 打印机，你几乎可以把任意文档转换成 PDF 文档，并且操作起来简单、方便。在 Microsoft Office 中，你可以使用"创建 Adobe PDF"按钮或 Acrobat 工具（两者都使用 PDFMaker）来创建带标签的文档，而且文档中也可以包含书签和超链接。

下面我们使用带 Adobe PDF 打印机的"打印"命令把一个文本文件转换成 Adobe PDF 文档。根据你使用的 Windows 系统版本和软件程序的不同，操作步骤可能不同。

1. 打开 Windows 系统自带的一款名为"写字板"的文本编辑器。在 Windows 10 中，在"开始"菜单的"Windows 附件"下可以找到它。或者在搜索栏中输入"写字板"，然后单击搜索到的"写字板"应用，即可将其打开。

2. 在"写字板"中依次选择"文件 > 打开"。

3. 在"打开"对话框中，转到 Lesson02/Assets 文件夹下，双击 Memo.txt 文件。

4. 在"写字板"中依次选择"文件 > 打印 > 打印"。

5. 在"打印"对话框的"选择打印机"中选择"Adobe PDF"。你可能需要拖动滚动条才能看到"Adobe PDF"这个选项。若要修改从文本文件转换为 Adobe PDF 时使用的设置，可以单击"打印"对话框中的"首选项"或者"页面设置"对话框中的"属性"。更多相关内容，请阅读"Adobe PDF 预设"部分。

6. 如图 2-20 所示，单击"打印"按钮。

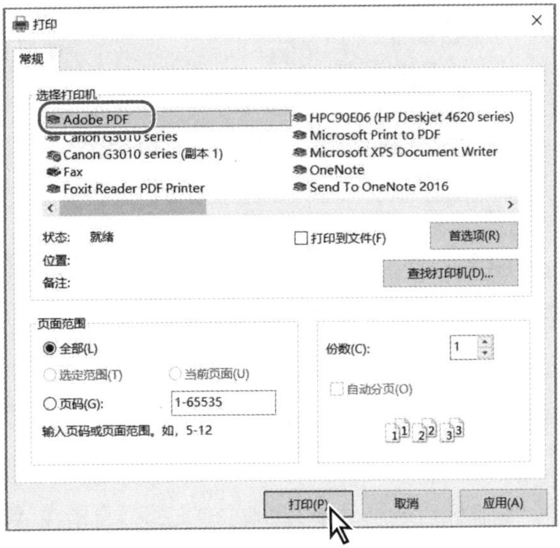

图2-20

7. 在"另存 PDF 文件为"对话框中，转到 Lesson02/Finished_Projects 文件夹下，保持默认文件名 Memo.pdf 不变，然后单击"保存"按钮。

8. 若生成的 PDF 文档没有自动打开，请转到 Lesson02/Finished_Projects 文件夹下，双击 Memo.pdf 文件，即可在 Acrobat 中打开它。浏览完毕后，关闭 Memo.pdf 文件，退出"写字板"程序。

9. 关闭所有打开的文件。

2.6.2 使用"另存为 Adobe PDF"选项打印（Mac OS）

在 Mac OS 中，使用"打印"对话框中的 PDF 下拉列表中的"另存为 Adobe PDF"选项，可以把当前文档转换成 Adobe PDF 文档。

1. 转到 Lesson02/Assets 文件夹下，双击 Memo.txt 文件。此时，Memo.txt 文本文件会在一个文本编辑器（如 TextEdit）中打开。

2. 从菜单栏中依次选择"文件 > 打印"，不管选择哪个打印机都可以。

3. 如图 2-21 所示，在对话框底部，单击 PDF 按钮，从弹出菜单中选择 Save as Adobe PDF。

> **注意**：在某些应用程序（如 Adobe InDesign CC）中，单击"打印"对话框中的"打印机"按钮后，才能看到 PDF 菜单。

图2-21

4. 在"另存为 Adobe PDF"对话框中选择一个 Adobe PDF 设置文件，然后从"创建 PDF 之后"下拉列表中选择"Adobe Acrobat"，创建完成后在 Acrobat 中打开 PDF 文档。

5. 单击"继续"按钮。

6. 在"保存"对话框中，转到 Lesson02/Finished_Projects 文件夹下，保留默认名称 Memo.pdf 不变。

7. 单击"保存"按钮。保存完成后，转换好的 PDF 文档会自动在 Adobe Acrobat 中打开。

8. 浏览转换好的 PDF 文档。浏览完毕后，关闭 PDF 文档，并退出文本编辑器。至此，我们就使用编辑软件中的"打印"命令，把一个普通文本文件转换成了一个 Adobe PDF 文档。

9. 关闭所有打开的文件。

Adobe PDF预设

PDF预设是一组控制PDF文档创建过程的设置。考虑到PDF文档的不同用途，这些设置会在文件大小与质量之间做出平衡。大多数预设可以在Adobe Creative Cloud各个程序之间共享，包括Adobe InDesign、Adobe Illustrator、Adobe Photoshop、Acrobat。此外，你还可以根据需要创建和共享自定义预设。

关于每个预设的详细说明，请阅读Adobe Acrobat DC帮助文档。

- 高质量打印：使用该设置创建的 PDF 文档可以通过桌面打印机和打样设备进行高质量打印。
- 超大页面：使用该设置创建的 Adobe PDF 文档适用于查看和打印幅面超过 200 英寸 ×200 英寸（1 英寸 =2.54 厘米）的工程图纸。
- PDF/A-1b：使用这个设置可创建符合 PDF/A-1b 规范（该规范是电子文档长期保存或归档的 ISO 标准）的 Adobe PDF 文档。
- PDF/X-1a：使用该设置创建 Adobe PDF 文档时，可以最大限度地减少文档中变量的个数，以提高文档的可靠性；使用 PDF/X-1a 创建出的 PDF 文档常用于打印刊印在报纸杂志上的广告。
- PDF/X-3：类似于 PDF/X-1a，但它支持色彩管理 ICC（International Color Consortium，国际色彩协会）颜色规范，并允许插入一些 RGB 图像。
- PDF/X-4：与 PDF/X-3 一样，它也支持色彩管理 ICC 颜色规范，除此之外，它还支持实时透明度。
- 印刷质量：使用该设置创建的 Adobe PDF 文档适用于高质量的印刷生产（例如，用于数字印刷，或为激光照排机、印版照排机分色）。
- 最小文件大小：使用该设置创建的 Adobe PDF 文档适用于屏幕显示、通过电子邮件发送以及通过互联网发布。
- 标准：使用该设置创建的 Adobe PDF 文档适用于在桌面打印机或数码复印机上打印，或者通过 CD 发布，或者作为出版校样发送给客户。

2.7 减小文件大小

创建 Adobe PDF 文档时，根据选用预设的不同，最终得到的 PDF 文档的大小差别很大。例如，相比于使用"标准"或"最小文件大小"预设，使用"高质量打印"预设创建出的 PDF 文档更大。不论使用何种预设创建 PDF 文档，我们都可以在不重新生成 PDF 文档的前提下减小文件大小。

下面我们将减小 Ad.pdf 文件的大小。

1. 在 Acrobat 菜单栏中依次选择"文件 > 打开"。在"打开"对话框中，转到 Lesson02/Assets/ MultipleFiles 文件夹下，双击打开 Ad.pdf 文件。

2. 从菜单栏中依次选择"文件 > 另存为其他 > 缩小大小的 PDF"。

3. 如图 2-22 所示，在"减小文件大小"对话框的"兼容于"中选择"Acrobat 10.0 和更高版本"，单击"确定"按钮。请选择目标受众最有可能使用的 Acrobat 版本。

4. 在"另存为"对话框中，修改文件名称为 Ad_Reduce.pdf，单击"保存"按钮。保存文件时，最好选择一个不同的文件名，这样可以防止已修改的文件覆盖掉原始未修改的文件。Acrobat 会自动优化你的 PDF 文档，这个过程可能要花一两分钟。若出现异常，你会在"转换警告"窗口中看到这些异常信息。出现异常信息时，可单击"确定"按钮，关掉警告窗口。

5. 把 Acrobat 窗口最小化，打开文件浏览器（Windows 系统）或访达（Mac OS），转到 Lesson02/Assets/MultipleFiles 文件夹下，查看 Ad_Reduce.pdf 文件大小，你会发现它比 Ad.pdf 文件小很多，如图 2-23 所示。

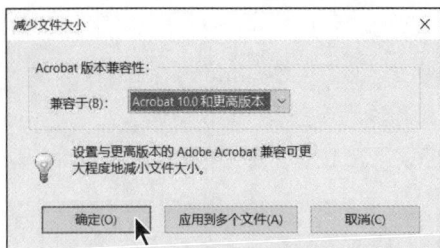

图2-22

图2-23

在"兼容于"中选择不同设置，重复上述步骤 1 ~ 5，查看各个设置对文件大小的影响。请注意，其中有些设置可能会增大文件大小。

2.8 优化 PDF 文档（仅适用于 Adobe Pro）

尽管影响文件大小和质量的因素有很多，但在包含大量图像的文件中，文件压缩的方式和重采样对文件大小的影响最大。在 Adobe DC Pro 中，使用"PDF 优化器"可以更好地控制文件的大小和质量。

从菜单栏中依次选择"文件 > 另存为其他 > 优化的 PDF"，可打开"PDF 优化器"对话框，如图 2-24 所示。

在"PDF 优化器"对话框中，有多种文件压缩方式可供选择使用，这些压缩方式用来减小文档中彩色、灰度、单色图像占用的空间大小。具体选择哪种方法，取决于你要压缩的图像类型。

默认 Adobe PDF 预设对彩色与灰度图像使用的是 JPEG 压缩，对单色图像使用的是 JBIG2 压缩。

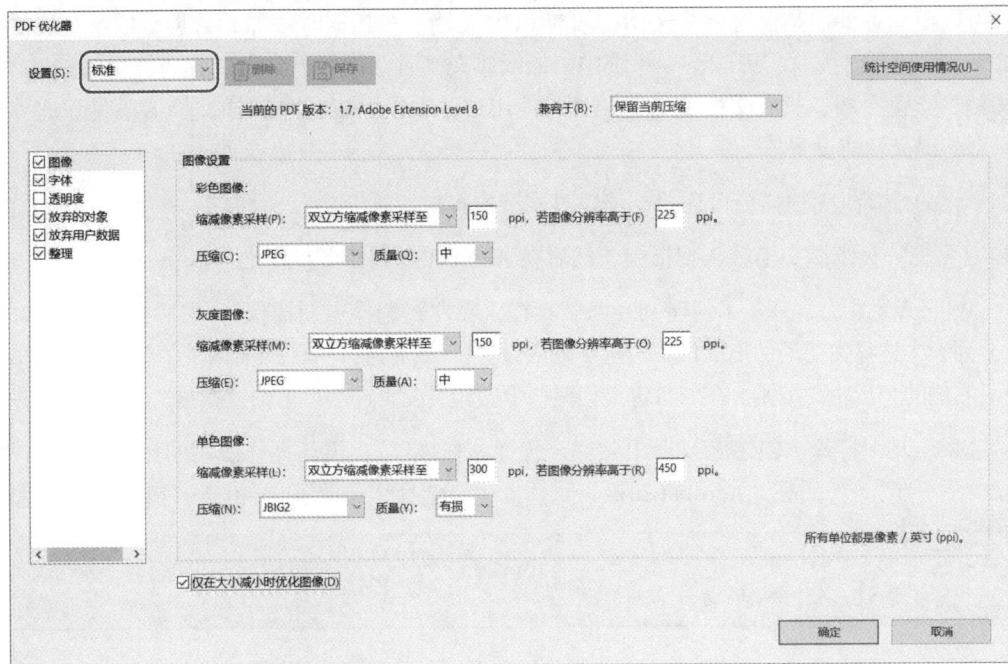

图2-24

为了减小文件大小，除了选择合适的压缩方式外，你还可以对文件中位图图像的采样方式做相应设置。位图图像由像素组成，总像素数决定了文件的大小。在对位图图像进行采样时，我们可以把图像中若干像素表示的信息合并成一个更多的像素，这个过程称为"缩减像素采样"，之所以这样称呼它，是因为它可以有效地减少图像中的像素数量。（当图像中的像素数量减少时，其包含的信息也会相应地减少。）

请注意，修改压缩和采样方式不会影响到文件中文本和线稿的质量。

从剪贴板创建PDF文档

通过创建PDF工具，我们可以轻松地从剪贴板创建PDF文档。具体做法是：先把文件内容复制到剪贴板，然后从"创建PDF"工具栏中选择"剪贴板"，再单击"创建"按钮，即可基于存储在剪贴板中的内容创建PDF。在Mac OS中，你还可以从"创建PDF"工具栏中选择"截屏"，基于一个窗口或屏幕截图创建PDF文档。

此外，你还可以轻松地把复制到剪贴板中的文本和图像添加到已有的PDF文档中。首先打开PDF文档，选择"组织页面"工具，然后在工具栏中依次选择"插入>从剪贴板"即可。

2.9 扫描纸质文档

你可以使用各种扫描仪把纸质文档扫描成 PDF 文档，在扫描时添加元数据，以及对扫描得到的 PDF 文档进行优化。在 Windows 系统中扫描纸质文档时，你可以自由选择要使用的扫描预设：黑白文档、彩色文档、灰度文档、彩色照片。使用这些预设可以优化扫描文档的质量。此外，你还可以自己定义转换设置。

如果你的计算机无扫描仪可连接，请跳过本节内容。

1. 首先把一页纸质文档放入扫描仪，然后在 Acrobat 中做如下操作之一。

* Windows 系统：打开"创建 PDF"工具栏，在左侧选择"扫描仪"，然后在右侧"扫描仪"列表中选择你使用的扫描仪，勾选"默认设置"，或者选择一种扫描预设；单击所选扫描设置右侧的"齿轮"按钮，在"自定义扫描"中做相应设置，然后单击"扫描"，如图 2-25 所示。

* Mac OS：打开"创建 PDF"工具栏，选择"扫描仪"，再选择你使用的扫描仪设备，单击"下一步"，然后在"Acrobat 扫描"对话框中，选择"选项"，再单击"扫描"。

> **注意**：若 Acrobat 无法识别你的扫描仪，请查阅扫描仪的安装说明文档，或者联系扫描仪厂商寻求帮助。

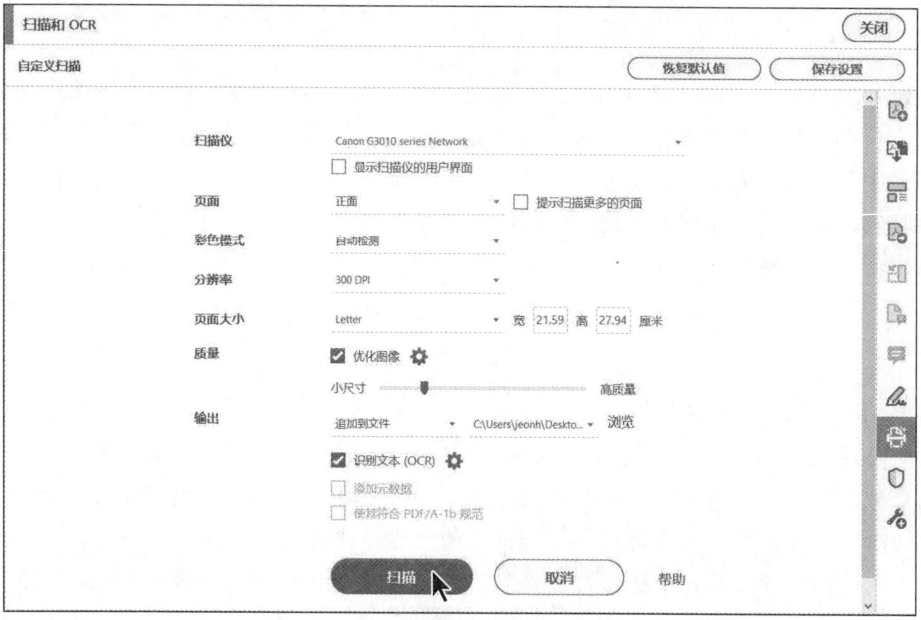

图2-25

2. 此时，扫描自动开始。出现提示时，单击"确定"按钮，结束扫描。此时扫描好的 PDF 文档就会出现在 Acrobat 中。

3. 从菜单栏中依次选择"文件 > 保存",把扫描好的文件 Scan.pdf 保存到 Lesson02 文件夹中。

4. 从菜单栏中依次选择"文件 > 关闭文件",关闭 PDF 文档。

使用移动设备扫描纸质文档

如果没有扫描仪,你可以把手机或平板电脑用作扫描仪来扫描纸质文档。Adobe公司推出了一款免费的移动App——Adobe Scan(见图2-26),该App可以使用移动设备的相机来扫描收据、名片等,而且还可以自动侦测边缘、移除阴影、识别文本。扫描完成后,你会得到一个PDF文档,你可以把它保存到Adobe Document Cloud中,这样你就能在任意地方访问它。

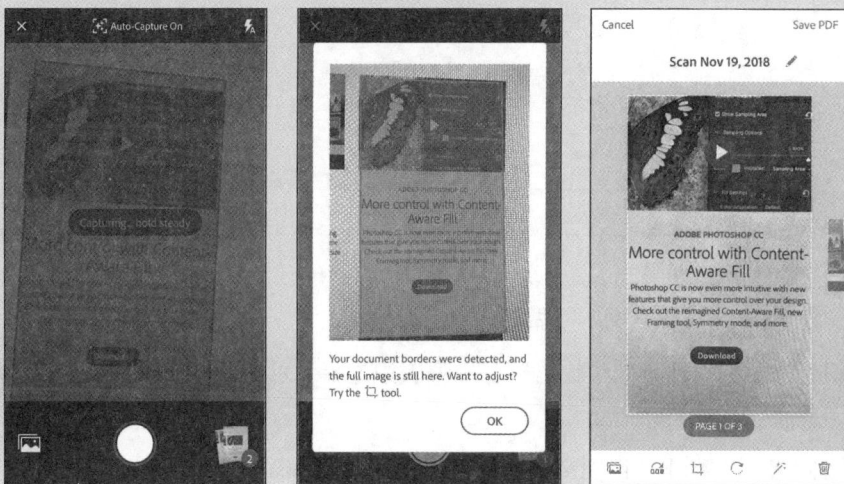

图2-26

2.10 把扫描文档转换成可编辑、可搜索的文档

使用 Microsoft Word 或 Adobe InDesign 等应用程序把文件转换成 PDF 时,转换后得到的 PDF 文档中的文本是可编辑、可搜索的。但是,图像文件(以图像形式保存的扫描文档或文件)中的文本是不可编辑与搜索的。借助于 OCR(Optical Character Recognition,光学字符识别)技术,Acrobat 可以分析图像,并用不连续的字符替换图像中的某些部分,而且还可以识别出那些分析错误的字符。

> **提示:**在扫描仪预设(Windows 系统)或 Acrobat 扫描对话框(macOS)中,勾选"识别文本",扫描图像时,Acrobat 会自动应用 OCR 技术识别图像中的文本。

前面我们曾基于一个 TIFF 图像创建了一个 PDF 文档。接下来,我们应用 OCR 技术从这个 PDF 文档中识别出文本。

1. 从菜单栏中依次选择"文件 > 打开",转到 Lesson02/Finished_Projects 文件夹下,双击 GC_VendAgree.pdf 文件,将其打开。

2. 把鼠标指针移动到文档中的文本上。你可以选择文档中的某些区域,但是无法选择文档中的任何文本。

3. 如图 2-27 所示,在"工具"选项卡下单击"扫描和 OCR",然后在"扫描和 OCR"工具栏中依次选择"识别文本 > 在本文件中"。此时,"扫描和 OCR"工具栏下方出现"识别文本"工具栏。

图2-27

4. 单击"设置",为"识别文本"做相应设置。

5. 在"识别文本"对话框的"输出"下拉列表中选择"可编辑的文本和图像",单击"确定"按钮,关闭对话框。

6. 如图 2-28 所示,单击"识别文本"按钮。此时,Acrobat 开始转换文档。

图2-28

> **注意**:默认情况下,Acrobat 会把文档转换成可搜索的图像;你可以在"输出"菜单中选择这个设置,但这里选择"可编辑的文本和图像"(见图 2-29)会更好,因为其文本识别的准确率会更高。

7. 转换完成后，拖选文档中的一个单词（见图 2-30）。若可以选中，则表明 Acrobat 已经成功地把图像转换成可编辑、可搜索的文本。

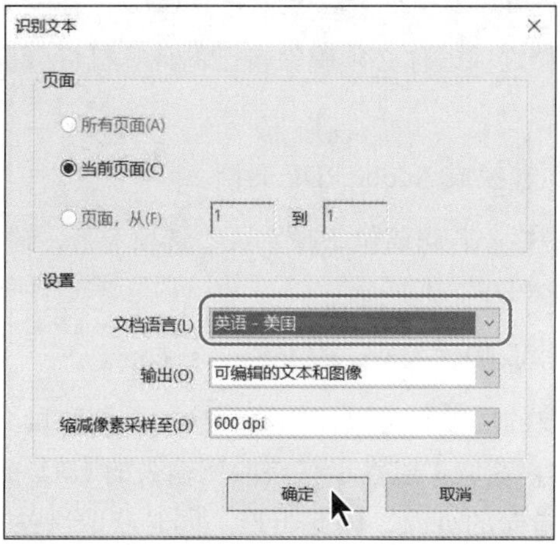

图2-29

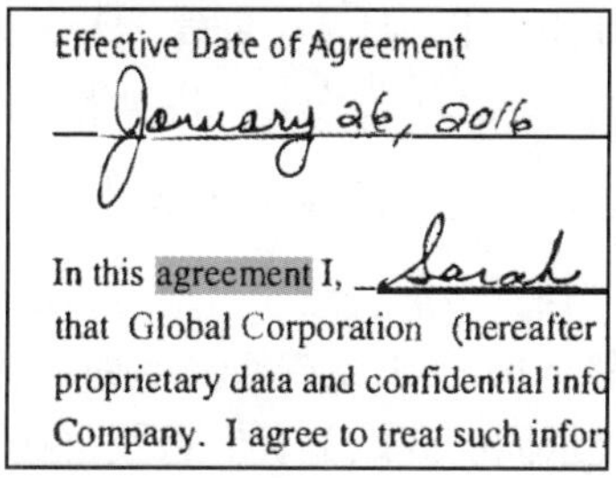

图2-30

8. 从工具栏中依次选择"识别文本 > 更正识别的文本"。Acrobat 开始搜索文档，并从中查找那些疑似识别错误的单词。若找到，你可以进行检查，并予以纠正。若未发现可疑单词，在提示对话框中单击"确定"按钮即可。

> **注意**：你可能还需要使用编辑 PDF 工具处理文档中多余的空格。

9. 关闭"扫描和 OCR"工具栏。

10. 从菜单栏中依次选择"文件 > 另存为"，转到 Lesson02/Finished_Projects 文件夹下，把文件命名为 GC_VendAgree_OCR.pdf，单击"保存"按钮。最后关闭文件。

2.11　把网页转换成 Adobe PDF 文档

你可以把一个网页或多个网页转换成 Adobe PDF，并定义页面布局、设置字体和其他视觉元素显示选项，以及为转换为 PDF 的网页创建书签。转换过程中，HTML 以及所有相关文件（如 JPEG 图片、样式表、文本文件、图像区块、表格等）都会被转换，这样可以确保转换后的 PDF 文档与原始网页一模一样。

网页转换成 Adobe PDF 文档之后，你可以轻松地对它们进行保存、打印、发送（通过电子邮件）或存档备用等操作。

2.11.1　使用 Acrobat 把网页转换成 PDF 文档

学习本小节内容之前，请注意：由于网页经常更新，所以当你访问本小节中提到的网页时，其内容可能已经发生了变化，而且网页地址也可能变了。不过，这没什么关系，因为本小节介绍的步骤几乎适用于任何一个网站的任何一个页面。如果你的计算机网络位于公司的防火墙内，你可以选择一个内部网站代替 Adobe Press 或 Peachpit 网站来学习本小节内容。

在下载网页并将其转换成 Adobe PDF 文档之前，你必须确保自己的计算机可以正常连接到因特网。

下面我们使用创建 PDF 工具，把一些网页转换成 Adobe PDF 文档。

1. 在 Acrobat 中，打开"创建 PDF"工具栏。若当前位于"主页"选项卡下，请单击"工具"选项卡，进入工具中心，再单击"创建 PDF"工具。

2. 选择"网页"，然后输入网页地址。这里我们输入 www.adobepress.com。

3. 勾选"捕捉多层"选项。通过指定获取的层数，可以控制要转换的页面数量。获取层数是从你输入的 URL 的首页算起的，例如，获取 1 层表示只获取所输入的 URL 的首页；获取 2 层表示同时获取首页和首页链接所指向的页面，以此类推。同时获取网站多层页面时，你需要认真考虑页面的数量和复杂度。如果目标网站很复杂，那下载多层页面就会花费很长时间。因此，对于大多数网站，我们不建议你选择"获取整个网站"。此外，你还要注意，页面下载耗时也与你的网速有很大的关系。

4. 选择第一项，获取层数设置为 1。

5. 勾选"停留在同一路径"，只转换 URL 网址指定的页面。

6. 勾选"停留在同一服务器"，只下载与指定的 URL 位于同一台服务器上的页面。

7. 如图 2-31 所示，单击"创建"按钮。此时，Acrobat 会显示一个"下载状态"对话框，其中显示了下载状态。当下载并完成转换后，网页内容会显示在 Acrobat 文档窗口中，同时在"书签"面板中显示书签。在 Windows 系统中下载多层页面时，当第一层页面下载完成后，"下载状态"对话框会自动转入后台继续下载其他页面。若 Acrobat 无法下载指定的页面，它会返回 1 条错误信息。此时，单击"确定"按钮，清除错误信息即可。

8. 如图 2-32 所示，在"导览"窗格中单击"书签"按钮，查看 Acrobat 为网页创建的书签。

注意：Adobe Press 网站内容经常发生变化，所以，你看到的页面可能和这里不一样。

---

9. 在"页面控件"工具栏的"更多工具"（🔡）中，选择"适合一个整页"，把整个页面在屏幕上全部显示出来。

10. 若转换后的 PDF 文档包含多个页面，使用"显示下一页"（⊕）按钮和"显示上一页"（⊕）按钮，可以浏览各个页面。与其他 PDF 文档一样，在转换后的 PDF 文档中，网页是可浏览、可编辑的。Acrobat 转换页面时会使用你指定的页面布局进行设置，而且保留原始页面版式。

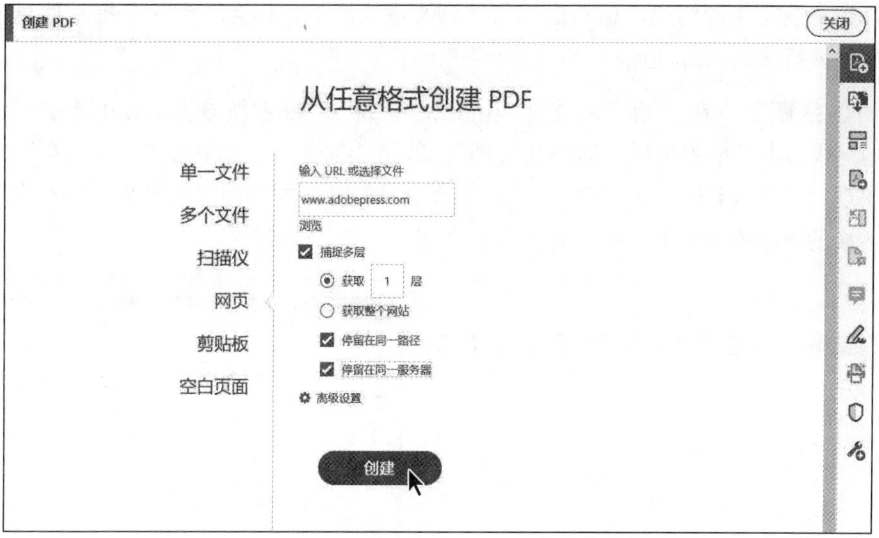

图2-31

图2-32

11. 在菜单栏中依次选择"文件 > 另存为",转到 Lesson02/Finished_Projects 文件夹下,输入名称 Web.pdf,单击"保存"按钮进行保存。

2.11.2 下载并转换链接所指页面

把一个网页转换成 PDF 文档之后,在转换后的 PDF 文档中包含许多页面链接,若这些链接所指的页面尚未经过下载转换,则你可以右击链接,选择"追加到文档",把这些页面转换成 PDF 文档并追加到已有的 PDF 文档中。

1. 在 Web.pdf 文件中,任意找一个链接,确保它所指的页面尚未经过下载转换。这里,我们选择第一篇文章的标题。移动鼠标指针到文章标题上，你会看到一个提示信息框，里面显示的是该链接的 URL 地址。

2. 如图 2-33 所示，在链接上右击（Windows 系统），或者按住 Control 键单击链接（Mac OS），从弹出菜单中选择"追加到文档"，如图 2-34 所示。此时，"下载状态"对话框将再次出现。当下载与转换完成之后，Acrobat 会把转换好的页面显示出来，并在书签列表中为新转换的页面添加一个书签，如图 2-35 所示。

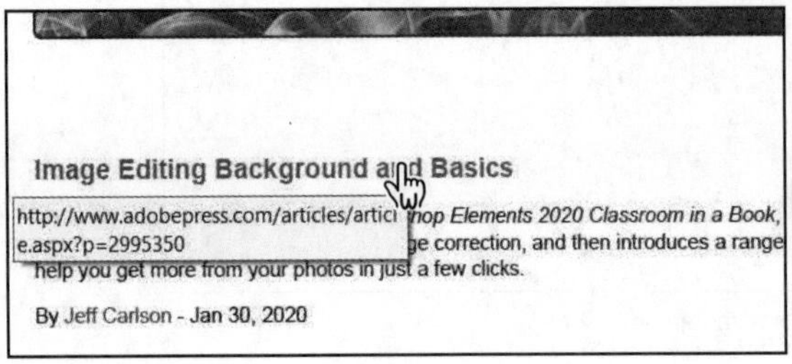

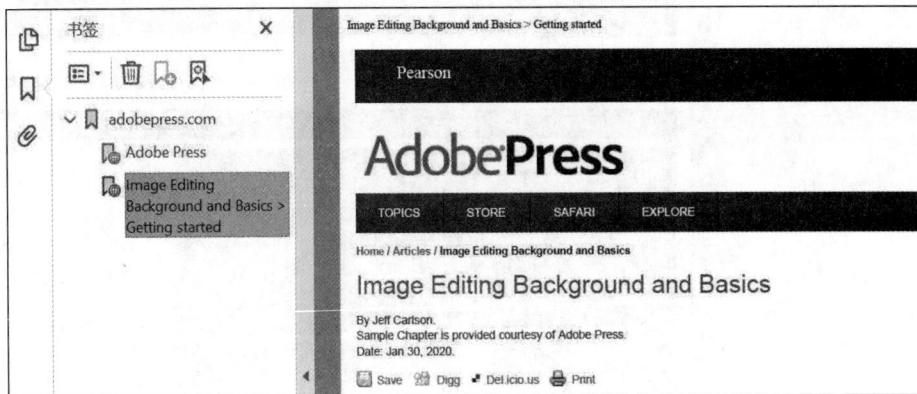

图2-33 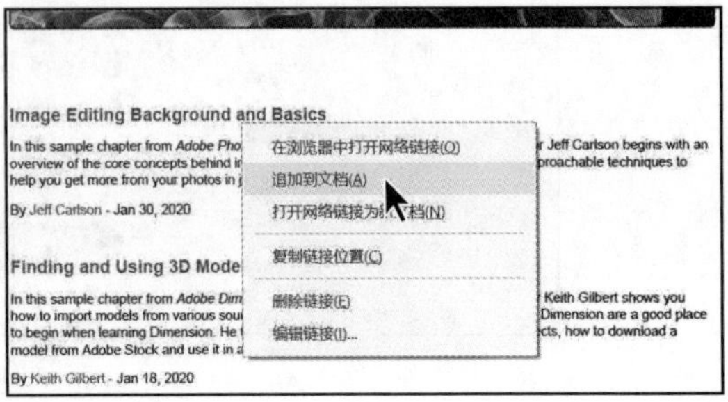　　　　　　　　　　　　　　　　　　　　　图2-34

图2-35

3. 从菜单栏中依次选择"文件 > 另存为"，转到 Lesson02/Finished_Projects 文件夹下，设置文件名 Web1.pdf。

4. 浏览转换好的 Web 页面，关闭 PDF 文档。

接下来，我们直接在网页浏览器中把网页转换成 PDF 文档。

2.11.3　在网页浏览器中把网页转换成 PDF 文档

你是否有过这样的经历：在浏览器中打印一个网页时，发现页面的某一部分没有打印出来？为了解决这个问题，你可以先在网页浏览器中使用 PDFMaker 工具把网页转换成 Adobe PDF 文档，然后再进行打印。目前，支持 PDFMaker 工具的网页浏览器有 Internet Explorer（Windows 系统）、

Chrome（Windows 系统）、Firefox（Windows 系统或 Mac OS）。当在 Acrobat 中被转换成 PDF 文档时，网页会被重新编排成标准页面大小，并向其中添加相应的换页符。

首先了解一下用来把网页转换成 Adobe PDF 文档的首选项，然后再转换页面。

1. 打开 Firefox、Chrome（Windows 系统）、Internet Explorer（Windows 系统）浏览器，打开目标网页。这里，我们打开的是 Peachpit Press 网站主页。

2. 如果使用的是 Internet Explorer，单击 PDF 按钮（ ）旁边的箭头；如果使用的是 Firefox 或 Chrome，单击 PDF 按钮。然后从图 2-36 所示的弹出菜单中选择"首选项"。在"网页转换设置"对话框中，你可以启用"创建书签""创建 PDF 标签""在新建页面上放置页眉和页脚"，以及更改页面布局（如页面方向）等。

> **注意**：在 Mac OS 中使用 Firefox 浏览器时，单击 PDF 按钮打开的是 Acrobat 中的首选项。

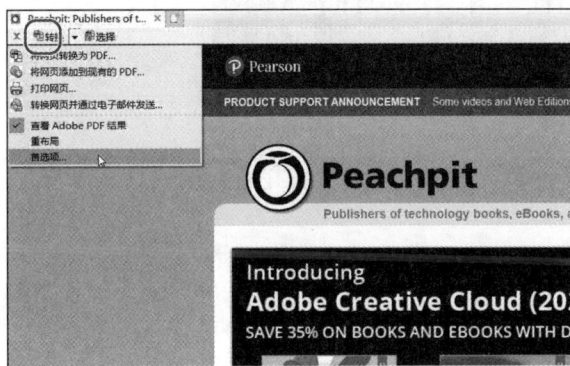

图2-36

若 Internet Explorer 中没有显示 PDF 按钮，请单击"工具"按钮，从弹出菜单中选择"管理加载项"，启用 Adobe Acrobat Create PDF Toolbar。在 Firefox 中，可以依次选择"工具 > 附加组件"，启用"Adobe Acrobat DC - Create PDF 15 扩展"，此外，你可能还得激活 Adobe Acrobat NPAPI 插件。在 Chrome 中，单击"菜单"按钮，依次选择"更多工具 > 扩展程序"，启用"Adobe Acrobat - Create PDF 扩展程序"。在不同的浏览器和操作系统中，启用 PDFMaker 的方法也各不相同。

> **注意**：PDFMaker 插件是随 Acrobat 一同安装的；若 Acrobat 的安装时间早于浏览器，请重新安装 Acrobat，以便安装 PDFMaker 插件。

3. 单击"取消"按钮，退出"网页转换设置"对话框，不做任何更改。

4. 接下来，我们把网页转换成 Adobe PDF。单击 PDF 按钮，或者单击 PDF 按钮旁边的箭头，从弹出菜单中选择"将网页转换为 PDF"。不同浏览器中的操作稍有不同。

5. 在"另存为"对话框中，转到 Lesson02/Finished_Projects 文件夹下，输入文件名称

PeachpitHome.pdf，单击"保存"按钮。转换后的 PDF 文档默认文件名是 HTML 标签 <TITLE> 中的文本，进行网页下载、转换、保存的操作之后，默认文件名中的非法的字符会被替换为下划线。

此时，网站的第一层页面会被转换成 PDF 文档，并且在 Acrobat 中打开，如图 2-37 所示。

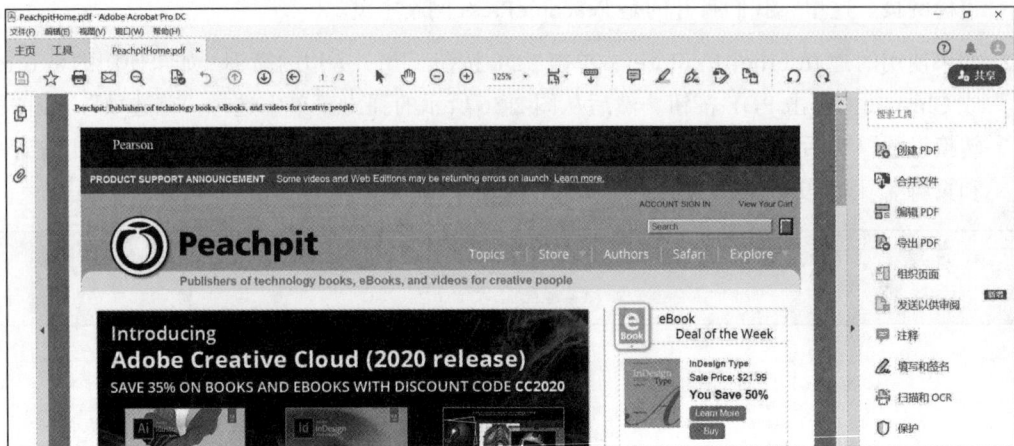

图2-37

6. 浏览完 PDF 文档后，关闭浏览器、所有打开的 PDF 文档，以及 Acrobat 软件。

2.12　复习题

1. 请说出 3 种创建 PDF 文档的方法。

2. 如何通过 Windows 系统的应用程序把文件转换成 PDF 文档？

3. 如何通过 Mac OS 中的应用程序把文件转换成 PDF 文档？

4. 如何把图像文件转换成可编辑、可搜索的文本？

2.13　复习题答案

1. 可以使用创建 PDF 工具把任何格式的文件、扫描文档、网页、剪贴板内容转换成 PDF 文档。在支持 PDFMaker 的应用程序（如 Windows 系统中的 Microsoft Office）中，可以使用 PDFMaker 创建 PDF 文档。不管在哪种应用程序中，几乎都可以使用"打印"对话框来创建 PDF 文档。

2. 在 Windows 系统的应用程序中，打开"打印"对话框，选择"Adobe PDF 打印机"，指定设置，单击"打印"按钮，即可把文件转换成 PDF 文档。

3. 在 Mac OS 的应用程序中，打开"打印"对话框，单击 PDF 按钮，选择"另存为 PDF"，指定设置，单击"保存"按钮，即可把文件转换成 PDF 文档。

4. 选择扫描和 OCR 工具，依次选择"识别文本 > 在本文件中"，然后单击"识别文本"按钮，即可把图像文件转换成可编辑、可搜索的文本。

第**3**课 阅读与使用PDF文档

课程概览

本课学习内容如下。

- 浏览 Adobe PDF 文档。

- 更改 PDF 文档在文档窗口中的滚动与显示方式。

- 在 PDF 文档中查找和搜索单词或短语。

- 填写 PDF 表单。

- 打印全部或部分 PDF 文档。

- 了解 Acrobat 的辅助功能（面向视力不佳或行动不便的残障人士）。

- 在 PDF 文档中添加标签和替代文本。

- 与他人分享 PDF 文档。

学完本课大约需要 1 小时。开始学习之前，请先前往"数艺设"网站下载本课项目文件。请注意，学习过程中，原始项目文件会被覆盖掉。如果你想保留原始项目文件，请在使用项目文件之前进行备份。

借助导航工具、辅助功能、搜索工具等，你可以充分
使用你创建的 PDF 文档。

3.1 屏幕显示

工具栏中页面的缩放比例与页面的打印尺寸无关，它控制着页面在屏幕上的显示大小。在100%的缩放比例下，页面中的每一个像素与屏幕上的每一个像素相对应。

页面在屏幕上的显示大小取决于屏幕的尺寸和分辨率。例如，提高屏幕分辨率后，同一块屏幕区域中容纳的屏幕像素数就多了；单个屏幕像素变小，显示的页面也将变小，因为页面中包含的像素数是恒定不变的。

> **提示**：移动鼠标指针到文档窗口左下区域，可以看到页面的打印尺寸。

3.2 阅读 PDF 文档

Acrobat 提供了多种方法帮助我们浏览 PDF 文档，以及调整 PDF 文档在屏幕中的显示比例。例如，你可以拖动窗口右侧的滚动条来滚动文档；也可以使用工具栏中的"显示下一页"按钮和"显示上一页"按钮像翻动传统纸质图书一样翻页；此外，你还可以明确指定要跳转到哪一页。

3.2.1 浏览文档

Acrobat 提供了多种方法帮助我们轻松跳转到文档的不同页面。

1. 在 Acrobat 中依次选择"文件 > 打开"，转到 Lesson03/Assets 文件夹下，选择 Fall Hiking.pdf 文件，单击"打开"按钮，将其打开。

2. 从菜单栏中依次选择"视图 > 缩放 > 实际大小"，调整页面尺寸。

3. 如图 3-1 所示，从工具栏中选择抓手工具（🖐），然后把鼠标指针置于文档上，按下鼠标左键，此时，鼠标指针变成一只握起的手。

4. 在文档窗口中上下左右拖动文档，可以把页面的不同部分显示在文档窗口中，就像把一张纸在桌面上移来移去。

图3-1

5. 按 Enter 键或 Return 键，显示页面的下面一部分。你可以反复按 Enter 键或 Return 键，不断往下浏览文档。

6. 从菜单栏中依次选择"视图 > 缩放 > 缩放到页面级别",或者,在工具栏的"更多工具"（▥）中选择"适合一个整页"。然后,在工具栏中多次单击"显示上一页"按钮（↑）,返回到第 1 页。

7. 如图 3-2 所示,在文档窗口右侧的滚动条中,单击 1 次空白区域。或者在 Windows 系统中,你还可以把鼠标指针移动到滚动条下方的向下箭头上,然后单击它。此时,文档会自动向下滚动,把第 2 页的全部内容显示出来（见图 3-3）。

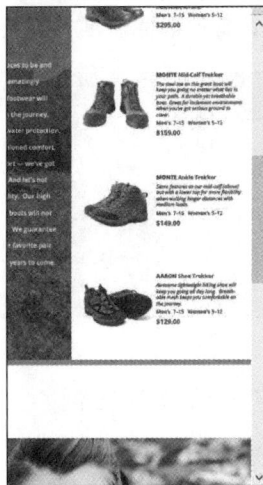

图3-2   图3-3

8. 接下来,我们将控制 Acrobat 滚动与显示 PDF 页面的方式。在工具栏中单击缩放比例右侧的箭头,在弹出的菜单中,你可以选择"实际大小""缩放到页面级别""适合宽度""适合可见"几个命令。在工具栏中单击"更多工具"（▥）,从弹出菜单中选择"适合宽度滚动",然后拖动滚动条,滚动到第 3 页,如图 3-4 所示。在滚动 PDF 文档时,各个页面会首尾相连,就像电影胶片中的各帧画面一样。

图3-4

9. 从菜单栏中依次选择"视图 > 页面导览 > 第一页",返回到文档第 1 页。

10. 在工具栏中单击"更多工具"（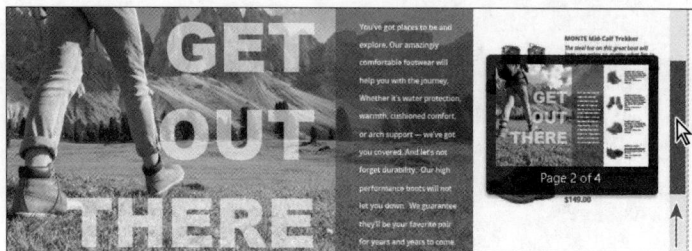），从弹出菜单中选择"适合一个整页",返回到原来的页面布局。此外,你还可以在工具栏中输入页码,直接跳转到指定页面。

11. 在工具栏中显示当前页面的地方,输入 3,按 Enter 键或 Return 键,Acrobat 会显示第 3 页。当然,你还可以拖动滚动条滚动到指定页面。

12. 向上拖动滚动条,随着页面被拖动,工具栏中显示的当前页码也会随之变化。当当前页码显示为 2/4 时,释放鼠标左键,停止拖动。此时,显示的是第 2 页,如图 3-5 所示。

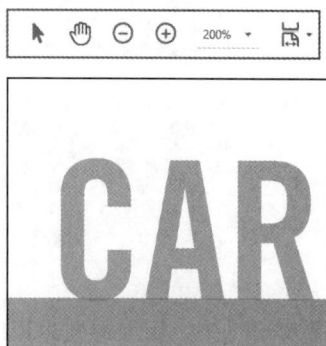

图3-5

3.2.2　更改页面视图的缩放比例

在 Acrobat 中,通过工具栏中的控件和"视图"菜单中的命令,我们可以轻松地更改页面视图的缩放比例。

1. 在菜单栏中依次选择"视图 > 缩放 > 实际大小",此时,视图的缩放比例变为 100%。

2. 在工具栏中单击"显示下一页"按钮（⬇）,转到第 3 页。此时,视图的缩放比例仍为 100%（见图 3-6）。

3. 在工具栏中单击缩放比例右侧的箭头,在弹出菜单中选择"200%"（见图 3-7）,把视图放大一倍。除了可以在菜单中进行更改之外,你还可以直接在工具栏中把缩放比例更改为指定的数值。

图3-6　　　　　　　　　　　　　图3-7

4. 在工具栏中单击缩放比例右侧的箭头，在弹出菜单中选择"实际大小"，此时，缩放比例再次变为100%。

5. 接下来，使用工具栏中的"放大"按钮，增大视图的缩放比例。在工具栏中显示页码的地方输入4，按Enter键或Return键，跳转到第4页。

6. 在工具栏中单击"放大"按钮（⊕）1次。

7. 再次单击"放大"按钮，进一步增大缩放比例。每次单击"放大"或"缩小"按钮，缩放比例都会按设定的数量进行放大或缩小。

8. 在工具栏中单击缩放比例右侧的箭头，在弹出菜单中选择"缩放到页面级别"，在文档窗口中显示出整个页面。

9. 接下来，我们使用选框缩放工具放大文档中的图像。默认情况下，"选框缩放"工具处于隐藏状态，但你可以把它添加到工具栏中。在菜单栏中依次选择"视图 > 显示 / 隐藏 > 工具栏项目 > 显示选择和缩放工具 > 选框缩放"，把选框缩放工具添加到工具栏中，如图3-8所示。

图3-8

10. 如图3-9所示，在工具栏中选择"选框缩放"工具（🔍），把鼠标指针移动到登山杖图像的左上角，按下鼠标左键，拖动至图像右下角。拖选整个登山杖图像之后，释放鼠标左键，这样整个登山杖图像就放大显示在文档窗口中了，如图3-10所示。

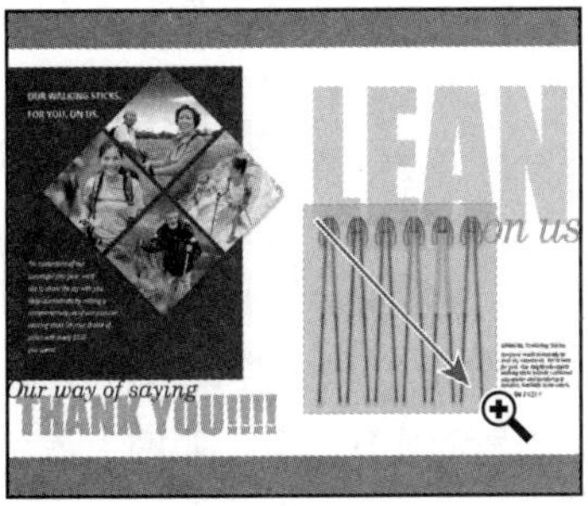

图3-9

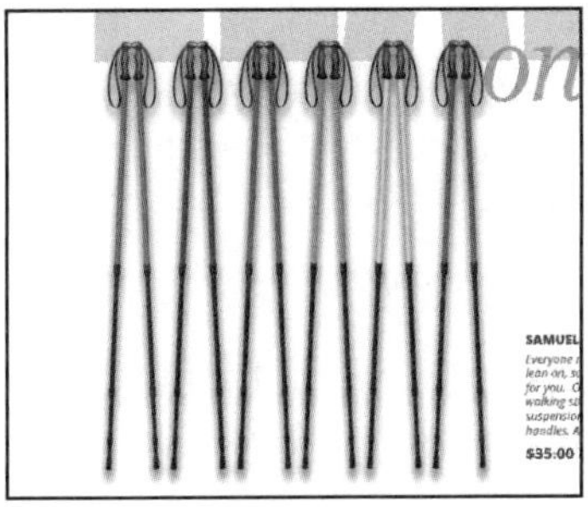

图3-10

> **提示：** 从菜单栏中依次选择"视图 > 显示 / 隐藏 > 工具栏项目"，选择一个分类，然后选择要显示或隐藏的工具，这样可以把所选工具添加到工具栏中或者从工具栏中移除。

11. 从菜单栏中依次选择"视图 > 缩放 > 缩放到页面级别"，让整个页面在文档窗口中显示出来。

3.2.3　使用动态缩放工具

选择动态缩放工具后，按下鼠标左键并向下或向上拖动，可以放大或缩小文档视图。

1. 在菜单栏中依次选择"视图 > 显示 / 隐藏 > 工具栏项目 > 显示选择和缩放工具 > 动态缩放"，把动态缩放工具添加到工具栏中。

2. 如图 3-11 所示，在工具栏中选择动态缩放工具（🔍）。

3. 如图 3-12 所示，移动鼠标指针到文档窗口中，按下鼠标左键，向上或向下拖动可以放大（见图 3-13）或缩小文档视图。

图3-11

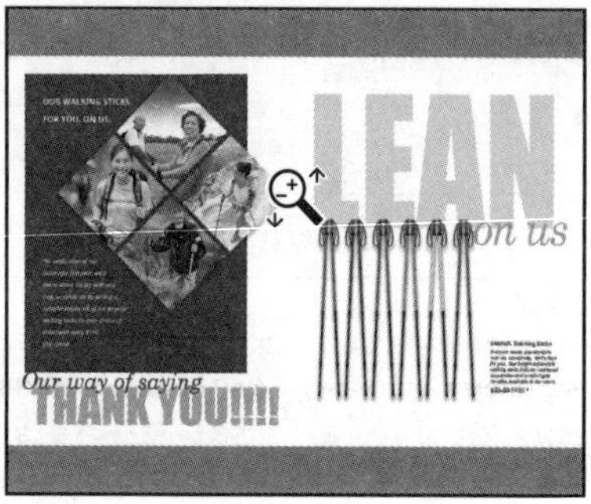

图3-12

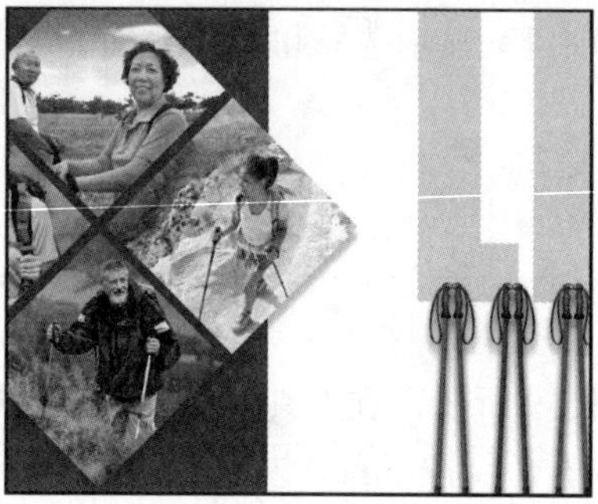

图3-13

4. 在工具栏中选择抓手工具，取消选择动态缩放工具，然后从"缩放"下拉列表中选择"缩放到页面级别"，让整个页面在文档窗口中显示出来。

3.2.4　跟踪链接

使用电子文档的好处之一是：你可以把传统的参考引用转换成链接，用户通过链接可以直接跳转到被参考的部分或文件。例如，你可以把目录中的每一个条目都做成一个链接，每个链接都指向文档中相应的部分。此外，你还可以使用链接为传统图书元素（如词汇表、索引）增添交互性。

首先，我们把几个导航工具添加到工具栏中。

1. 在菜单栏中依次选择"视图 > 显示 / 隐藏 > 工具栏项目 > 显示页面导览工具 > 显示所有页面导览工具"，如图 3-14 所示。

图3-14

2. 接下来，单击页面中一个链接，跳转到文档中指定的页面。在工具栏中单击"显示第一页"按钮（⟳），返回到第 1 页。

3. 把鼠标指针移动到特价图标上，此时鼠标指针变成手形形状（见图 3-15），这表示此处有一个链接，单击该链接。此时，跳转到第 4 页，如图 3-16 所示。

图3-15

图3-16

4. 单击"上一个视图"按钮（⬅），返回到第 1 页。你可以不断单击"上一个视图"按钮来追溯你在文档中的浏览路径。单击"下一个视图"按钮执行的是与"上一个视图"按钮相反的操作。

5. 从菜单栏中依次选择"视图 > 显示 / 隐藏 > 工具栏选项 > 重置工具栏"，把当前工具栏恢复为默认工具栏。

3.3 在 PDF 文档中搜索

你可以在 PDF 文档中快速搜索某个单词或短语。例如，如果你想在某个 PDF 文档中查找单词 boot，可以使用 Acrobat 中的查找或搜索功能进行查找。查找功能只在当前活动文档中查找指定单词或短语，而搜索功能则可以在单个文档、多个文档或 PDF 包中进行查找。两个功能都可以用来查找文本、图层、表单字段，以及数字签名。

首先，我们使用查找功能在打开的文档中查找指定文本。

1. 在菜单栏中依次选择"编辑 > 查找"。此时，文档窗口的右上角会出现一个"查找"对话框，在文本框中输入 performance，如图 3-17 所示。

2. 如图 3-17 所示，在"查找"对话框中，单击文本框右侧的"齿轮"按钮，可以打开查找选项菜单。在查找选项菜单中，你可以选择"全字匹配"或"区分大小写"，还可以选择"包含书签"和"包含注释"，这些选项有助于改善搜索结果。当你选择某个选项时，该选项左侧就会出现一个对勾，表示该选项处于启用状态。单击"下一个"按钮，执行查找操作。此时，在第 2 页文档中找到的第一个 performance 单词就会高亮显示出来，如图 3-18 所示。

3. 在"查找"对话框中继续单击"下一个"按钮，在文档中查找下一个 performance 单词。最后，Acrobat 会弹出一个消息框，指出"没有找到更多全字匹配项"。单击"确定"按钮，关闭消息框。然后单击"查找"对话框右上角的"关闭"按钮，关闭"查找"对话框。

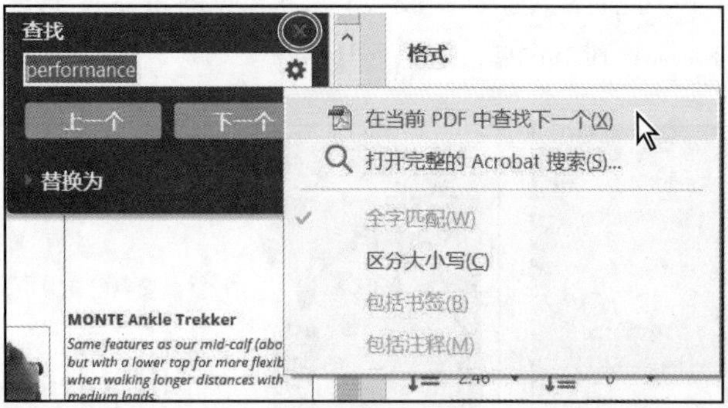

图3-17

图3-18

4. 接下来，我们使用搜索功能在文档中执行更复杂的搜索操作。这里，我们只搜索一个文档，但其实你可以使用搜索功能搜索某个文件夹中的所有文档，以及 PDF 包中的所有文档，甚至还可以搜索 PDF 包中的非 PDF 文档。从菜单栏中依次选择"编辑 > 高级搜索"，打开高级搜索窗口。

5. 在"搜索范围"中选择"当前文档"，把搜索范围限定在当前打开的文档中。在本次搜索中，我们将查找与徒步旅行有关的信息。

6. 在搜索文本框中，输入 trek。

7. 单击搜索窗口底部的"显示更多选项"链接。

8. 如图 3-19 所示，从"返回结果中包含"的下拉列表中选择"匹配任意单词"。这样一来，任何包含 trek 这 4 个字母的单词（如 trekking）都会被搜索到。

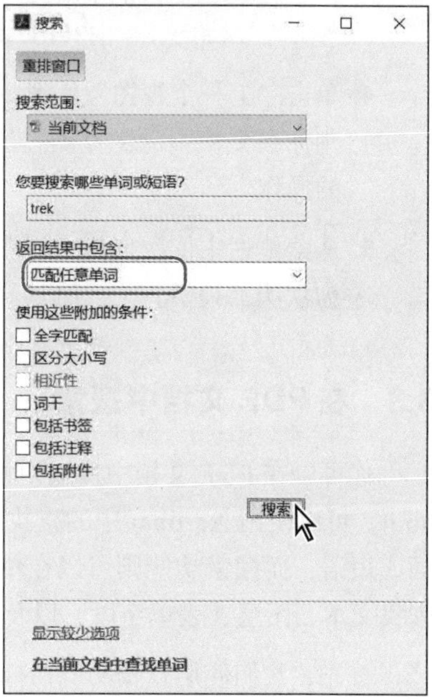

9. 单击"搜索"按钮。此时，搜索结果会显示在"搜索"窗口中，如图 3-20 所示。

图3-19

> 提示：在 Acrobat DC 中，你还可以把搜索结果保存起来；在"搜索"窗口中单击"新建搜索"右侧的"保存"按钮，在弹出菜单中选择"将结果保存为 PDF"或"将结果保存为 CSV"，然后在"保存搜索结果"对话框中，转到保存搜索结果的目录下，输入文件名，单击"保存"按钮即可。

10. 如图 3-21 所示，单击任意一个搜索结果，即可跳转到包含该搜索结果的页面。

图3-20   图3-21

11. 查看完搜索结果后，关闭"搜索"窗口。

除了在文档中搜索文本之外，你还可以使用高级搜索功能搜索对象数据和图像元数据。当搜索多个 PDF 文档时，Acrobat 还会查看文档属性和 XMP 元数据。若 PDF 文档中包含附件，你还可以把这些附件添加到搜索目标中。如果搜索目标中包含 PDF 索引，Acrobat 还会搜索带索引的结构标签。如果搜索的是加密文档，那么在开始搜索之前，必须先把文档打开。

3.4 打印 PDF 文档

Acrobat 的"打印"对话框中包含了许多打印选项，这些选项与其他常用软件中的打印选项相差无几。例如，在这些软件中，你都可以自己选择要使用的打印机，设置页面尺寸、页面方向等打印参数。除此之外，在 Acrobat 中，你还可以自由地打印当前视图（即当前屏幕上显示的内容）、选择的区域、指定页面、选定的多个页面，以及 PDF 文档中的一系列页面。

下面介绍如何在 Acrobat 中打印那些在页面缩略图中选中的页面、特定视图，以及不连续的页面。

1. 打开 Fall Hiking.pdf 文件，单击文档窗口左侧的箭头，打开"导览"面板。然后在"导览"窗格中单击"页面缩略图"按钮。

2. 如图 3-22 所示，单击 3 个页面缩略图，选中你要打印的页面。选择时，按住 Ctrl 键（Windows 系统）或 Command 键（Mac OS）单击页面缩略图，可以同时选择多个连续或非连续的页面。

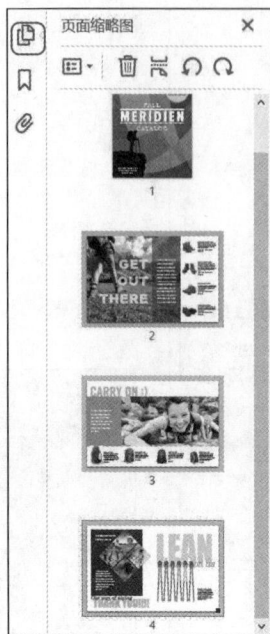
图3-22

3. 如图 3-23 所示，从菜单栏中依次选择"文件 > 打印"，在"打印"对话框中选择你要使用的打印机名称。由于我们在页面缩略图中已经选好了要打印的页面，所以"选定的页面"选项被自动选中。

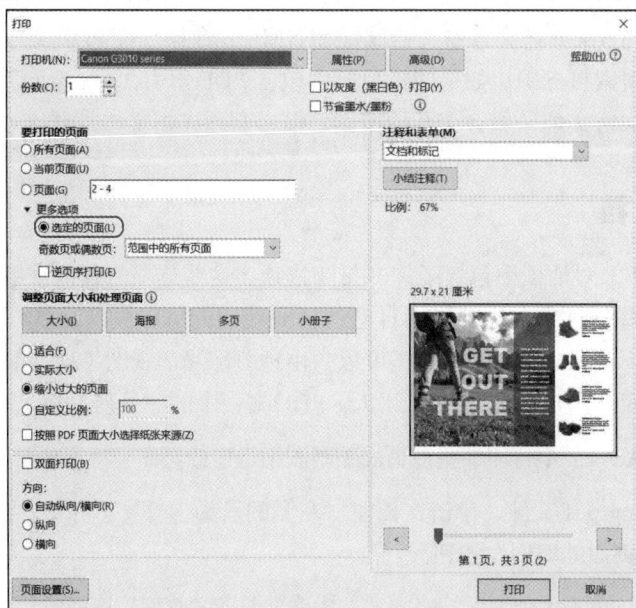
图3-23

> **提示：**在 Windows 系统中，右击选中的页面，从弹出菜单中选择“打印页面”，也可以打开“打印”对话框。

4. 单击“确定”按钮或“打印”按钮，打印你选中的页面。若不想打印，请单击“取消”按钮。若遇到打印问题，可以单击“打印”窗口右上角的“帮助”链接，前往 Adobe 网站，了解有关打印的信息与提示。

5. 打印完成后（或者你单击了“取消”按钮，关闭了“打印”对话框），在页面缩略图中单击空白区域，取消选择页面缩略图，然后关闭页面缩略图。

6. 跳转到文档的第 3 页。

7. 如图 3-24 所示，把缩放比例设置为 200%，然后使用抓手工具（✋）拖动页面，让 Jahn Ruck Pack 这部分内容显示在文档窗口中。

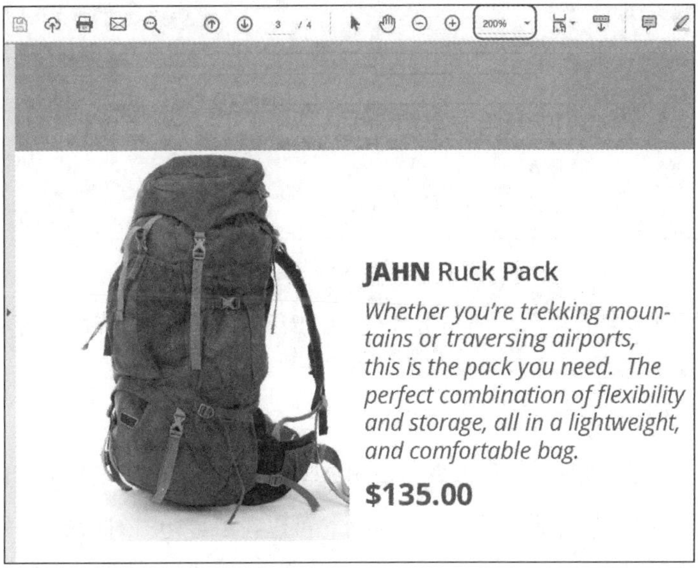

图3-24

8. 从菜单栏中依次选择“文件 > 打印”，在“打印”对话框中选择你要使用的打印机。

9. 如图 3-25 所示，在“要打印的页面”中单击“更多选项”，然后选择“当前视图”，此时预览图变为文档窗口中当前显示的内容，在“调整页面大小和处理页面”中选择“适合”。选择“当前视图”后，打印时，Acrobat 会只打印文档窗口中显示的内容。接下来，我们来指定要打印的页面。

10. 在“要打印的页面”选项组中选择“页面”。

11. 在“页面”文本框中输入“1, 3-4”。此时，单击“确定”按钮或“打印”按钮，Acrobat 就会打印文档中的第 1、3、4 页。你也可以在文本框中输入不连续的页码（使用逗号分隔）

或连续的页码（使用短横线分隔）。

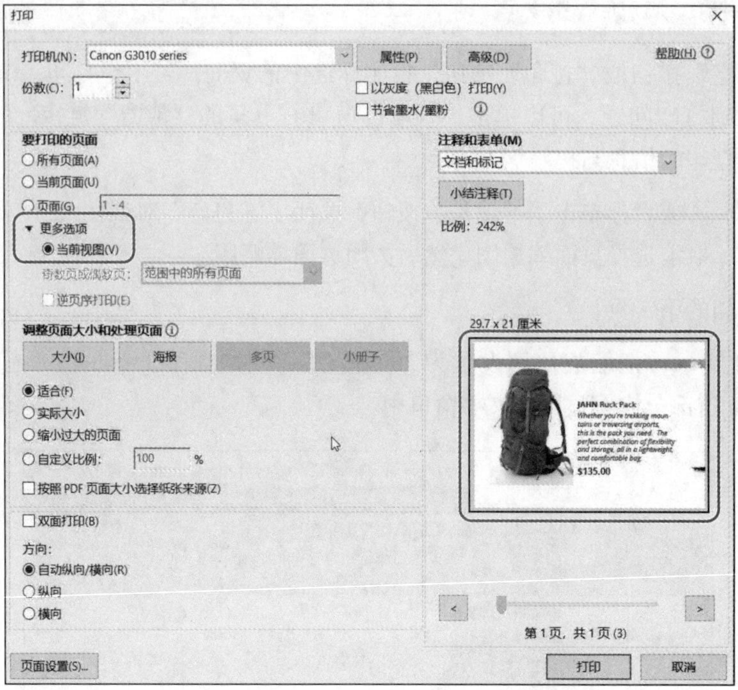

图3-25

12. 如果你要打印选中的页面，请单击"打印"按钮或"确定"按钮。若不想，单击"取消"按钮即可。

13. 从菜单栏中依次选择"文件 > 关闭文件"，把 Hiking.pdf 文件关闭。

有关打印注释的内容，请阅读第 10 课"使用 Acrobat 审阅文档"中相关的内容。

如果你的 PDF 文档中包含非标准尺寸的页面，可以在"打印"对话框的"调整页面大小和处理页面"选项组中选择"大小"选项来缩小、放大或者拆分页面。选择"适合"选项，Acrobat 会根据需要对 PDF 文档中的页面进行放大或缩小，把每个页面缩放到打印纸张大小。"海报"选项用来打印超大页面，打印时 Acrobat 会先把一个超大页面拆分成若干部分，然后把各个部分打印到不同纸张上，打印完成后，再把打印好的各个部分拼合在一起，形成一个超大尺寸的印刷品。在 Windows 系统中，你还可以根据 PDF 页面的大小指定纸张来源。

打印小册子

如果你的打印机支持双面打印，你还可以在Acrobat中打印双联对开的骑马钉小册子。小册子由多个页面组成，这些页面按一定顺序叠放在一起，经过折叠之后，能够形成正确的页码顺序。在双联对开的骑马钉小册子中，两页打印在同一张纸上，并且都是双面打印，即第一页和最后一页打印在同一张纸上，第二页与倒数第二页打印在同一张纸上，以此类推。打印好之后，把纸张依次叠在一起，然后沿着中线折叠，再用装订设备装订在一起。像这样经过校对、折叠、装订，最终就会得到一本带有正确页码顺序的小册子。

可以按照如下步骤，在Acrobat中打印小册子。

1. 从菜单栏中依次选择"文件＞打印"，在"打印"对话框中选择要使用的打印机。

2. 在"要打印的页面"中指定要打印的页面。

3. 如图3-26所示，在"调整页面大小和处理页面"中单击"小册子"。

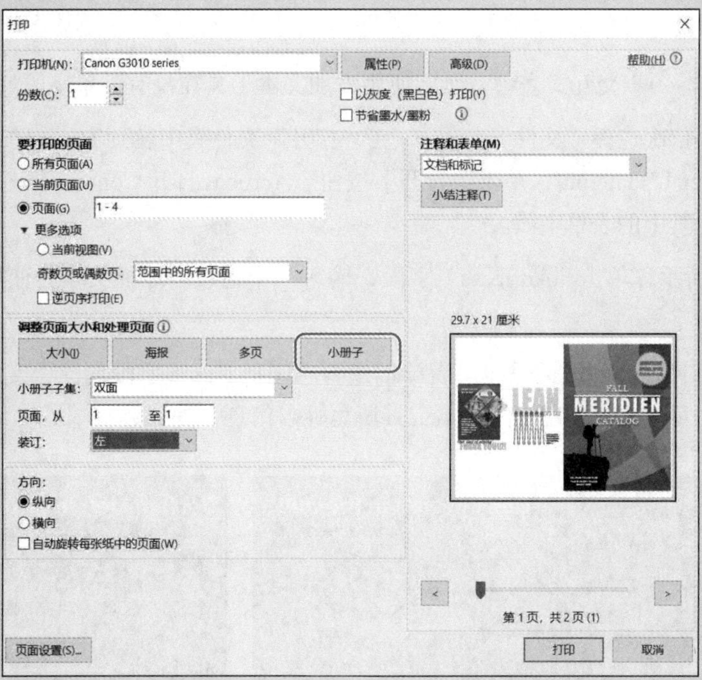

图3-26

4. 选择其他页面处理选项。你可以选择自动旋转页面、指定要打印的第一页和最后一页、选择装订边。选择不同的选项，预览图会发生不同的变化。有关各个选项的更多内容，请阅读 Adobe Acrobat DC 帮助文档。

3.5　填写 PDF 表单

PDF 表单可以是交互式的，也可以是非交互式的。交互式 PDF 表单（也称可填写表单）中包含字段，其与你在网上见到的或者别人发送给你的表单极其相似。在 Acrobat 或 Acrobat Reader 中，你可以使用选择工具或抓手工具在表单中输入数据。

> **提示**：你可以使用 Acrobat DC 移动版在平板电脑或手机上填写 PDF 表单；更多相关内容，请参阅第 6 课"在移动设备上使用 Acrobat"中的相关内容。

非交互式 PDF 表单（也称扁平式表单）是指那些扫描页面中包含的表单，这些表单不包含真实的表单字段，其中的表单字段是以图像形式显示的。传统上，使用这样的表单时，我们通常会先把它们打印在纸张上，然后采用手工或打字机来填写它们，最后通过邮寄或传真发送出去。在 Acrobat 中，你可以使用填写和签名工具或者添加文本工具把相关信息填写到非交互式表单中。

有关创建和管理交互式表单的内容，我们将在第 11 课"在 Acrobat 中处理表单"中详细讲解。

下面我们来填写一个交互式表单，然后使用添加文本工具在没有表单字段的地方添加信息。

1. 从菜单栏中依次选择"文件 > 打开"，在"打开"文件夹中转到 Lesson03/Assets 文件夹下，选择 Contact Update.pdf，单击"打开"按钮。Acrobat 打开 Contact Update.pdf 文件时会自动高亮显示其中的表单字段。

2. 如图 3-27 所示，单击"Address"字段，输入一个地址。地址文本会使用表单创建器中指定的字体和字号。

3. 输入电子邮件地址和电话号码。表单创建者忘记把 Name 字段创建为交互式字段，这种情况下，我们可以直接使用添加文本工具填写姓名信息。

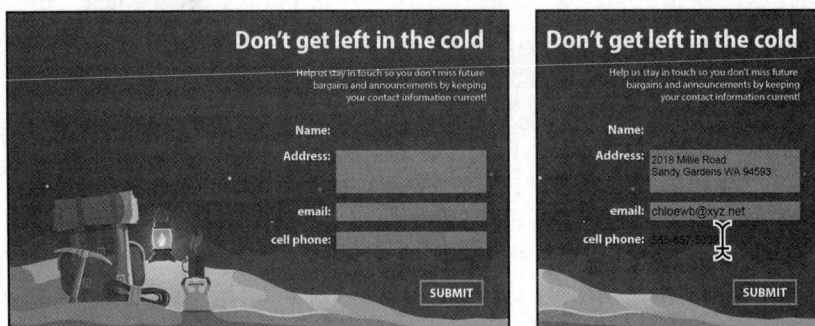

图3-27

4. 在工具栏中选择编辑文本和图像工具，然后在"编辑 PDF"工具栏中单击"添加文本"。

5. 此时，鼠标指针变为 I 形状。在 Name 字段右侧单击，会出现一个跳动的竖线。

6. 输入你的名字。只要安全设置未禁止，你就可以使用添加文本工具把文本添加到任意一个 PDF 文档中。此外，使用文档窗口右侧的"格式"选项组中的选项（见图 3-28），可以对文本格式进行调整。

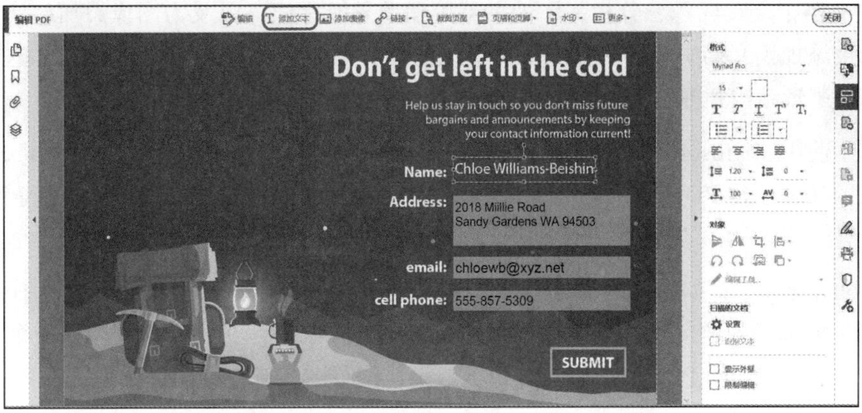

图3-28

7. 关闭"创建 PDF"工具栏。

8. 从菜单栏中依次选择"文件 > 另存为",转到 Lesson03/Finished_Projects 文件夹,输入文件名 Contact Update complete.pdf,单击"保存"按钮。此时,你可以打开保存好的文件,查看所有数据是否被保存了下来。

9. 从菜单栏中依次选择"文件 > 关闭文件",把文件关闭。

3.6 关于灵活性、可访问性、结构

Adobe PDF 文档的灵活性、可访问性决定了用户(包含视觉与行动障碍人士,以及使用移动设备的人)访问、重排和重用(若允许)文件内容的难易程度。源文件中包含的结构数量和 Adobe PDF 文档的创建方法都会影响 Adobe PDF 文档的可访问性和灵活性。

在增强了 PDF 文档的可访问性之后,文档可以更好地符合无障碍文档标准,文档的用户群会扩大。为提高 PDF 文档的可访问性,Acrobat 提供了以下两大类辅助功能。

- 第一类辅助功能用于帮助作者基于现有或全新 PDF 文档创建更易于访问的文档,包括简单的可访问性检查工具,以及向 PDF 文档添加标签的工具。在 Acrobat Pro 中,你还可以编辑 PDF 文档结构,纠正 PDF 文档中的阅读顺序、可访问性问题。

- 第二类辅助功能用来帮助视觉或行动不便的读者轻松地浏览 PDF 文档,其中许多功能可以通过辅助工具设置助手进行调整。

一个 Adobe PDF 文档要具备良好的灵活性和可访问性,就必须拥有一定的结构。根据结构化程度,我们可以把 Adobe PDF 文档分成 3 类:带标签的、结构化的和非结构化的。带标签的 PDF 文档结构化程度最高。结构化的 PDF 文档有一定结构,但不如带标签的 PDF 文档的灵活性、可访问性高。非结构化的 PDF 文档不具备任何结构(你可以向非结构化文档添加一定结构,相关内容稍后讲解)。一个文档的结构化程度越高,其内容重用起来就越高效、可靠。

当你在文档中定义标题、分栏，添加书签等辅助导航标记，以及为图像添加替换文本时，相关结构就会被添加到文档中。许多情况下，当你把某个文档转换成 Adobe PDF 时，这个文档就会被自动添加上逻辑结构和标签。

当你基于使用 Microsoft Office、Adobe FrameMaker（较新版本）、InDesign、Adobe PageMaker 等程序生成的文件创建 PDF 文档时，或者基于网页创建 Adobe PDF 文档时，最终得到的 PDF 文档中都会含有标签。

在 Acrobat Pro 中，如果你的 PDF 文档结构不好，可以使用辅助工具面板或者 TouchUp 阅读顺序工具修复大部分问题。不过，相比之下，最简单的方法还是在一开始就创建一个结构良好的文档。有关创建可访问的 PDF 文档的更多内容，请访问官网的有关页面进行了解。

3.7 处理可访问的文档

如果你使用的是 Acrobat Pro，那么你可以对带标签的 PDF 文档进行检查。不论是在 Acrobat Standard 中还是在 Acrobat Pro 中，你都可以非常轻松地重排文档，以及提取文档内容。

3.7.1 检查可访问性（仅适用于 Acrobat Pro）

在把一个 Adobe PDF 文档发送出去之前，最好检查一下其可访问性是否良好。在 Acrobat Pro 中，你可以使用可访问性检查器来检查文档中是否包含提高可访问性所需要的信息，同时还可以检查文档中是否有禁止访问的保护设置。

我们来检查一下一个带标签的 PDF 文档的可访问性和灵活性，这个 PDF 文档是基于 Microsoft Word 文件创建的。

1. 从菜单栏中依次选择"文件 > 打开"，在"打开"对话框中，转到 Lesson03/Assets 文件夹下，双击 Tag_Wines.pdf 文件，将其打开。

2. 从菜单栏中依次选择"文件 > 另存为"，在"另存为 PDF"对话框中，转到 Lesson03/Finished_Projects 文件夹下，输入文件名 Tag_Wines1.pdf，单击"保存"按钮。

3. 在文档窗口右侧的工具面板中选择辅助工具。若"辅助工具"未在工具面板中显示，请在工具栏中单击"工具"选项卡，在"保护和标准化"下找到辅助工具，单击下方箭头，从弹出菜单中选择"添加快捷方式"，此时"辅助工具"就会出现在工具面板中，如图 3-29 所示。

> **提示**：默认情况下，工具面板中只显示一部分工具；在工具栏中单击"工具"选项卡，然后单击某个工具下的"箭头"按钮，从弹出菜单中选择"添加快捷方式"或"删除快捷方式"，可以把该工具添加到工具面板，或者从工具面板中删除。

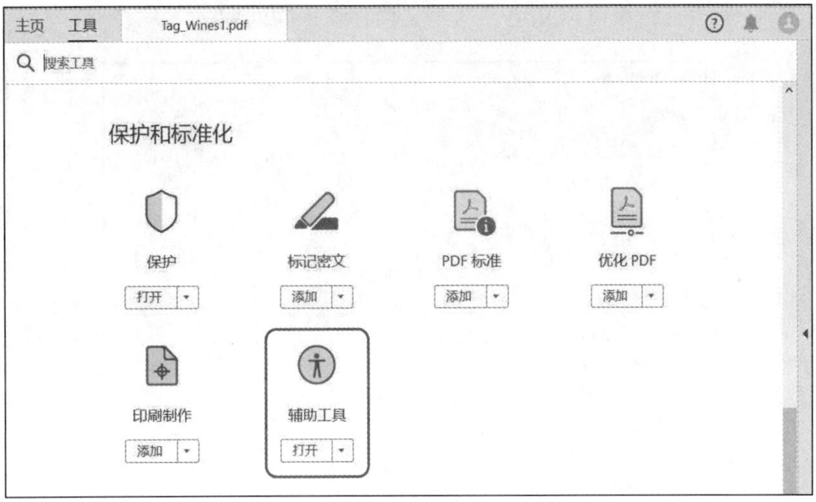

图3-29

本课中我们会多次用到辅助工具，所以最好还是把它放入工具面板中以方便随时使用。在工具面板中，单击某个工具下的箭头，从弹出菜单中选择"删除快捷方式"，可以把该工具从工具面板中删除。

打开"辅助工具"后，文档窗口右侧的面板中会出现各种辅助工具。

4. 如图 3-30 所示，单击"完整检查"按钮。

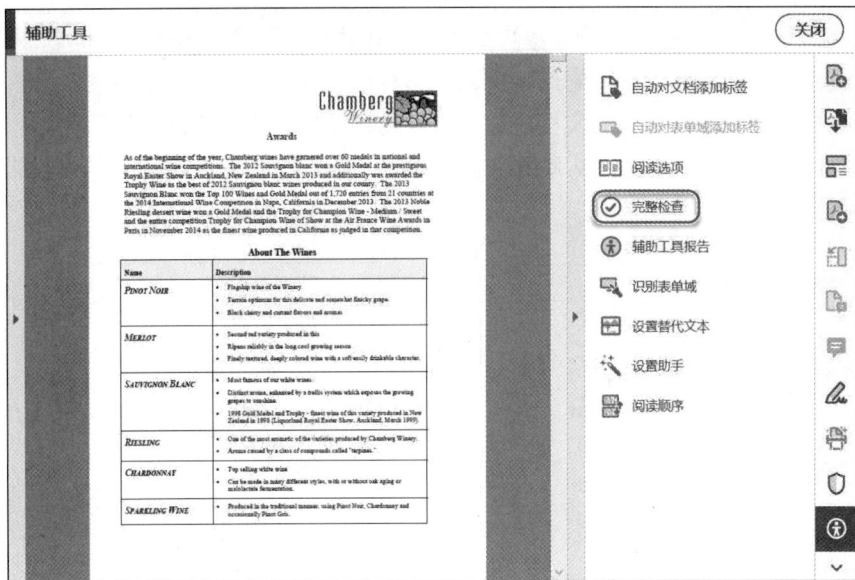

图3-30

5. 如图 3-31 所示，在"辅助工具检查器选项"对话框中，保持默认选择，单击"开始检查"按钮。此时，Acrobat 会快速检查文档的可访问性问题，并在"导览"窗格中显示"辅助工具检查器"。从检查结果可以知道，这个文档存在一些问题。

图3-31

6. 如图 3-32 所示，单击"文档"左侧箭头，将其展开，里面列出了 3 个问题。如图 3-33 所示，其中有 2 个问题（逻辑阅读顺序和色彩对比）需要你进行手动检查，第 3 个问题指出了标题失败。一个可访问的文档应该包含标题，而且标题应该自动显示在标题栏中。单击面板顶部的"选项"按钮，从弹出菜单中选择"解释"，了解"辅助工具检查器"面板中每一项具体是什么。

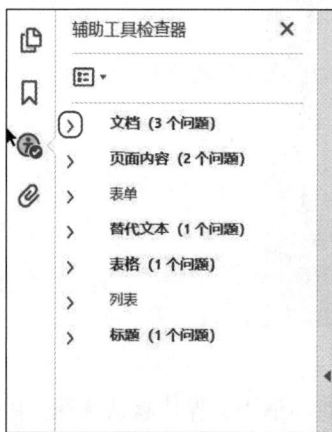

图3-32

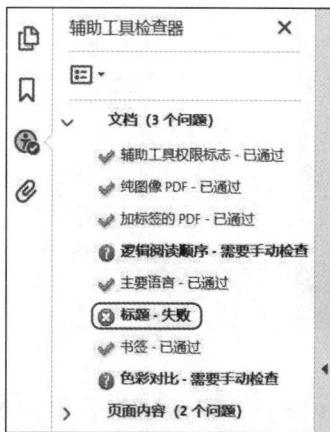

图3-33

7. 右击或者按住 Control 键单击"标题 – 失败"选项（见图 3-34），从弹出菜单中选择"修复"。Acrobat 修改了设置之后，观看面板可以发现，"标题 - 失败"变成了"标题 - 已通过"，如图 3-35 所示。若文档中原本就没有标题，Acrobat 会提示你输入一个文档标题。借助交互式的"辅助工具检查器"面板，我们可以快速修复文档中的大部分可访问性问题。

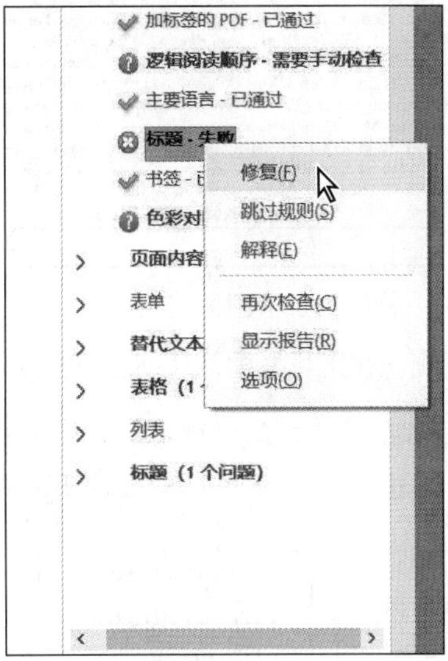

图3-34 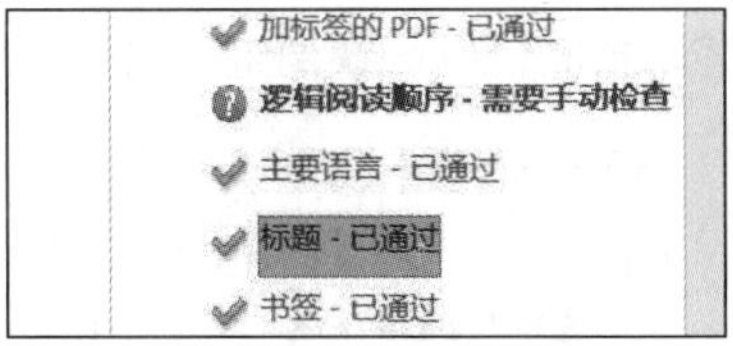   图3-35

8. 关闭辅助工具检查器面板和"辅助工具"。在向 PDF 文档添加安全性设置的同时，仍然可确保它们的可访问性。Acrobat DC 提供的加密功能可防止用户从 PDF 文档中复制粘贴文本，同时还支持辅助技术。

3.7.2　重排 PDF 文档（适用于 Standard 版和 Pro 版）

接下来，我们一起了解一下带标签的 PDF 文档有多灵活。我们将对 PDF 文档进行重排，以方便用户在不同屏幕尺寸的设备上阅读。

首先，我们把程序窗口调得小一些，以模拟移动设备的小屏幕。

1. 从菜单栏中依次选择"视图 > 缩放 > 实际大小"，以 100% 的缩放比例显示文档。

2. 调整 Acrobat 程序窗口的大小，使其大约占屏幕的 50%。在 Windows 系统中，若当前程序窗口处于最大化状态，请单击程序窗口右上角的"向下还原"按钮；若程序窗口不处于最大化状态下，则拖动程序窗口的一角，将其缩小。在 Mac OS 中，拖动程序窗口的一角，即可调整其大小。缩小 Acrobat 程序窗口之后，文档正文中的有些内容会被隐藏起来，如图 3-36 所示。

3. 从菜单栏中依次选择"视图 > 缩放 > 重排"。此时，Acrobat 会重排文档内容，使其适应较小的屏幕尺寸。这样一来，即使不拖动水平滚动条，你也可以看到文档的整行内容，如图 3-37 所示。重排文本时，页码、页眉等会被丢弃，因为它们不再与页面显示相关。重排文档时，每次只重排一页内容，并且无法保存重排后的文档。

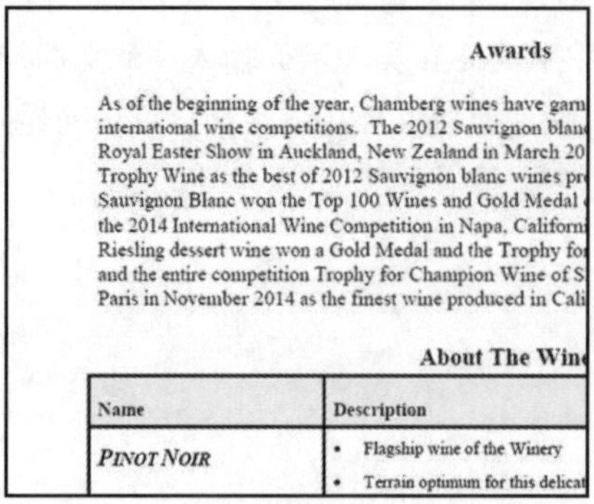

图3-36 　　　　　　　　　图3-37

4. 接下来，看一下更改缩放比例会对显示有何影响。在工具栏中，从缩放下拉列表中选择400%。

5. 向下滚动页面，观察页面排版发生了什么变化。同样，在重排之后，你无须使用水平滚动条左右移动页面，也可看到整行内容，如图3-38所示。文本自动包含在文档窗口中。

图3-38

6. 浏览完重排后的文档后，把Acrobat窗口恢复成原来的大小，然后关闭文件。

对于一个带标签的PDF文档，我们可以用不同的文件格式保存其中内容，以便在不同的应用程序中使用。例如，把这个文件保存为可访问的文本，你会发现连表格中的内容也被保存为了易于使用的格式。

在Acrobat中，你甚至可以让一些非结构化的文档对各类用户都易于访问。不管是在哪个版本的Acrobat中，你都可以使用"添加标签到文档"命令向PDF文档中添加标签。不过，如果你想修复标签和顺序错误，就必须使用Acrobat Pro这个版本。

3.8　增强文档的灵活性和可访问性（仅适用于 Acrobat Pro）

有些带标签的Adobe PDF文档包含的信息可能不够，导致文档内容缺少足够的灵活性和可访问性。例如，你的文档中可能缺少图像的替换文本、语言属性（当部分文本使用了与文档默认语言不同的语言时），以及缩略语的全称。（为不同文本元素指定合适的语言，可以保证重用文档时能够显示正确的字符，确保朗读时单词发音正确以及使用正确的词典检查文字的拼写错误。）

> **注意**：在 Acrobat Standard 中，你可以使用"辅助工具"面板中的工具添加标签和替代文本。

在 Acrobat Pro 中，你可以使用"标签"面板添加替换文本和多国语言。（若只需要一种语言，你可以直接在"文档属性"对话框中进行选择。）此外，你还可以使用 TouchUp 阅读顺序工具添加替换文本。

使用"设为可访问"动作

在 Acrobat Pro 中，你可以通过"设为可访问"动作确保 PDF 文档是可访问的。通过"设为可访问"动作，你可以设置文档属性、选项卡顺序，以及向文档中添加标签与替换文本。

"设为可访问"动作是"动作向导"的默认动作之一。我们将在第 12 课"使用动作（仅适用于 Acrobat Pro）"中讲解更多有关使用与创建动作的内容。

我们来检查用户手册中一个页面的可访问性。这个文档是用来打印的，所以不曾有人尝试将它变为可访问文档。

1. 从菜单栏中依次选择"文件 > 打开"，在"打开"对话框中，转到 Lesson03/Assets 文件夹下，选择 AI_UGEx.pdf 文件，将其打开。

2. 在工具面板（位于文档窗口右侧）中单击"辅助工具"按钮，将其显示出来。

3. 单击"完整检查"按钮，在"辅助工具检查器"对话框中单击"开始检查"按钮。如图 3-39 所示，在辅助工具检查器面板中展开"文档"，可以看到这个文档不带标签。接下来，我们给文档添加标签和其他辅助功能。

4. 关闭辅助工具检查器面板。

5. 在工具栏中单击"工具"选项卡，然后在"自定义"选项组中单击"动作向导"按钮（见图 3-40）。

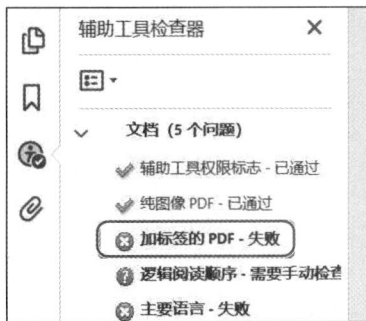

图3-39

图3-40

6. 如图 3-41 所示，在"动作列表"面板中单击"设为可访问"。此时，文档窗口右侧的"动作列表"面板变为"设为可访问"面板，其中列出了动作中包含的各个步骤。动作会自动执行，一步步引导用户完成其中的每个步骤，最终使文档具备可访问性。

7. 在"要处理的文件"中确保文件是 AI_UGEx.pdf。

8. 如图 3-42 所示，单击"开始"按钮。"设为可访问"动作的第一步是帮助我们为提高文档的灵活性和可访问性做设置准备。

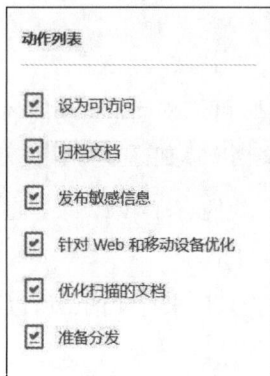

图3-41   图3-42

> **提示**："识别报告"是一个临时文件，无法进行保存；而"完整检查"生成的可访问性报告是可以保存的。

9. 如图 3-43 所示，在"说明"对话框的"标题"选项组中取消勾选"不变"，把"标题"修改为 User Guide，单击"确定"按钮。打开文档时，"说明"对话框中的"标题"会出现在标题栏中。单击"确定"按钮后，Acrobat 自动执行下一步，为文档做一般设置。

10. 在"识别文本 - 一般设置"对话框中，保持默认设置不变，单击"确定"按钮。该对话框中的设置将决定如何应用 OCR 为屏幕阅读器识别文本。

11. 此时会出现一个消息框，询问"此文档是否要用作可填写的表单？"，单击"否，跳过此步骤"。若单击"是"，Acrobat 会在文档中检测表单域。

12. 在"设置阅读语言"对话框的"语言"中选择"英语"，然后单击"确定"，把英语设为

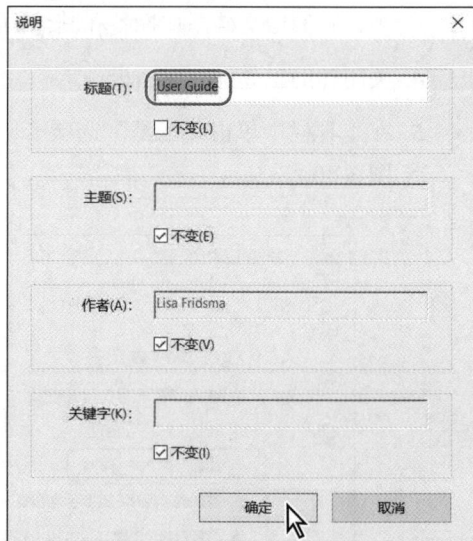

图3-43

阅读语言。接着，Acrobat 自动执行下一步，向文档中添加标签。

13. 此时会弹出一个信息提示框，显示"Acrobat 将检测此文档中的所有插图，并显示所有缺少替代文本的插图"，单击"确定"按钮。屏幕阅读器使用替换文本向视觉障碍人士描述文档中的非文本元素，如图像、图形、图表等。Acrobat 会检查你的文档，找出那些未指定替换文本的图像并要求你进行指定，以确保每一个图像都指定了替换文本。

标签

向文档添加标签时，Acrobat会向文档添加一个逻辑树结构，该结构决定了屏幕阅读器、朗读工具重排、阅读页面内容的顺序。在Acrobat Pro中，你可以使用"设为可访问"动作向文档中添加标签。不论是Acrobat Pro还是Acrobat Standard，你都可以使用辅助工具中的"自动对文档添加标签"来添加标签，然后查看"识别报告"了解标签的添加情况。在更复杂的页面（包含不规则形状的栏、项目符号列表、跨多列的文本等）中，Acrobat会标出需要关注的区域。单击每个错误链接，可以浏览PDF文档中相应的有问题的部分。在Acrobat Pro中，单击辅助工具中的"阅读顺序"，可以修复这些问题。

若想了解Acrobat是如何为文档加标签的，请单击"标签"按钮，在"导览"窗格中打开"标签"面板。（从菜单栏中依次选择"视图>显示/隐藏>导览窗格>标签"，可以把"标签"按钮显示出来。）单击标签左侧的箭头，可以查看标签。

14. 如图 3-44 所示，在"设置替代文本"对话框中输入 Page Tool，为所选图像设置替换文本，然后单击"保存并关闭"按钮。

15. 在"辅助工具检查器选项"对话框中，单击"开始检查"，确认文档现在是可访问的。如图 3-45 所示，在辅助工具检查器面板的"文档"下只有两个问题，这两个问题都需要手动检查确认。

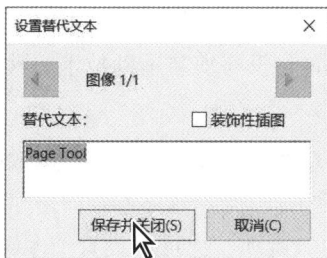

图3-44

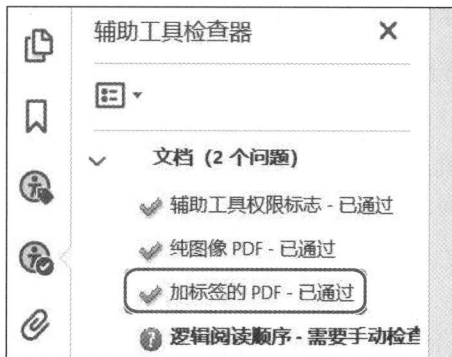

图3-45

16. 关闭辅助工具检查器面板和"动作向导"工具栏，然后关闭 AI_UGEx.pdf 文档。

3.9 使用 Acrobat 的可访问性功能（适用于 Standard 和 Pro）

许多视力不佳和行动不便的人也会使用计算机。针对这类用户，Acrobat 提供了大量功能帮助他们更轻松地阅读 PDF 文档，主要包括以下几个功能。

- 自动滚动。
- 键盘快捷键。
- 支持多种屏幕阅读器程序，包括 Windows 系统和 Mac OS 中内置的将文字转换为语音的引擎。
- 增强的屏幕查看功能。

3.9.1 使用"辅助工具设置助手"

Acrobat DC 与 Acrobat Reader 中都有"辅助工具设置助手"。在 Windows 系统中，软件启动时，若检测到有屏幕阅读器、屏幕放大镜，或其他辅助技术，"辅助工具设置助手"就会自动启动。在 Mac OS 中，依次选择"编辑 > 辅助工具设置助手"，即可将其打开。（在 Acrobat 的辅助工具中选择"设置助手"，也可以随时打开"辅助工具设置助手"。）借助"辅助工具设置助手"，你可以设置一些控制选项，以控制 PDF 文档在屏幕上的显示方式。你还可以使用它把文件输出到盲文打印机上。

关于"辅助工具设置助手"中有哪些选项可以设置，请阅读 Adobe Acrobat DC 帮助文档，里面有详细的介绍。具体有哪些选项可用，取决于你的系统中安装的助手技术类型。"辅助工具设置助手"的第一个界面就要求我们选择所使用的辅助技术类型。

- 如果你使用的设备支持文本朗读，或者可以把输出发送到盲文打印机，请选择"设置屏幕阅读器"选项。
- 如果你使用的设备是用来放大屏幕上的文本的，请选择"设置屏幕放大镜"选项。
- 如果你同时使用了多种辅助设备，请选择"设置所有的辅助工具"选项。
- 单击"使用建议设置并跳过设置过程"按钮，可以为有限辅助工具的用户使用 Adobe 推荐设置。（请注意，安装辅助技术后的首选项设置与没有安装辅助技术的默认 Acrobat 设置不同。）

除了可以在"辅助工具设置助手"中设置相关选项之外，你还可以在 Acrobat 或 Acrobat Reader 的首选项中选择很多选项，用来控制自动滚动、朗读、阅读顺序等。即使你的系统中没有安装任何辅助技术，有时你可能也想使用其中一些选项。例如，你可以设置"多媒体"首选项，为视频和音频附件添加可用的描述。

在打开的"辅助工具设置助手"对话框中，单击"取消"按钮，关闭对话框，不做任何修改。

3.9.2 自动滚动功能

当你在读一个很长的文档时，使用自动滚动功能可以大大减少你敲击键盘和拖动鼠标的次数。在 Acrobat 中，你可以控制滚动的速度、滚动的方向，并且还可以一键退出自动滚动模式。

下面我们来试一试自动滚动功能。

1. 从菜单栏中依次选择"文件 > 打开"，在"打开"对话框中，双击 Fall Hiking.pdf 文件，将其打开。若有必要，可以调整 Acrobat 窗口大小，使其占满整个桌面。

2. 从菜单栏中依次选择"视图 > 页面显示 > 自动滚动"，效果如图 3-46 所示。

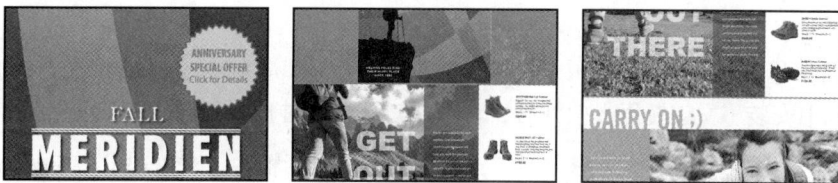

图3-46

3. 你可以按键盘上的数字键控制滚动速度。按的数字越大，滚动速度越快。尝试按一下数字 9，然后再按一下数字 1，注意比较滚动速度的不同。按 Esc 键，退出自动滚动功能。

4. 关闭 Fall Hiking.pdf 文件。

3.9.3 键盘快捷键

在 Acrobat 中，一些常用的命令和工具都有相应的键盘快捷键，这些快捷键一般显示在命令或工具名称旁边。在 Adobe Acrobat DC 帮助文档中，你可以找到键盘快捷键列表。

此外，在网页浏览器中，你也可以使用键盘快捷键来控制 Acrobat。当网页浏览器处于活动状态时，你可以在浏览器的导航与选择设置中指定键盘快捷键。按 Tab 键把焦点从浏览器切换到 Acrobat 文档和应用程序，这样导航和命令快捷键才能正常工作。按 Ctrl+Tab 快捷键或 Command+Tab 快捷键，可以再次把焦点从文档切换回网页浏览器。

3.9.4 调整屏幕元素

在 Acrobat 中，你可以平滑文本、线状图和图像，以提高它们在屏幕上的可读性，尤其是在使用较大字号的文本时。当你使用的是笔记本电脑或 LCD 屏幕时，你可以选择"平滑文本"选项来改善显示质量。在"页面显示"首选项中设置"平滑文本"选项，即可平滑文本。

在"辅助工具"首选项中，你可以更改背景颜色或显示器上文本的颜色。更改颜色只影响屏幕显示，对打印的页面或已保存的 PDF 文档没有影响。

在"书签"面板中单击"选项"按钮，从弹出菜单中依次选择"文本大小 > 大号"，可以增大书签中文字的大小。

你可以不断尝试使用各种屏幕显示选项和辅助工具控件，直到找到最符合你需要的设置组合。

3.9.5　设置屏幕阅读器和朗读首选项

安装好屏幕阅读器并做好相应设置之后，接下来我们还要在 Acrobat 中设置屏幕阅读器首选项。屏幕阅读器和朗读的相关选项都在"朗读"首选项（包括控制音量、音调、语速，以及阅读顺序等）中设置。

最近新推出的操作系统（Windows 系统和 Mac OS）中都内置了将文字转换为语音的引擎。虽然朗读功能可以朗读 PDF 文档中的文字，但毕竟赶不上专门的屏幕阅读器，而且并非所有系统都支持朗读功能。

下面我们一起了解一下首选项中的选项是如何影响 Adobe PDF 文档的朗读方式的。请注意，只有你的系统中安装了文字转语音软件后，才需要设置这些首选项。

1. 从菜单栏中依次选择"文件 > 打开"，在"打开"对话框中，双击 Tag_Wines.pdf 文件，将其打开。

2. 如果你的系统中安装了文字转语音软件，从菜单栏中依次选择"视图 > 朗读 > 启用朗读"。

3. 启用了朗读功能之后，从菜单栏中依次选择"视图 > 朗读 > 仅朗读本页"，Acrobat 会开始朗读当前显示的页面内容。按 Ctrl+Shift+E 快捷键（Windows 系统）或 Command+Shift+E 快捷键（Mac OS），可以停止朗读。请自行尝试这些朗读选项。

4. 从菜单栏中依次选择"编辑 > 首选项"（Windows 系统），或者依次选择"Acrobat> 首选项"（Mac OS），在"首选项"对话框的"种类"下拉列表中选择"朗读"，然后尝试调整各个选项，观察有何效果。在"朗读"面板中，你可以控制朗读的音量、音调、语速和使用的声音。如果你的系统内存有限，最好先把 Acrobat 朗读的页数（默认为 50 页）设置得小一点，然后再逐页发送数据。

5. 在"首选项"对话框中单击"确定"按钮，使修改生效。或者单击"取消"按钮，关闭"首选项"对话框，不做任何更改。

6. 再次从菜单栏中依次选择"视图 > 朗读 > 仅朗读本页"，了解修改后的变化。

7. 按 Ctrl+Shift+E 快捷键（Windows 系统）或 Command+Shift+E 快捷键（Mac OS），停止朗读。

3.10　分享 PDF 文档

与他人分享 PDF 文档的方式有很多种，如把 PDF 文档放到网页上，把 PDF 文档复制到 U 盘中或者作为电子邮件附件发送出去。在 Acrobat 中，你可以把 PDF 文档添加到邮件中作为附件，或者分享 PDF 文档在 Document Cloud 上的链接，这大大方便了我们与他人分享 PDF 文档。

1. 在 Tag_Wines.pdf 文件处于打开状态时，单击工具栏中的"分享文件"按钮（✉），会显示文档共享选项。如果你邀请某人查看或审查某个 PDF 文档，Acrobat 会把文档上传到 Document Cloud，并把文档在 Document Cloud 上的链接通过电子邮件发送给对方。若选择"作为附件发送"，Acrobat 会通过你的电子邮箱账号把 PDF 文档作为邮件附件发送出去。

2. 单击"作为附件发送"，然后选择"默认电子邮件应用程序"或者"网络邮件"。若选择"网络邮件"，则需要先从下拉列表中选择一个网络邮件服务，然后添加账户。当你添加好一个网络邮件账户后，这个账户就会出现在下拉列表中，这样在下次使用时，你就可以直接从下拉列表中选择。

3. 单击"继续"。

4. 如果你使用的是网络邮件账户，登录账户，并根据提示获得访问 Acrobat 的权限。当你打开电子邮件程序或网络邮件程序时，你会看到一个空白邮件，并且邮件附件中附有 PDF 文档。如果你使用的是 Gmail，则需要先单击草稿箱，才能看到邮件。

5. 输入电子邮件地址、主题和正文。

6. 发送邮件。

7. 关闭文档和 Acrobat。

3.11　复习题

1. 请说出 3 种在 Acrobat DC 中跳转到同一个文档的不同页面的方法。

2. 请说出两种更改页面缩放比例的方法。

3. 在 Acrobat Pro 中，如何确定一个 PDF 文档是否是可访问的？

4. 在 Acrobat 中，如何打印不相邻的页面（即不连续的页面）？

3.12　复习题答案

1. 跳转到不同页面的方法有：单击工具栏中的"显示上一页"按钮或"显示下一页"按钮；拖动滚动条中的滚动滑块；在工具栏中的页码文本框中直接输入目标页码；单击书签、页面缩略图或指向不同页面的链接。

2. 更改页面缩放比例的方法有：从菜单栏中依次选择"视图 > 缩放"，然后选择一种视图；使用选框缩放工具；从工具栏中预设的缩放比例中选择一个；在工具栏的缩放比例文本框中直接输入一个缩放比例。

3. 要在 Acrobat Pro 中确定一个 PDF 文档是否可访问时，首先要打开"辅助工具"，然后单击"完整检查"。

4. 要打印不连续的页面时，可以先选择页面缩略图，然后从菜单栏中依次选择"文件 > 打印"；或者在"打印"对话框中选择"页面"，然后输入要打印的页码或页码范围（不连续的页码之间用逗号分隔）。

第 **4** 课　增强PDF文档

课程概览

本课学习内容如下。

* 重排 PDF 文档中的页面。

* 旋转和删除页面。

* 在 PDF 文档中插入页面。

* 编辑链接和书签。

* 为 PDF 文档重编页码。

* 插入视频和其他多媒体文件。

* 设置文档属性，以及在 PDF 文档中添加元数据。

学完本课大约需要 45 分钟。开始学习之前，请先前往"数艺设"网站下载本课项目文件。请注意，学习过程中，原始项目文件会被覆盖掉。如果你想保留原始项目文件，请在使用项目文件之前进行备份。

在 Acrobat 中，你可以轻松修改 PDF 文档，包括重排、裁剪、删除、插入页面，编辑文本或图像，以及添加多媒体文件；还可以添加书签、链接等辅助导航元素。

4.1 审查工作文件

下面我们来审查一场虚拟会议的材料，这是一份演示文稿（PDF 格式），可用于打印，也可以用于在线浏览。文稿还在不断完善中，所以里面包含了许多错误。为此，我们使用 Acrobat 来更正这个 PDF 文档中的错误。

1. 启动 Acrobat。

2. 从菜单栏中依次选择"文件 > 打开"，在"打开"对话框中，转到 Lesson04/Assets 文件夹下，选择 Conference Guide.pdf 文件，单击"打开"。然后从菜单栏中依次选择"文件 > 另存为"，在"另存为 PDF"对话框中，转到 Lesson04/Finished_Projects 文件夹下，输入文件名 Conference Guide_revised.pdf，单击"保存"按钮。

3. 如图 4-1 所示，单击文档窗口左侧小箭头，打开"导览"窗格。然后，在"导览"窗格中单击"书签"按钮（□）。

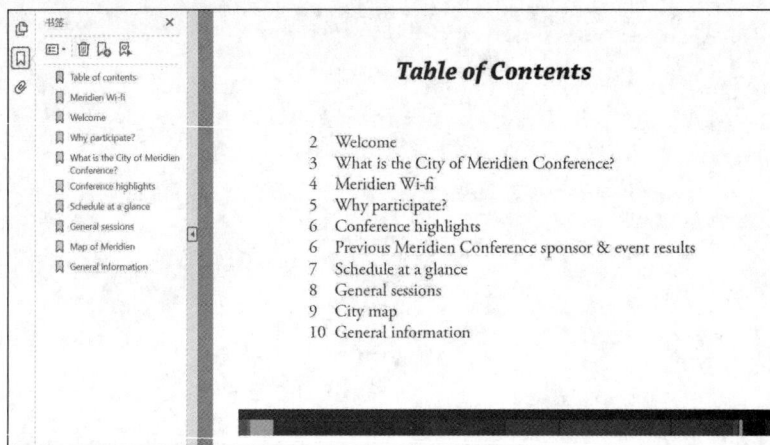

图4-1

在打开的"书签"面板中，你会看到一些已经创建好的书签。这些书签就是一些链接，它们指向文档中某个特定的地方。书签由 Acrobat 根据文档目录（在大多数桌面出版程序中创建）或带格式的标题（如 Microsoft Word 等程序中的标题）自动生成。当然，在 Acrobat 中，你也可以自己创建书签，并为书签指定外观以及添加动作。

4. 单击目录页边缘（远离文本的地方），然后按键盘上的 ↓ 键，翻阅文档。

请注意，当你翻动页面时，当前页面中的书签就会高亮显示出来（有几个书签有错，稍后我们会改过来）。

> **提示：** 选择工具的形状由其在页面中所处的位置决定，当靠近可编辑文本时，鼠标指针变为 I 形状；当移动到链接文本上时，鼠标指针变成手形；当移动到页面边缘时，鼠标指针变成一个右下角带有方框的箭头。

5. 在"书签"面板中单击 Table of Contents 书签，返回到演示文稿的第 1 页。

6. 在文档窗口中，移动鼠标指针到目录条目上，此时，鼠标指针变成一个有指向的手形，表示当前所指的项目是一个链接。

7. 如图 4-2 所示，把鼠标指针移动到 Meridien Wi-fi 上，单击链接，跳转到第 2 页。（请单击目录中的 Meridien Wi-fi，而非"书签"面板中的 Meridien Wi-fi 书签。）

请注意，此时文档窗口中显示的页面是第 2 页（见图 4-3），但是目录列表中的 Meridien Wi-fi 对应的页码却是第 4 页。显然，这个页面的顺序不对。

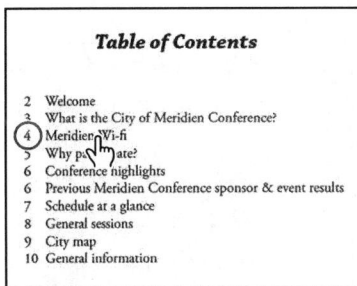

图4-2

图4-3

8. 从菜单栏中依次选择"视图 > 页面导览 > 上一个视图"，返回到目录页。

4.2 使用页面缩略图移动页面

页面缩略图是浏览页面的一种快捷方式。在前面的内容中，我们使用页面缩略图实现了在不同页面之间的跳转。接下来，我们使用页面缩略图快速重排文档中的页面。

1. 在"导览"窗格中单击"页面缩略图"按钮（ ）。Meridien Wi-fi 页面的位置不对。如图 4-4 所示，根据目录显示的顺序，它应该位于 What is the City of Meridien Conference? 页面之下。

2. 单击第 2 个页面缩略图，将其选中。

3. 如图 4-5 所示，向下拖动所选页面缩略图，直到第 4 个页面与第 5 个页面的缩略图之间出现插入符号。

4. 释放鼠标，把所选页面插入新位置处，如图 4-6 所示。此时，Meridien Wi-fi 页面出现在了 What is the City of Meridien Conference? 页面之下、Why participate? 页面之上。

5. 为了检查页面顺序，首先从菜单栏中依次选择"视图 > 页面导览 > 第一页"，返回到文档的第 1 个页面，然后单击"显示下一页"按钮（ ），浏览整个演示文稿。

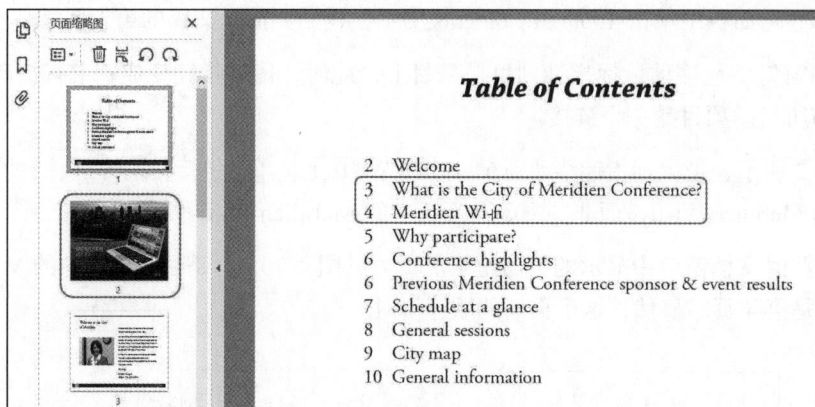

图4-4

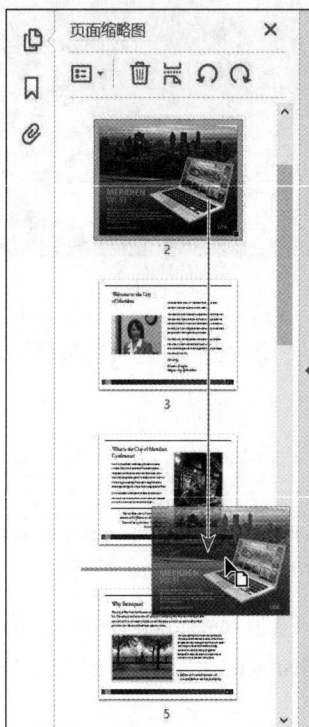

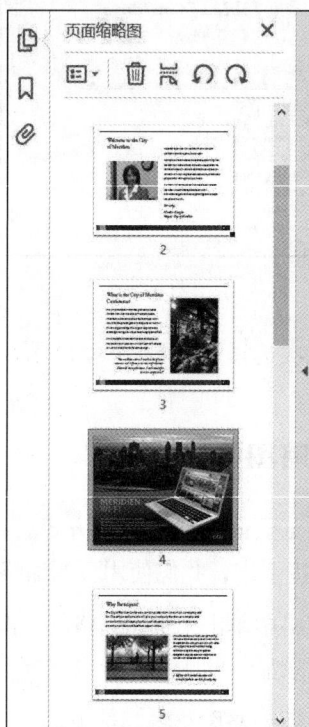

图4-5　　　　　　　　　　　图4-6

6. 确定页面顺序正确后，再次在"导览"窗格中单击"页面缩略图"按钮，关闭页面缩略图。然后，从菜单栏中依次选择"文件 > 保存"，保存所做更改。

4.3　添加、旋转、删除页面

演示文稿的第 1 页是目录页，看上去很普通。为了让演示文稿更吸引人，下面我们来为文稿添加一个封面，并对其进行旋转，使其与演示文稿中的其他页面一致。

4.3.1　插入封面

我们先在演示文稿中插入一个封面。

> **提示**：若插入的页面比文档中其他页面的尺寸大，请右击插入的页面，从弹出菜单中选择"裁剪页面"，把页面中不需要的部分裁剪掉。

1. 在"工具"选项卡中单击"组织页面"。

2. 如图 4-7 所示，在"组织页面"工具栏中单击"插入"，从弹出菜单中选择"从文件"。

3. 在"选择要插入的文件"对话框中，转到 Lesson04/Assets 文件夹下，选择 Conference Guide Cover.pdf，单击"打开"或"选择"按钮。

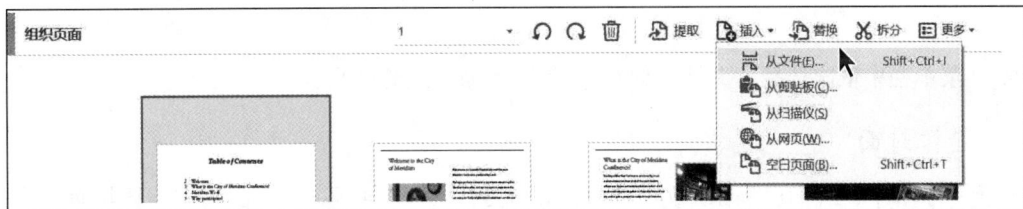

图4-7

4. 如图 4-8 所示，在"插入页面"对话框的"位置"下拉列表中选择"之前"，在"页面"选项组中选择"第一页"，然后单击"确定"按钮。这样就可以把所选的 PDF 文档插入到文档所有页面之前。

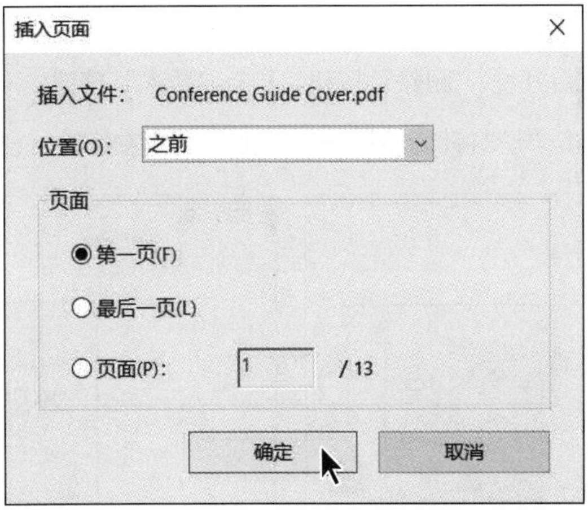

图4-8

此时，封面文档就被添加到了 Conference Guide Cover.pdf 文档之中，并且成为文档的第 1 页，如图 4-9 所示。

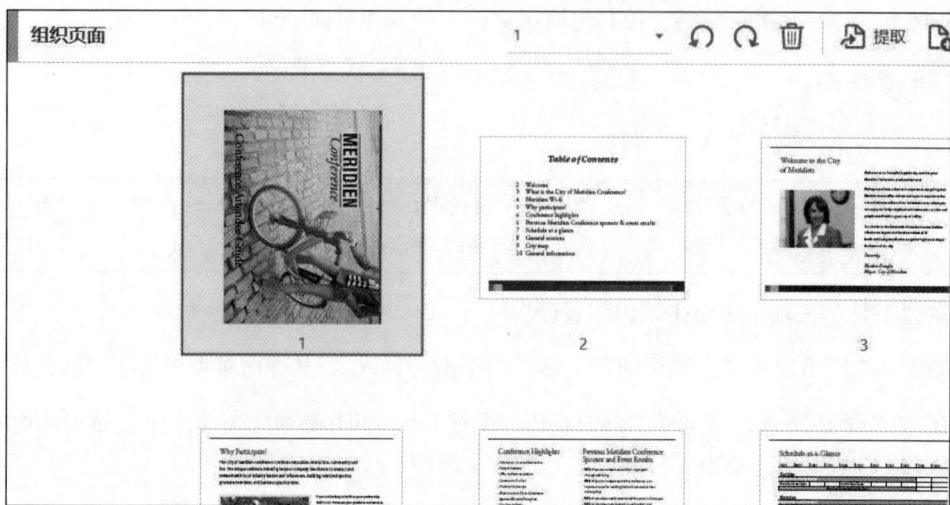

图4-9

5. 从菜单栏中依次选择"文件 > 保存",保存上面所做的更改。

4.3.2 旋转封面

在上一小节中,我们已经添加好了封面,但是封面的朝向不对。下面我们旋转封面,使其方向与文档其他页面保持一致。

> **提示**:如果你是 Acrobat 或 Creative Cloud 的付费用户,你可以使用 Acrobat DC 移动版在平板电脑或手机上旋转或重排页面;更多相关内容,请阅读第 6 课 "在移动设备上使用 Acrobat"。

1. 选择封面缩略图,并把鼠标指针移动到封面缩略图上,此时在缩略图上会显示 4 个按钮,分别是 2 个旋转按钮、1 个 "删除" 按钮、1 个 "插入" 按钮。

2. 如图 4-10 所示,单击 "逆时针旋转" 按钮,把封面向左旋转。

图4-10

此时，Acrobat 沿逆时针方向旋转封面，使其方向与文档的其他页面保持一致。注意，只有选中的页面才会执行旋转操作。

4.3.3 删除页面

演示文稿的最后一页与其他页面尺寸不一样，并且最后一页是用于单独分发的。所以，我们需要把它从文档中删除。

1. 选择文档最后一页（第 14 页）的缩略图。

2. 如图 4-11 所示，单击"删除"按钮。

3. 如图 4-12 所示，在确定删除页面对话框中单击"确定"按钮。此时，所选页面就被删除了。

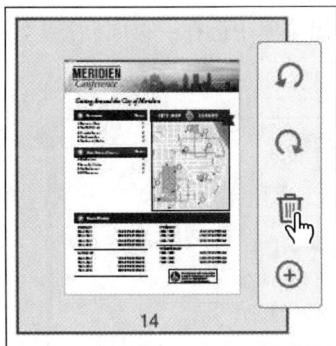
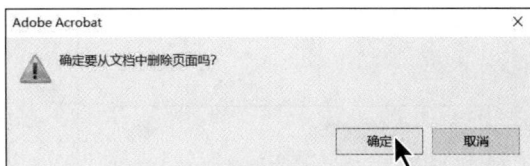

图4-11   图4-12

4. 如图 4-13 所示，关闭"组织页面"工具栏，返回到文档视图。

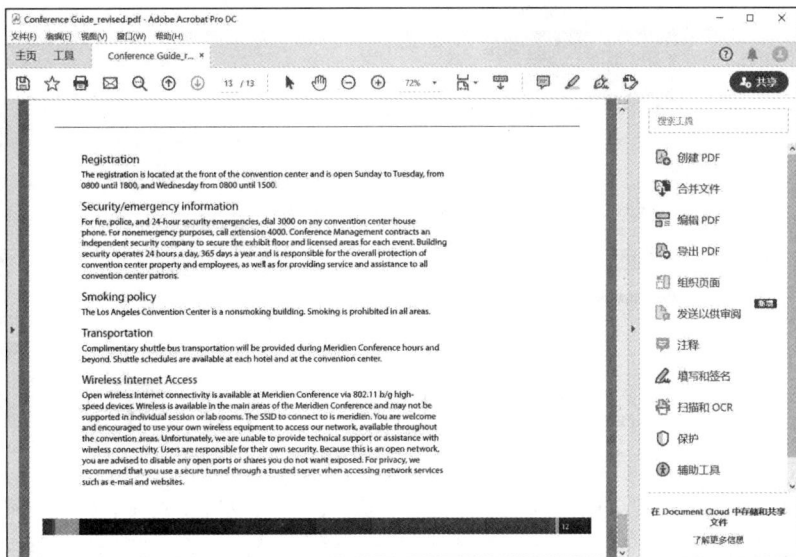

图4-13

5. 从菜单栏中依次选择"文件 > 保存",保存前面所做的更改。

4.4 重编页码

你可能已经注意到了,有时文档页面上的页码与页面缩略图下或工具栏中显示的页码不一致。Acrobat 会自动使用阿拉伯数字为页面编号,文档的第 1 页编号为 1,以此类推。但是,你可以改变 Acrobat 对页面的编号方式。下面我们将封面的页码指定为罗马数字,这样目录页面就变成了第 1 页。

1. 在"导览"窗格中单击"页面缩略图"按钮( ),显示文档页面的缩略图,如图 4-14 所示。

2. 单击第 1 页的缩略图,返回到封面。接下来,我们使用小写罗马数字为文档的第 1 页(封面)重编页码。

3. 单击"页面缩略图"面板顶部的"选项"按钮,从弹出菜单中选择"页面标签"(见图 4-15),打开"编排页码"对话框。

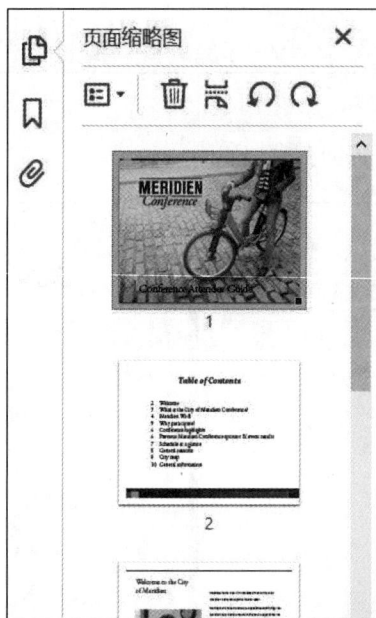

图4-14   图4-15

4. 如图 4-16 所示,在"页面"选项组中选择"从",然后设置 1 到 1;在"编码"选项组中选择"开始新节",从"样式"下拉列表中选择"i, ii, iii,...",在"起始"文本框中输入 1,单击"确定"按钮,效果如图 4-17 所示。

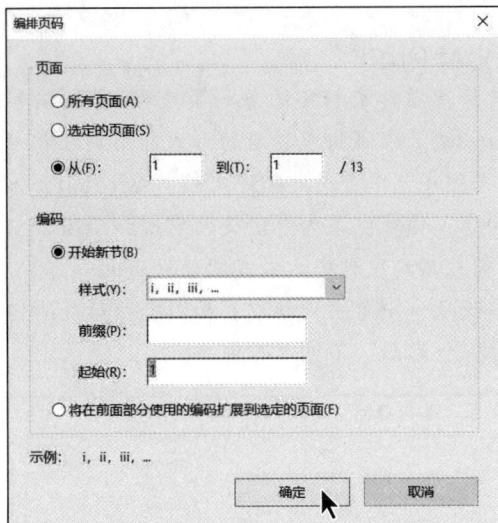

图4-16

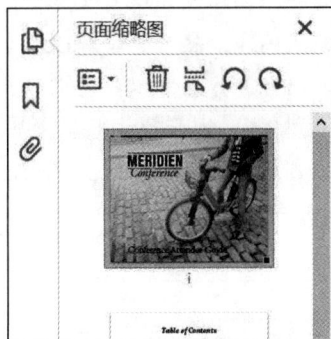

图4-17

5. 从菜单栏中依次选择"视图 > 页面导览 > 跳至页面"。如图 4-18 所示，在"跳至页面"对话框中，输入 1，单击"确定"按钮。

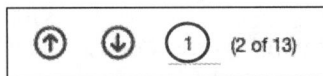

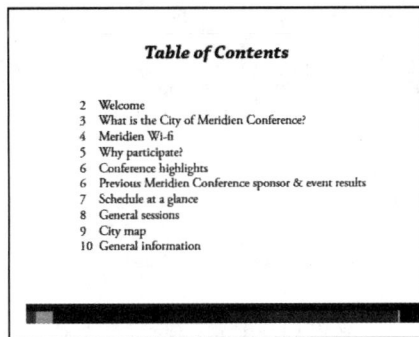

图4-18

图4-19

此时，Acrobat 会显示目录页面。如图 4-19 所示，由于我们把封面的页码指定为了罗马数字，所以页码文本框中的数字 1 被指定给了文档目录页。

> **提示**：借助页眉或页脚（从"编辑 PDF"工具栏中依次选择"页眉和页脚 > 添加"），我们可以手动在 Adobe PDF 文档页面中添加页码。

6. 关闭页面缩略图。

7. 从菜单栏中依次选择"文件 > 保存"，保存上面所做的更改。

使用Bates编号（仅适用于Acrobat Pro）

在律师事务所里，人们会经常对法律案件文档中的每一页应用Bates编号。在Acrobat DC Pro中，你可以自动把Bates编号以页脚或页眉的形式应用到任意一个文档或者一个PDF包的所有文档中。（若PDF包中含有非PDF文档，Acrobat会先把它们转换成PDF，然后再添加Bates编号。）你可以添加自定义的前缀和后缀，以及日期戳。而且，你还可以指定必须把编号应用到文档中文本或图像区域的外部。

应用Bates编号时，先在"工具"选项卡中单击"组织页面"，然后从"组织页面"工具栏中依次选择"更多>Bates编号>添加"（见图4-20）。

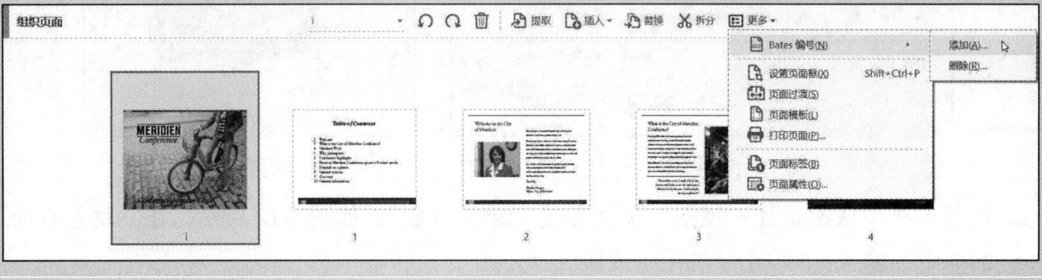

图4-20

如图4-21所示，在"Bates编号"对话框中添加你想加编号的文件，并且按适当的顺序排列它们。单击"输出选项"按钮，为编号文件指定目标文件夹和命名方式。单击"确定"按钮，关闭"输出选项"对话框。然后，在"Bates编号"对话框中单击"确定"按钮，打开"添加页眉和页脚"对话框（见图4-22），在其中指定编号样式和格式，可以包含6～15位数字，以及前缀和后缀。

图4-21

应用Bates编号之后，你无法再次编辑它，但是可以删除它，然后再从头开始添加。

有关Bates编号以及Acrobat其他法律功能的更多内容，请参考Adobe Acrobat DC Pro帮助。

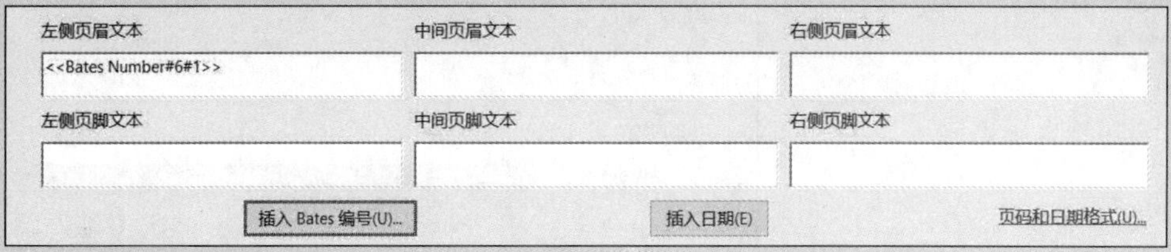

左侧页眉文本	中间页眉文本	右侧页眉文本
<<Bates Number#6#1>>		
左侧页脚文本	中间页脚文本	右侧页脚文本

插入 Bates 编号(U)...　　　插入日期(E)　　　页码和日期格式(U)...

图4-22

4.5 管理链接

下面我们来修复内容页面中损坏的链接，并添加一个缺失的链接。

> 提示：从菜单栏中依次选择"视图 > 页面导览 > 上一视图"，或者按住 Alt 键或 Command 键，按键盘上的←键，可以快速返回到上一个视图。

1. 若当前显示的页面不是第 1 页（目录页），请先返回到第 1 页。

2. 在目录页中，每一个目录项都是一个链接，依次单击它们，检查有无问题。经过检查，发现第 3 页和第 6 页的链接错误，单击它们后，跳转到了错误的页面。而且最后一个目录项缺少链接。我们先来修复错误链接。

3. 在工具面板中单击"编辑 PDF"按钮，从"编辑 PDF"工具栏中依次选择"链接 > 添加 / 编辑网络链接或文档链接"（见图 4-23），此时，Acrobat 会把页面中的链接框出来。

图4-23

4. 如图 4-24 所示，双击链接到第 3 页的文本 What is the City of Meridien Conference?

5. 如图 4-25 所示，在"链接属性"对话框中，单击"动作"选项卡，与该链接相关的动作是跳至第 3 页，单击"编辑"按钮。

6. 如图 4-26 所示，在"跳至本文档中的页面"对话框中，选择"使用页码"，在"页面"文本框中输入数字 3，单击"确定"按钮。此时，单击该链接将跳至第 4 页，如图 4-27 所示。

请注意，由于重新对页面进行了编号，所以页码为 3 的页面实际是指 PDF 文档中的第 4 页。

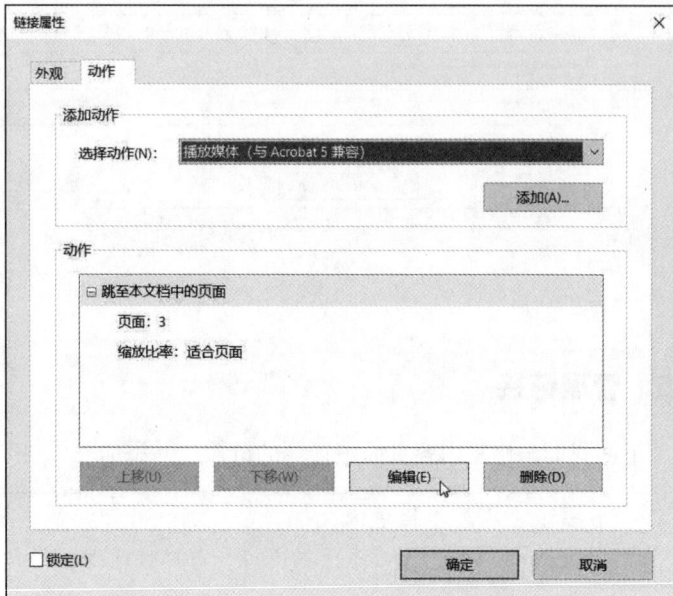

图4-24

图4-25

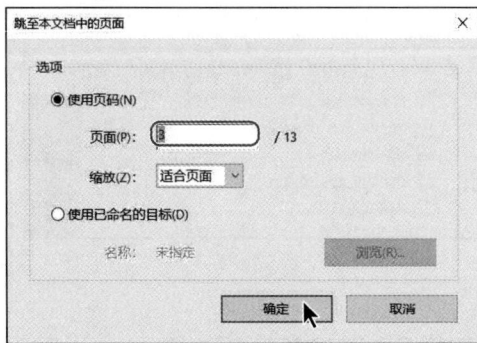

图4-26

图4-27

7. 单击"确定"按钮。

8. 在工具栏中选择选取工具，然后单击指向页码为 3 的页面链接（见图 4-28），可以看到跳转到了正确的页面，然后返回到目录页，如图 4-29 所示。

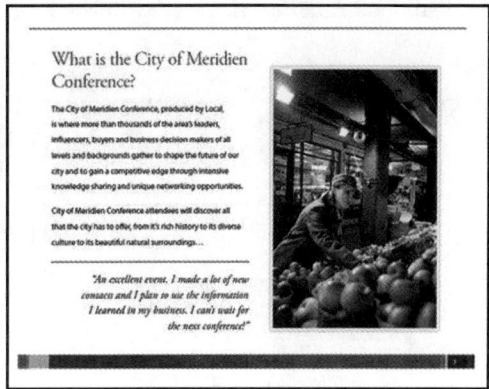

图4-28　　　　　　　　　　　　　　　　图4-29

9. 重复步骤 3 ~ 7，为 Previous Meridien Conference sponsor & event results 修改链接，使其指向页码为 6 的页面。接下来，我们为最后一个目录项添加链接。

10. 若当前显示的不是目录页，则返回到目录页。若链接没有框出显示，可以从"编辑 PDF"工具栏中依次选择"链接 > 添加 / 编辑网络链接或文档链接"。

11. 如图 4-30 所示，围绕最后一个目录项——10 General information 拖出一个链接框。

12. 如图 4-31 所示，在"创建链接"对话框的"链接类型"中选择"不可见矩形"，在"链接动作"选项组中选择"跳至页面视图"，单击"下一步"。此时，弹出"创建跳至视图"对话框，如图 4-32 所示。若当前页面的页码不是 10，则不要单击对话框中的任何按钮。

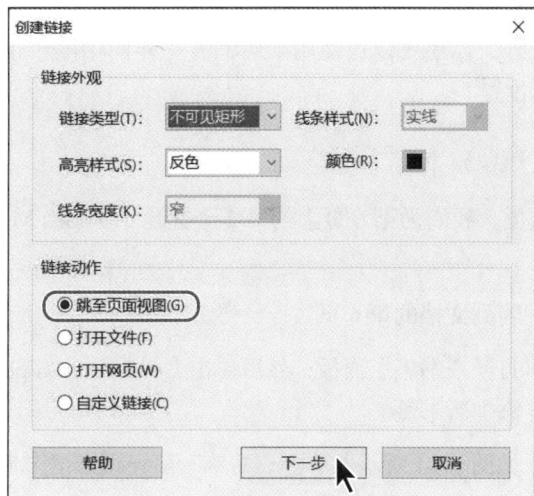

图4-30　　　　　　　　　　　　　　　　图4-31

13. 滚动到页码为 10 的页面。如图 4-33 所示，当页面显示的是 General Information 页面时，单击"设置链接"按钮，返回到目录页。

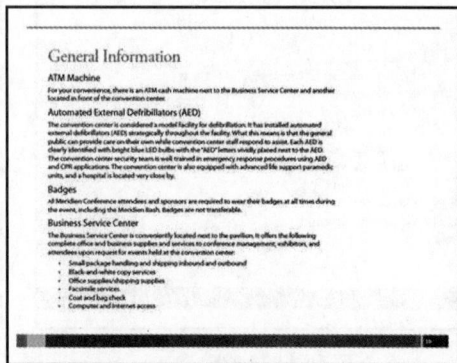

图4-32   图4-33

14. 选择选择工具，然后单击刚刚创建的链接进行检查。

15. 确认无误后，关闭编辑 PDF 工具。

16. 从菜单栏中依次选择"文件 > 保存"，保存所做的修改。

4.6 使用书签

在"书签"面板中，书签是一个用文本表示的链接。许多编辑软件会自动创建书签，并将其链接到文本中的标题和图题，在 Acrobat 中，你还可以自己添加书签，为文档创建大纲或者打开其他文档。

此外，你还可以像使用纸质书签一样使用电子书签来标记文档中的某一个你想强调或想再次返回的位置。

4.6.1 添加书签

这里，我们为第 6 页上的第 2 个标题 Previous Meridien Conference sponsor & event results 添加书签。

1. 转到文档的第 6 页。

2. 打开"书签"面板，然后单击 Conference highlights 书签。接下来，我们将在这个书签之下添加新书签。

3. 如图 4-34 所示，单击"书签"面板顶部的"新建书签"按钮（🔖）。此时，Acrobat 会自动添加一个无标题的新书签，如图 4-35 所示。

4. 如图 4-36 所示，在新书签的文本框中输入 Previous conference results，按 Enter 键或 Return键，确认修改（见图 4-37）。

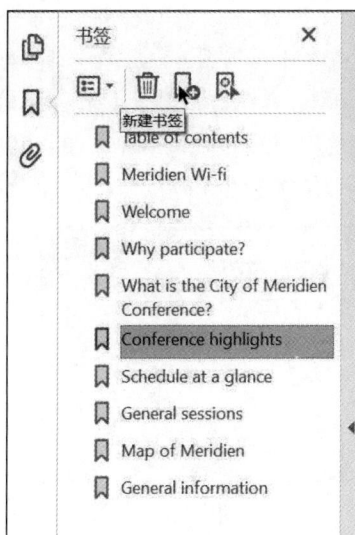

图4-34

图4-35

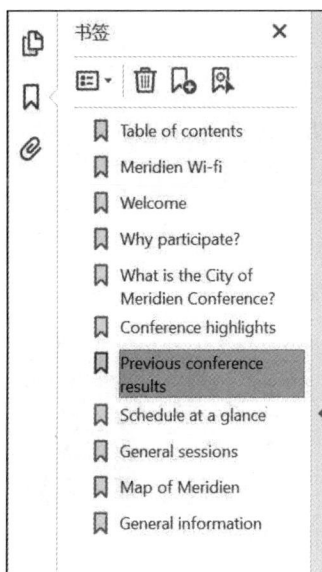

图4-36

图4-37

自动命名书签

通过在文档窗口中选择文本，你可以创建、命名、自动链接书签。

1. 转到你想链接的页面，将缩放比例设置成一个合适的比例。当前的缩放比例
   将会应用到书签中。

2. 拖选用作书签的文本。

3. 如图 4-38 所示，单击"书签"面板顶部的"新建书签"按钮。此时，书签列表中会出现一个新书签，书签名称就是刚刚拖选的文本（见图 4-39）。默认情况下，新书签会链接到当前显示在文档窗口中的页面。

图4-38   图4-39

4.6.2 更改书签目标

文档中有许多书签链接到了错误页面，下面我们一起来修复一下。

1. 如图 4-40 所示，在"书签"面板中单击 Why participate? 书签，此时文档窗口中显示出 What is the City of Meridien Conference? 页面，如图 4-41 所示。

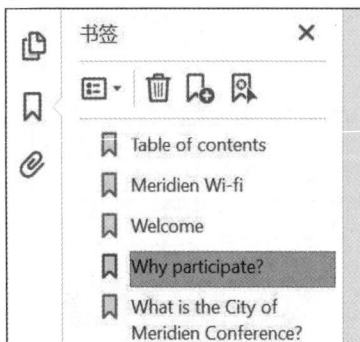

图4-40

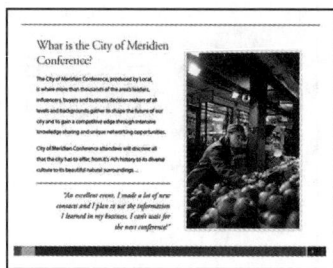

图4-41

2. 单击两次"显示下一页"按钮（⊙），转到文档的第 5 页（6/13），我们将把书签链接到这一页。

3. 如图 4-42 所示，单击"书签"面板顶部的"选项"按钮，从弹出菜单中选择"设置书签目标"。在确认对话框中单击"是"按钮，更改书签目标。

4. 使用同样的方法修改 What is the City of Meridien Conference? 的书签目标，使其链接到第 3 页（4/13），如图 4-43 所示。

5. 从菜单栏中依次选择"文件 > 保存"，保存文件。

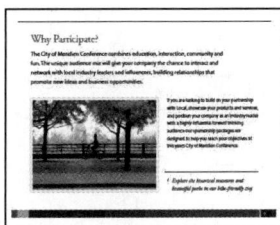

图4-42   图4-43

4.6.3　移动书签

创建好书签之后，你可以轻松地在"书签"面板中把它移动到合适的位置。在"书签"面板中，你可以自由地向上或向下移动单个书签或一组书签，甚至还可以把一个书签嵌套到另一个书签之下。

在当前的文档中，有些书签的顺序不对，下面我们把这些书签的位置重新调整一下。

1. 如图 4-44 所示，在"书签"面板中，把 Welcome 书签拖动到 Table of contents 书签之下。

2. 按照目录页中各个目录项的顺序，拖动其他书签，调整它们的顺序，如图 4-45 所示。

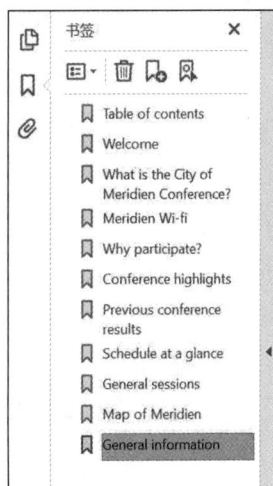

图4-44   图4-45

3. 关闭"书签"面板然后从菜单栏中依次选择"文件 > 保存",保存所做的修改。

4.7　设置文档属性和添加元数据

到这里,我们的会议手册差不多就改好了。最后,我们还需要设置一下初始视图,当人们第一次打开一个文档时,首先看到的就是初始视图。此外,我们还要在文档中添加元数据。

1. 从菜单栏中依次选择"文件 > 属性"。

2. 在"文档属性"对话框中单击"初始视图"选项卡(见图 4-46)。

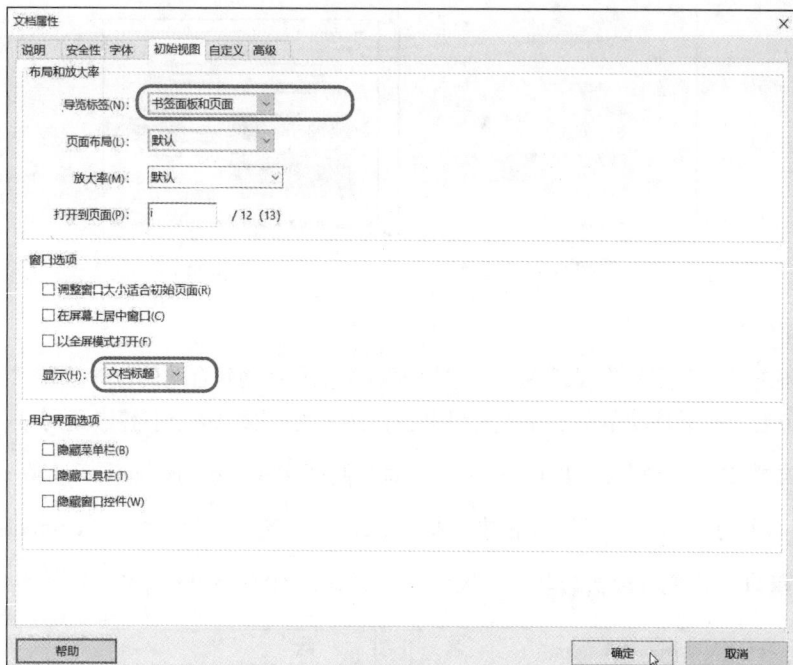

图4-46

3. 从"导览标签"下拉列表中选择"书签面板和页面"。这样当用户打开文档时,Acrobat 会显示出"书签"面板和页面。

4. 在"窗口选项"的"显示"下拉列表中选择"文档标题"。选择"文档标题"后,文档标题栏中将显示文档标题而非文档名称。

添加多媒体文件

在 Acrobat 中,你可以轻松地在 PDF 文档中插入视频、音频、SWF 动画,将其变成一种令人兴奋的多维交流工具。

在PDF文档中添加多媒体文件时，你可以设置启动行为以及其他选项，指定多媒体文件在PDF文档中的呈现形式与播放方式。在PDF文档中添加音频、视频、动画时，先打开富媒体工具（见图4-47），然后从工具栏中选择相应的工具来添加视频、音频、SWF文件。在文档页面中拖出一个方框，选择多媒体文件，然后指定你想用的设置。

图4-47

有关在Acrobat DC中使用多媒体文件的更多内容，请阅读Adobe Acrobat DC帮助文档。

5. 选择"说明"选项卡。在文档"说明"中已经有了一些元数据，包括文档作者、标题、关键字等。元数据是有关文档本身的信息，你可以用它来搜索文档。下面我们为文档再多添加一些关键字。

6. 如图 4-48 所示，在"关键字"文本框已有的关键字后面输入 ; map; vendors。请注意，各个关键字之间要使用逗号或分号隔开。

图4-48

7. 单击"确定"按钮，关闭"文档属性"对话框，保存所做的修改。此时，文档标题栏中显示的是文档标题，而不是文档名称。

8. 从菜单栏中依次选择"文件 > 保存"，保存上面所做的更改，然后关闭所有打开的文件，并退出 Acrobat 软件。

设置演示文稿

一般来说，当你在一群人面前做演示时，你希望文档能够占满整个屏幕，并且把菜单栏、工具栏以及其他窗口控件等一些容易分散观众注意力的东西隐藏起来。

你可以在"文档属性"对话框的"初始视图"选项卡中，把一个PDF文档设置为全屏显示。在"首选项"对话框的"全屏"选项卡中，可以设置文档播放时各个页面之间的过渡效果、翻页速度。此外，你还可以把使用其他程序（如PowerPoint）制作的演示文稿转换成PDF文档，同时把演示文稿中的许多原有的效果保留下来。更多相关内容，请阅读Adobe Acrobat DC帮助文档。

4.8　复习题

1. 如何更改 PDF 文档中页面的顺序？

2. 如何把整个 PDF 文档插入另一个 PDF 文档中？

3. 如何更改链接目标？

4. 什么是书签？

4.9　复习题答案

1. 在页面缩略图中，首先选中某个页面的缩略图，然后将其拖动到新位置，即可更改页面顺序。

2. 要把一个 PDF 文档中的所有页面插入另外一个 PDF 文档中的某一页之前或之后时，先选择组织页面工具，从工具栏中依次选择"插入 > 从文件"，然后选择你想插入的文件，并且指定要把页面插入到文档中的哪个位置。

3. 修改链接目标时，先选择编辑 PDF 工具，然后选择"链接 > 添加 / 编辑网络链接或文档链接"，双击待修改的链接，然后在"链接属性"对话框中单击"动作"选项卡，单击"编辑"，在"跳至本文档中的页面"对话框的"页面"文本框中输入正确的页码，最后单击"确定"按钮，关闭所有对话框。

4. 书签就是"书签"面板中以文本表示的链接。

第5课 编辑PDF文档内容

课程概览

本课学习内容如下。

- 编辑 PDF 文档中的文本。

- 在 PDF 文档中添加文本。

- 在 PDF 文档中添加及替换图像。

- 编辑 PDF 文档中的图像。

- 在 PDF 文档中复制文本和图像。

- 把 PDF 的 内 容 导 出 为 Word 文档、Excel 电 子 表 格、PowerPoint 演示文稿。

- 了解标记密文工具。

学完本课大约需要 1 小时。开始学习之前，请先前往"数艺设"网站下载本课项目文件。请注意，学习过程中，原始项目文件会被覆盖掉。如果你想保留原始项目文件，请在使用项目文件之前进行备份。

在 Acrobat 中，你可以轻松地编辑 PDF 文档中的文本和其他内容，还可以复制或导出 PDF 文档中的内容到其他程序中，以改变文本、数据、图像的用途。

5.1 编辑文本

在 Acrobat 中，只要安全设置允许，你就可以轻松地编辑 PDF 文档中的文本。无论是修改拼写错误、添加标点，还是调整段落文本结构，Acrobat 都能恰当地对文本进行重排。你甚至还可以使用查找和替换功能修改或更新 PDF 文档中某一个单词或短语。除了可以修改内容之外，你还可以更改文字的间距、字号、颜色等属性。在修改文本字体时，如果你的系统中没有安装某种字体，Acrobat 会要求你更换一种字体，并且 Acrobat 会记住更换之后的字体。

> 提示：在 Acrobat 中修改 PDF 文档很容易，如果你想确保 PDF 文档保持你想要的样子，可以应用安全设置；有关安全设置的内容，请阅读第 9 课"添加签名与安全保护"。

5.1.1 编辑单个文本块

我们先删除文档中多余的文本，然后编辑一个段落，使其与其他段落保持一致。

1. 启动 Acrobat，从菜单栏中依次选择"文件 > 打开"，在"打开"对话框中，转到 Lesson05/Assets 文件夹下，双击 Globalcorp_facilities.pdf 文件，将其打开。Globalcorp_facilities.pdf 文档共有 18 页，其内容描述了一家公司某一个部门的职责。

2. 转到文档第 3 页。文档包含了几个部分，每部分都有一个标题，如 Office Services。只有第 3 页中有一个副标题——Things to consider。接下来，我们把这个副标题删除，使该页与其他页面保持一致。

3. 在工具面板中单击"编辑 PDF"。默认情况下，当你选择编辑 PDF 工具时，"编辑 PDF"工具栏中的"编辑"处于选中状态，如图 5-1 所示，可编辑的文本块与图像周围会出现线框。在触控模式下，方框顶部还会额外多出一个手柄。

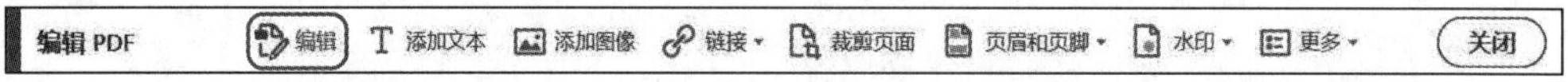

图5-1

> 注意：在触摸屏设备中使用 Acrobat 时，Acrobat 会自动进入触控模式。

4. 如图 5-2 所示，单击 Things to consider 周围的方框，将其选中，然后按键盘上的 Delete 键，将其删除，如图 5-3 所示。

5. 跳转到第 11 页，其中包含了有关设备的段落。下面我们把第 2 个段落修改成以动词开头，使其与文档中的其他段落保持一致。

6. 如图 5-4 所示，选择 Purchases of new furniture need prior approval by。

图5-2   图5-3

> **注意**：如果无法选择 PDF 文档中的文本，则该文本可能是某个图像的一部分；借助识别文本工具，你可以把图像中的文本转换成可编辑的文本；有关识别文本的更多内容，请阅读第 2 课 "创建 Adobe PDF 文档"。

7. 输入 Obtain approval from。

8. 如图 5-5 所示，在 Corporate 之后单击，此时会出现一个插入点，输入 "before purchasing furniture."，如图 5-6 所示。

 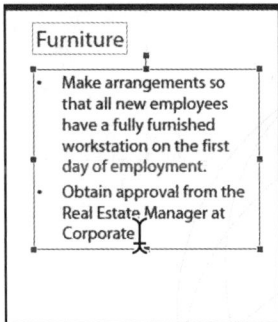 

图5-4   图5-5   图5-6

每当删除、替换或添加文本时，Acrobat 就会自动调整段落。

9. 从菜单栏中依次选择 "文件 > 另存为"，在 "另存为 PDF" 对话框中，转到 Lesson05/Finished_Projects 文件夹下，输入文件名 Globalcorp_facilities_edited.pdf，单击 "保存" 按钮。

5.1.2   更改项目符号与编号列表

Acrobat 能够识别出文档中的项目符号和编号列表，并提供了项目符号和编号选项给我们使用。

1. 如图 5-7 所示，在包含项目符号的文本块中单击，出现图 5-8 所示的 "格式" 面板。

2. 如图 5-9 所示，在 "格式" 面板的编号列表中，选择 1.2.3. 选项。此时，项目符号列表变成了编号列表（见图 5-10），但是这些项目不应该使用数字进行编号。

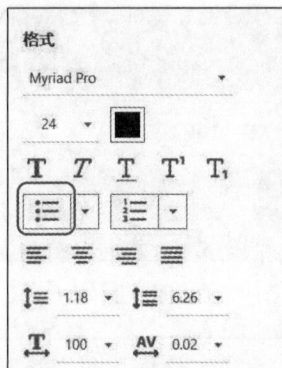

图5-7   图5-8

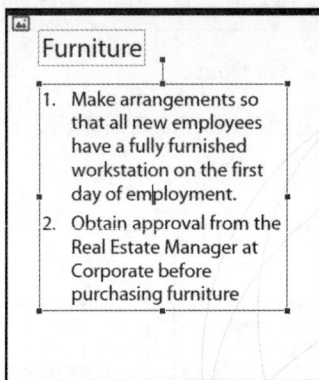

图5-9   图5-10

3. 如图 5-11 所示，在"格式"面板的项目符号列表中，选择对勾。如图 5-12 所示，此时，这两个项目符号都变成了对勾。

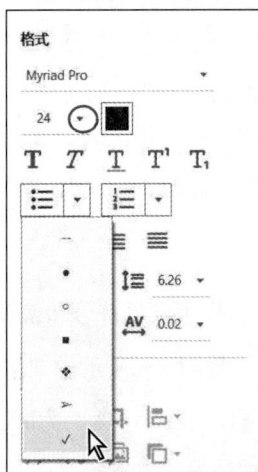

图5-11   图5-12

5.1.3 替换多次出现的文本

Acrobat 中有一个查找和替换功能，它与文字处理程序或页面排版程序中使用的查找替换功能类似。下面我们使用这个功能把文档中所有 Interface 替换成 Communicate。

1. 从菜单栏中依次选择"编辑 > 查找"，打开"查找"面板。

2. 如图 5-13 所示，在"查找"下方的文本框中输入 Interface，然后单击"替换为"，将其展开。

3. 在"替换为"下方的文本框中输入 Communicate。

4. 单击"下一个"，Acrobat 会把第一次搜索到的单词高亮显示出来，如图 5-14 所示。这里的页面是第 10 页。

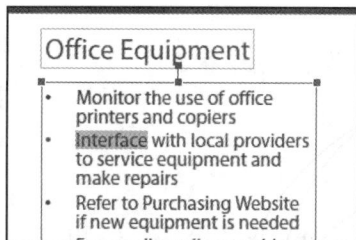

图5-13　　　　　　　　图5-14

5. 如图 5-15 所示，单击"替换"按钮，Acrobat 会自动替换搜索到的单词，如图 5-16 所示。

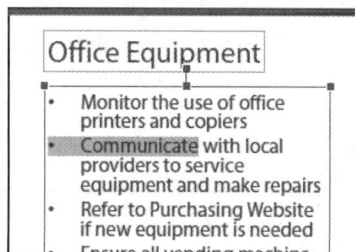

图5-15　　　　　　　　图5-16

6. 单击"下一个"按钮，这时在同一页面上再次搜索到 Interface。

7. 单击"替换"按钮，然后再次单击"下一个"按钮，依此类推。最后，Acrobat 会弹出一个提示框，指出文档已经搜索完成，没有找到更多匹配的单词。单击"确定"按钮，关闭提示框。

8. 关闭"查找"面板。

5.1.4 更改文本属性

在 Acrobat 中，我们可以轻松地更改字体、字号、字体样式、对齐方式等文本属性。

1. 如图 5-17 所示，转到第 2 页，选择单词 Agenda。

2. 如图 5-18 所示，在文档窗口右侧的"格式"面板中单击字体颜色框，选择一种新颜色。这里我们选择洋红色。在 Mac OS 中，记得关闭"颜色"面板。

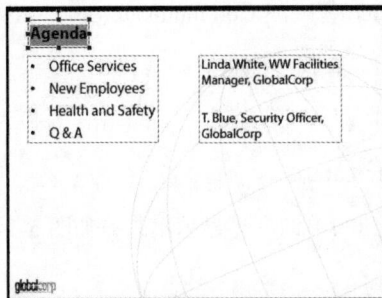

图5-17

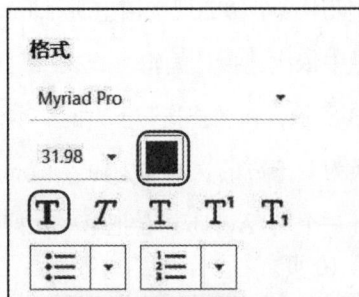

图5-18

3. 在单词 Agenda 仍处于选中状态时，在"格式"面板中单击"粗体"按钮。

4. 保存上面所做的修改。

5.1.5 添加文本

在 Acrobat 中，我们还可以轻松地在文档中添加新文本与新项目符号。下面我们在第 11 页中添加项目符号。

1. 转到第 11 页。

2. 如图 5-19 所示，在第 2 个段落的句号之后单击，然后按 Enter 键或 Return 键。此时，Acrobat 会新建一个项目符号，并把插入点放到项目符号之后，而且插入点的位置与上面段落的起始位置保持一致，如图 5-20 所示。

3. 输入文本 Evaluate ergonomic needs and identify solutions.。新段落的格式与上面段落一样。

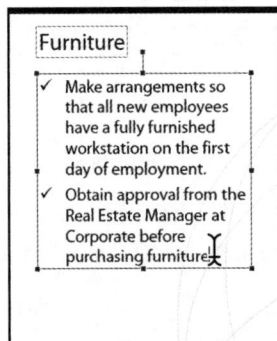

图5-19

图5-20

提示：选中围绕着文本的方框之后，你可以更改整个文本块的大小，或者把它移动到页面的其他地方。

---

4. 转到第 18 页。接下来，我们在这个页面中添加文本。

5. 如图 5-21 所示，选择围绕着 Thank you! 的方框，将其向上拖动，使其靠近蓝色矩形的上边缘，如图 5-22 所示。

图5-21   图5-22

6. 如图 5-23 所示，在"编辑 PDF"工具栏中单击"添加文本"。

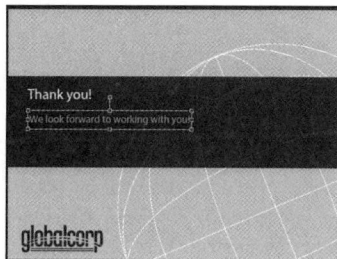

图5-23

7. 在 Thank you! 的字母 T 下方单击，新建一个文本框，输入文本 We look forward to working with you!Acrobat 会根据"格式"面板中当前选择的选项显示新输入的文本，新文本的格式与页面上已有的文本一样。

8. 如图 5-24 所示，选择刚刚输入的文本，在"格式"面板中把字号更改为 22（见图 5-25）。可以根据需要，把文本移动到指定的位置。

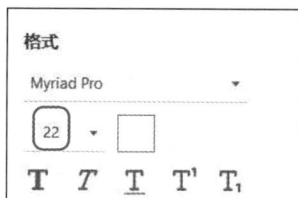

图5-24   图5-25

9. 保存上面所做的修改。

标记密文（仅适用于Acrobat Pro）

在法院公开文档或者公司制作包含绝密信息的文档时，敏感信息都应该做密文处理，把它们隐藏起来。在Acrobat Pro中，你可以使用标记密文工具自动搜索和永久删除所有机密信息。你可以在"工具"选项卡的"保护和标准化"选项组中找到标记密文工具，如图5-26所示。

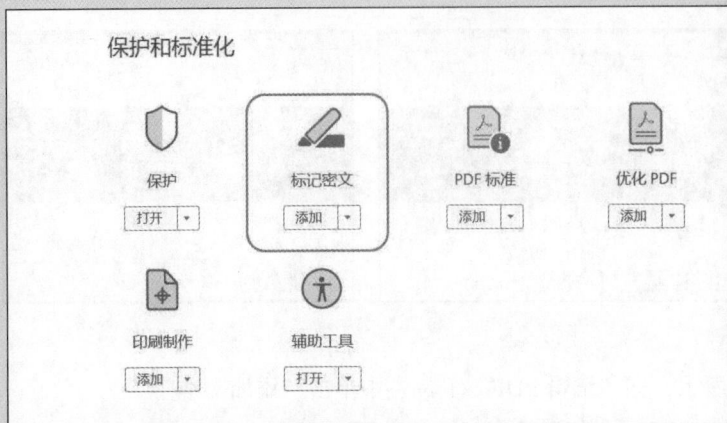

图5-26

如图5-27所示，你可以在文档中搜索特定的内容，如姓名、电话号码、账号，还可以搜索常见模式。标记密文时，可以选择使用颜色填充、覆盖文本。使用覆盖文本时，你可以自定义文本，也可以使用密文代码等。

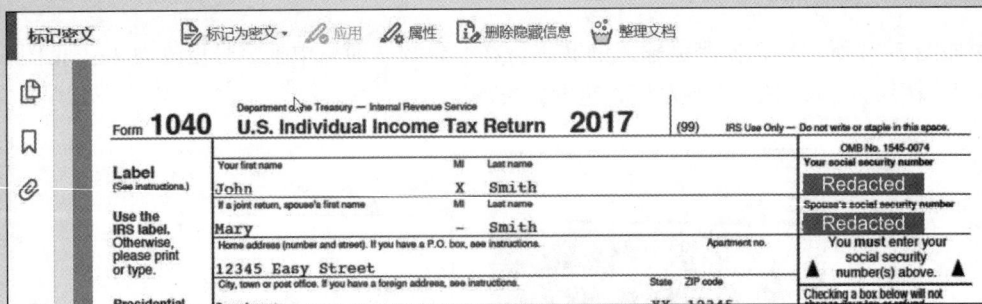

图5-27

有关使用标记密文工具的更多信息，请阅读Adobe Acrobat Pro DC帮助文档。

5.2 处理 PDF 文档中的图像

在 Acrobat DC 中，你可以轻松地更改 PDF 文档中图像的位置、尺寸，以及在 PDF 文档中添加图像或替换已有图像。如果你想进一步调整图像，你可以在图像编辑程序（如 Adobe Photoshop）中打开它，编辑之后保存，Acrobat 会自动更新 PDF 文档中的图像。

5.2.1　替换图像

在 Acrobat DC 中替换 PDF 文档中的图像很容易。下面我们把文档第 4 页中的图像替换掉。

> **注意**：替换图像时，替换图像的尺寸和被替换图像的尺寸可能不一样，在这种情况下，我们先要调整替换图像的尺寸，使其与被替换图像的尺寸保持一致，然后再用它替换 PDF 文档中的被替换图像。

1. 打开 Globalcorp_facilities_edited.pdf 文件，转到第 4 页。

2. 在"编辑 PDF"工具栏中选择"编辑"。

3. 右击（Windows 系统）或者按住 Control 键并单击（Mac OS）工位图像，从弹出菜单中选择"替换图像"（见图 5-28）。或者选中图像后，在"格式"面板的"对象"选项组中单击"替换图像"按钮，结果如图 5-29 所示。

图5-28　　　　　　　　　　　　　　　　　　　　　　　　　图5-29

4. 在"打开"对话框中，转到 Lesson05/Assets 文件夹下，选择 New_Reception.jpg，单击"打开"按钮。此时，Acrobat 就会使用你选择的图像 New_Reception.jpg 替换 PDF 文档中的工位图像。

5.2.2　添加图像

在 Acrobat 中，你还可以在 PDF 文档中添加图像。下面我们在第 5 页中添加一幅图像。

1. 转到文档第 5 页。

2. 如图 5-30 所示，从"编辑 PDF"工具栏中选择"添加图像"。

3. 在"打开"对话框中，转到 Lesson05/Assets 文件夹下，选择 Boxes.jpg 文件，单击"打开"

按钮。此时，图像 Boxes.jpg 的缩略图出现在鼠标指针的右下角，并随着鼠标指针的移动而移动（见图 5-31）。

4. 如图 5-32 所示，在页面右下角的区域单击，置入图像。请注意，单击的地方就是放置图像左上角的地方。置入图像后，你可以随意拖动图像，将其移动到指定的位置。

图5-30

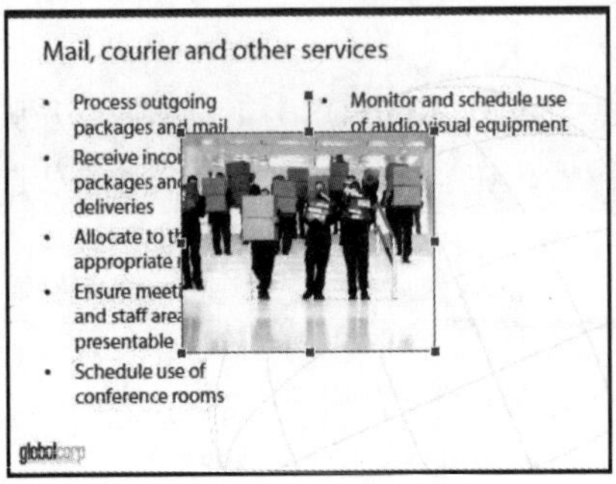

图5-31 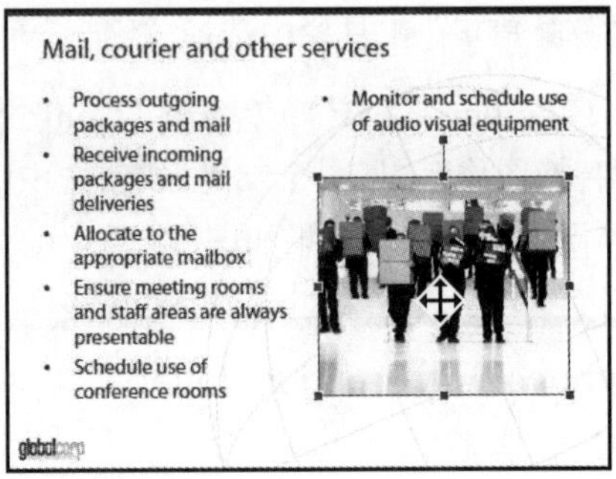   图5-32

5.2.3　在 Acrobat 中编辑图像

尽管 Acrobat 不是一个图像编辑程序，但是你也可以使用它对 PDF 文档中的图像做一些简单的编辑处理，如旋转、翻转、裁剪等。

1. 如图 5-33 所示，转到第 5 页，选择其中的图像（图像内容是一些抱着箱子的人）。

2. 如图 5-34 所示，在"格式"面板的"对象"选项组中单击"裁剪图像"按钮（⛶）。此时，围在图像周围的控制点的形状发生了变化，看起来就像老式相框的护角。

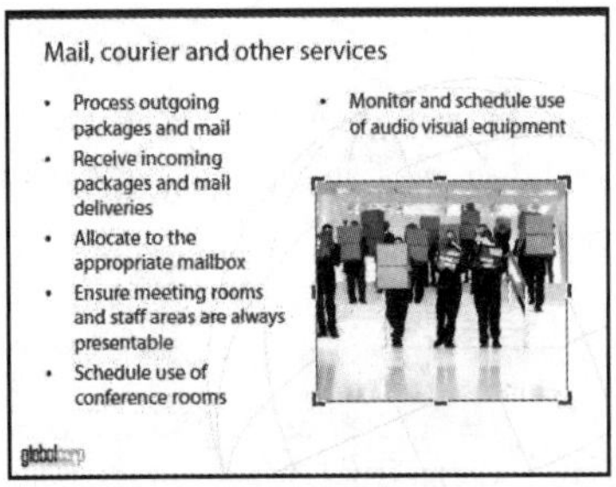

图5-33   图5-34

3. 如图 5-35 所示，向左上方拖动右下角的控制点，裁剪掉多余的地面和扶手右边的人。

4. 如图 5-36 所示，向右下方拖动左上角的控制点，把画面最左侧的人裁剪掉。此时，图像中只剩下位于画面中央的 3 个人，如图 5-37 所示。如果你愿意，还可以继续裁剪图像，如把图像顶部裁剪掉一部分，或者把图像放到页面边缘附近。

5. 再次单击"裁剪图像"按钮，取消选择。如果你愿意，可以继续拖动图像，调整图像在页面中的位置；也可以拖动角控制点，改变图像大小，使其更加美观。

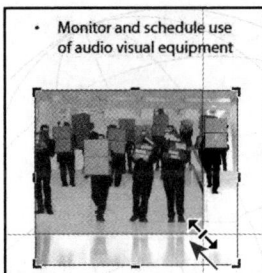 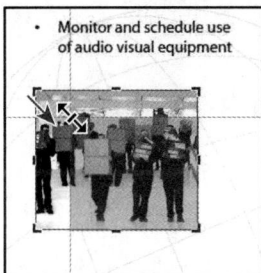 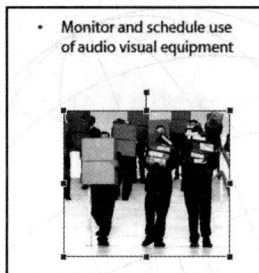

图5-35 图5-36 图5-37

6. 保存 PDF 文档。

5.2.4 在其他程序中编辑图像

如果你想提亮或压暗图像、改变图像分辨率、应用滤镜，或对图像做其他调整，那么你可以在专门的图像编辑程序中执行这些操作。下面我们来修改背景图像。

1. 在"编辑 PDF"工具栏中选择"编辑"。

2. 如图 5-38 所示，转到第 5 页，选择整个页面的背景图像。

3. 如图 5-39 所示，在"格式"面板的"对象"选项卡的"编辑工具"菜单中，选择一个图像编辑程序。Acrobat 会在"编辑工具"菜单中把安装在系统中的图像编辑程序列出来，如 Adobe Photoshop 或 Microsoft Paint。选用不同的图像编辑程序，你可以对图像进行不同的编辑。

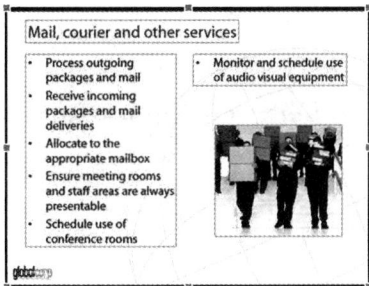 

图5-38 图5-39

4. 在选择的图像编辑程序中编辑图像，如在图像中画一个红框或其他图形，或者根据文档的上下文编辑图像。编辑完成后，根据使用的图像编辑程序保存图像或关闭图像。

5. 返回到 Acrobat 中。虽然你对图像所做的修改会显示在页面中，而且这些修改还会随 PDF 文档一起保存下来，但是原始图像并未发生改变。

6. 关闭"编辑 PDF"工具栏，返回文档视图。

5.3　在 PDF 文档中复制文本和图像

即使没有制作 PDF 文档时使用的源文件，你也可以在其他程序中重用 PDF 文档中的文本与图像。例如，你可能想把一些文本或图像添加到网页中。你可以在 PDF 文档（该文件为 RTF 文本格式或者允许用户访问文本）中复制文本，然后把复制好的文本导入另外一个文字编辑程序中使用。你还可以把 PDF 文档中的图像以 JPEG、TIF、PNG 格式进行保存。

> 提示：你可以更改安全设置，阻止他人从你的 PDF 文档中复制文本或图像；相关内容，请阅读第 9 课"添加签名与安全保护"中的相关内容。

如果你只想重用 PDF 文档中的少量文本或图像，你可以使用选择工具把它们复制到剪贴板中，或者复制成一种图像格式文件。（若"复制""剪切""粘贴"命令不可用，则表明 PDF 作者对 PDF 文档做了限制，禁止用户编辑文档内容。）

下面我们在 Globalcorp_facilities.pdf 文档中复制一些文本并进行重用。

1. 转到第 17 页。

2. 在工具栏中选择文本和图像选择工具（🡢）。

3. 把鼠标指针移动到页面中的文本上。请注意，在文本选择模式下，鼠标指针会变成 I 形状（见图 5-40）。

4. 如图 5-41 所示，拖选页面中的所有文本。

5. 右击（Windows 系统）或按住 Control 键并单击（Mac OS 系统）文本，从弹出菜单中选择"复制时包含格式"，这样格式会连同文本一起被复制下来。

> 注意：复制文本之前，请先把"编辑 PDF"工具栏关闭；在"编辑 PDF"工具栏中的"编辑"选项处于选中状态时，拖选文本并右击，打开将是另外一种菜单。

6. 把 Acrobat 程序窗口最小化，在文本编辑器或 Microsoft Word 等文字编辑程序中新建一个文档，或者打开一个现有文档。然后依次选择"编辑 > 粘贴"，如图 5-42 所示。在把文本粘贴到另外一个编辑程序中后，文本在 PDF 文档中的大部分格式会被保留下来。大多数情况下，我们还是需要对粘贴进来的文本做少许编辑与格式化处理。如果在你的系统中没有安装文本在 PDF 文档中使用的字体，Acrobat 会替换掉该字体。在 Acrobat 中，你还可以把图像单独保存下来，用在其他应用程序中。

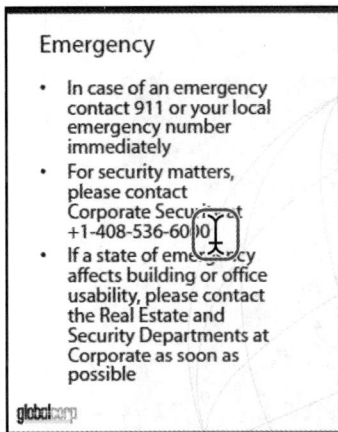

图5-40

图5-41

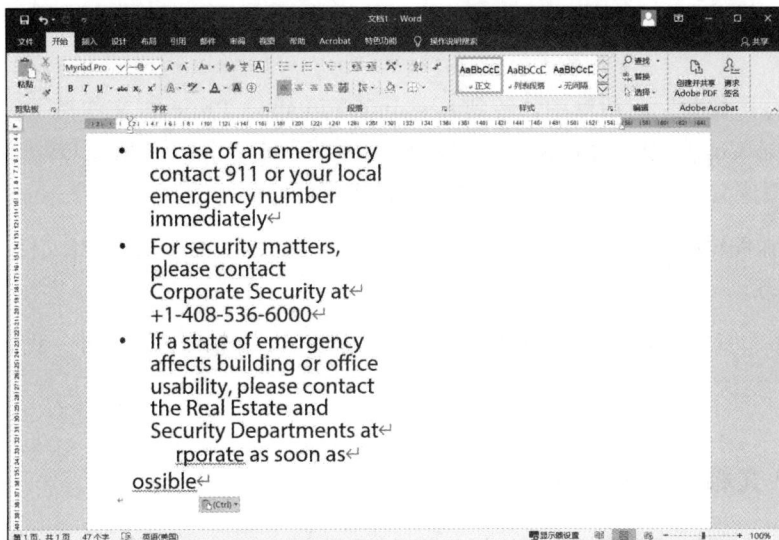

图5-42

提示：你还可以使用快照功能从整个页面或页面局部复制文本和图像；从菜单栏中依次选择"编辑 > 拍快照"，选择你想复制的区域，单击"确定"按钮，关闭消息框；然后把复制好的图像粘贴到另外一个程序中；这样得到的图像是位图格式，而且得到的文本也是不可编辑的。

7. 转到第 4 页，选择页面中的图像。

8. 右击（Windows 系统），或者按住 Control 键并单击（Mac OS）图像，从弹出菜单中选择 "另存图像为"（见图 5-43）。

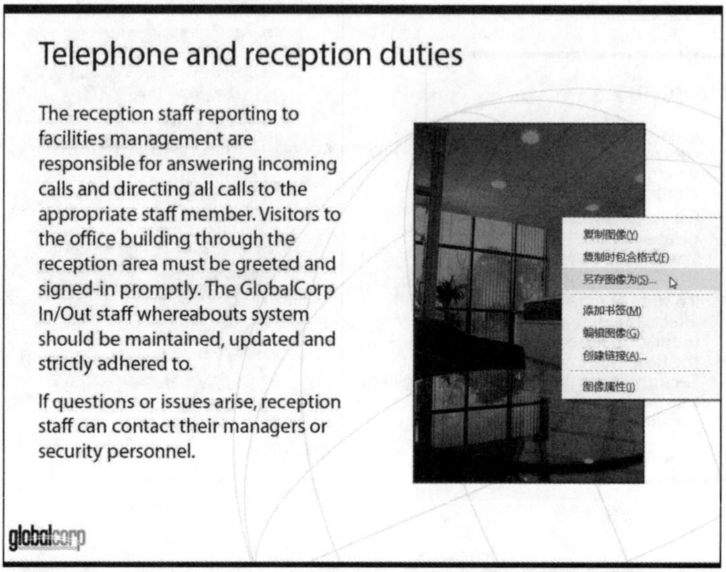

图5-43

9. 在"另存图像为"对话框中，转到 Lesson05/Finished_Projects 文件夹下，把图像命名为 Reception Copy，从"保存类型"（Windows 系统）或"格式"（Mac OS）下拉列表中选择 "JPEG 图像文件（*.jpg）"，单击"保存"按钮进行保存。

10. 关闭其他编辑程序中打开的文档，保持 Globalcorp_facilities_edited.pdf 文件在 Acrobat 中的 打开状态。

上面操作中，我们在 PDF 文档中复制了文本，还保存了一幅图像。此外，我们还可以同时选 择图像和文本，复制它们并粘贴到另外一个程序中。

5.4　把 PDF 文档导出为 PowerPoint 演示文稿

在 Acrobat DC 中，我们可以把一个 PDF 文档导出为 PowerPoint 演示文稿。导出后，PDF 文 档中的每一页都将成为 PowerPoint 演示文稿中一页完全可编辑的幻灯片，同时也会尽可能地保留 原有格式和布局。

在把 PDF 文档另存为 PowerPoint 演示文稿时，你可以指定是否包含注释，以及是否启用 OCR 识别文本。若想更改设置，请从菜单栏中依次选择"编辑 > 首选项"（Windows 系统），或者 "Acrobat> 首选项"（Mac OS），从左侧"种类"下拉列表中选择"从 PDF 转换"，再从"从 PDF

转换"下拉列表中选择"PowerPoint 演示文稿",然后单击"编辑设置"。

下面我们把 Globalcorp_facilities_edited.pdf 文档导出为 PowerPoint 演示文稿。

1. 如图 5-44 所示,在 Globalcorp_facilities_edited.pdf 文件处于打开状态时,在"工具"选项卡中单击"导出 PDF"。

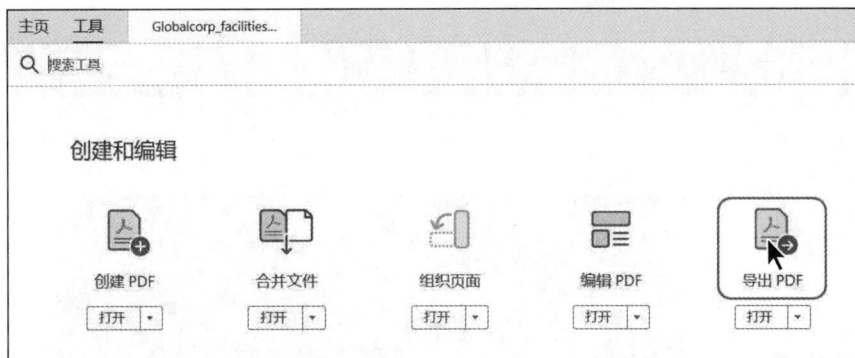

图5-44

2. 如图 5-45 所示,在"将您的 PDF 导出为任意格式"中选择"Microsoft PowerPoint",然后单击"导出"按钮。

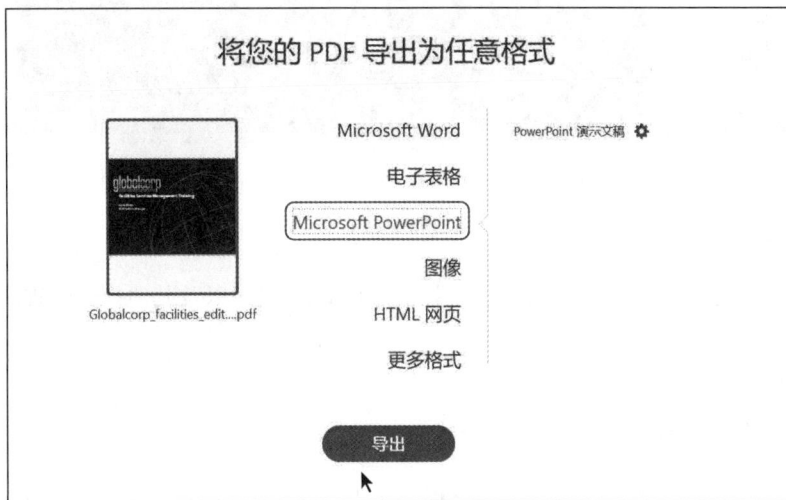

图5-45

> **提示**:如果你是 Acrobat 或 Creative Cloud 的付费用户,那么你可以使用 Acrobat DC 移动版把 PDF 文档导出为 Word 文档、PowerPoint 演示文稿、Excel 电子表格。更多相关内容,请阅读第 6 课"在移动设备上使用 Acrobat"。

3. 在"另存为"对话框中,转到 Lesson05/Finished_Projects 文件夹下。

4. 单击"保存"按钮。

5. 如图 5-46 所示，在 PowerPoint 中浏览演示文稿。如果你的计算机系统为 Mac OS 没有安装
PowerPoint，那么可以使用预览程序来浏览演示文稿。在把 PDF 文档导出为 PowerPoint 演
示文稿之后，有些文本和图像的位置可能发生了改变。请在 PowerPoint 中认真检查每一张
幻灯片，并做必要的修改。

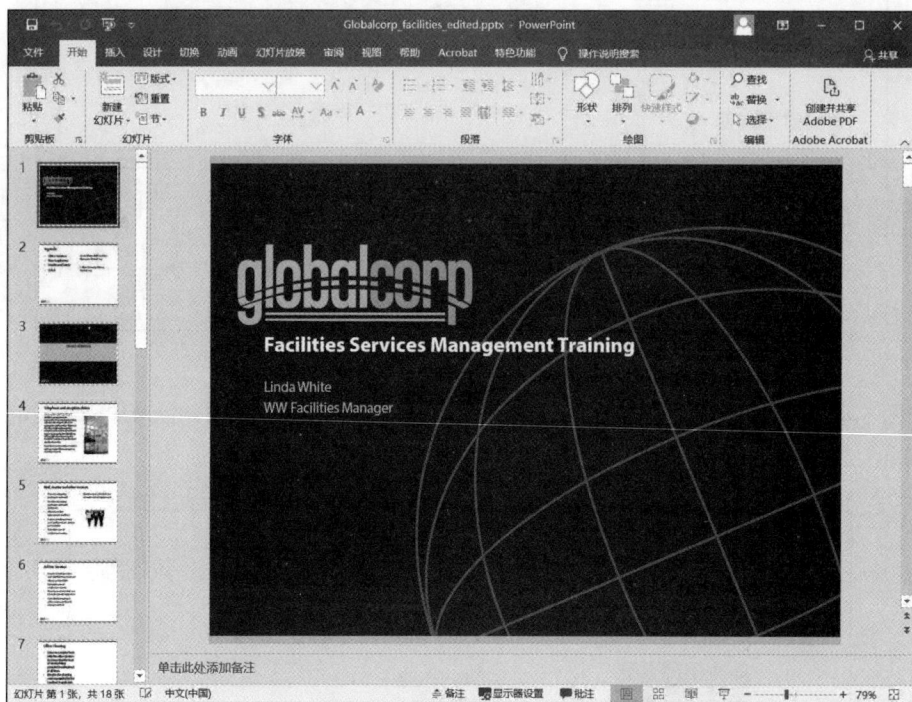

图5-46

6. 关闭 Globalcorp_facilities_edited.pdf 文件和 PowerPoint 以及其他打开的程序，但不要关闭
Acrobat 程序。

5.5 把 PDF 文档导出为 Word 文档

不论制作 PDF 文档的源文件是使用哪个程序制作的，你都可以把 PDF 文档导出为 Word 文档
（以 .docx 或 .doc 为后缀的文件）。下面我们把一家公司的工作说明书另存为 Word 文档。

> **提示**：除了可以使用"导出 PDF"工具之外，你还可以从菜单栏中依次选择"文
> 件 > 导出到 > [目标格式]"，或者在"另存为 PDF"对话框的"保存类型"或"格
> 式"菜单中选择要保存的格式，把 PDF 文档导出为 PowerPoint 演示文稿、Word
> 文档、Excel 电子表格等。

1. 在 Acrobat 中，从菜单栏中依次选择"文件 > 打开"，在"打开"对话框中，转到 Lesson05/Assets 文件夹下，选择 Statement_of_Work.pdf 文件（见图 5-47），单击"打开"按钮。

2. 从菜单栏中依次选择"文件 > 导出到 > Microsoft Word>Word 文档"，打开"另存为 PDF"对话框。如果你使用的是 Word 2003 或更早版本，请选择"Word 97-2003"文档，这种文档以 .doc 为后缀名进行保存。

3. 在"另存为 PDF"对话框中，转到 Lesson05/Finished_Projects 文件夹下，然后单击"设置"按钮。

4. 如图 5-48 所示，在"另存为 DOC 设置"或"另存为 DOCX 设置"对话框中选择"保留页面布局"，其他选项都保持选中状态，单击"确定"按钮。

图5-47 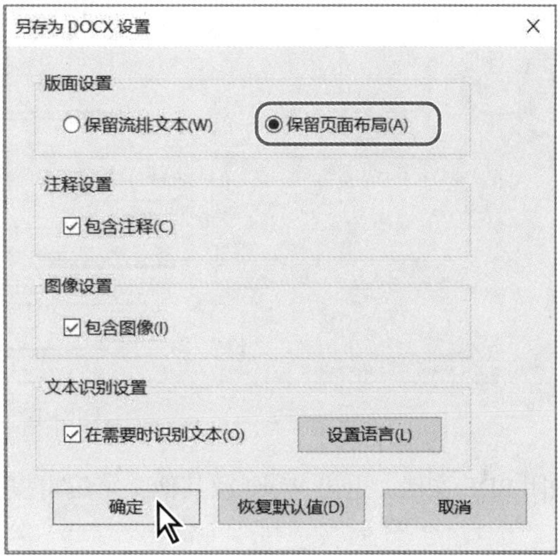　　　　　　　　　　　　　图5-48

5. 返回到"另存为 PDF"对话框中，单击"保存"按钮，保存文件。转换过程中，Acrobat 会显示当前转换状态。在将复杂的 PDF 文档转换成 Word 文档时，其所耗费的时间可能会更长一些。若在"另存为 PDF"对话框中勾选了"查看结果"，则转换完成后，文档会自动在 Word 或类似程序中打开。

6. 在 Word 中打开 Statement_of_Work.doc 或 Statement_of_Work.docx 文件。在 Mac OS 中，你还可以使用 Preview 或 Pages 打开它们，当然也可以使用其他支持后缀名为 .doc 或 .docx 的文件的程序打开。

7. 如图 5-49 所示，浏览转换好的文档，检查所有文本与图像是否都得到保存。

大多数情况下，Acrobat 都能完美地把 PDF 文档转换成 Word 文档。不过，根据文档不同的创建方式，你可能需要进行调整间距等细微的调整。请注意，在将 PDF 文档转换成 Word 文档后，一定要仔细检查转换后的文档，以便及时发现问题并修改。

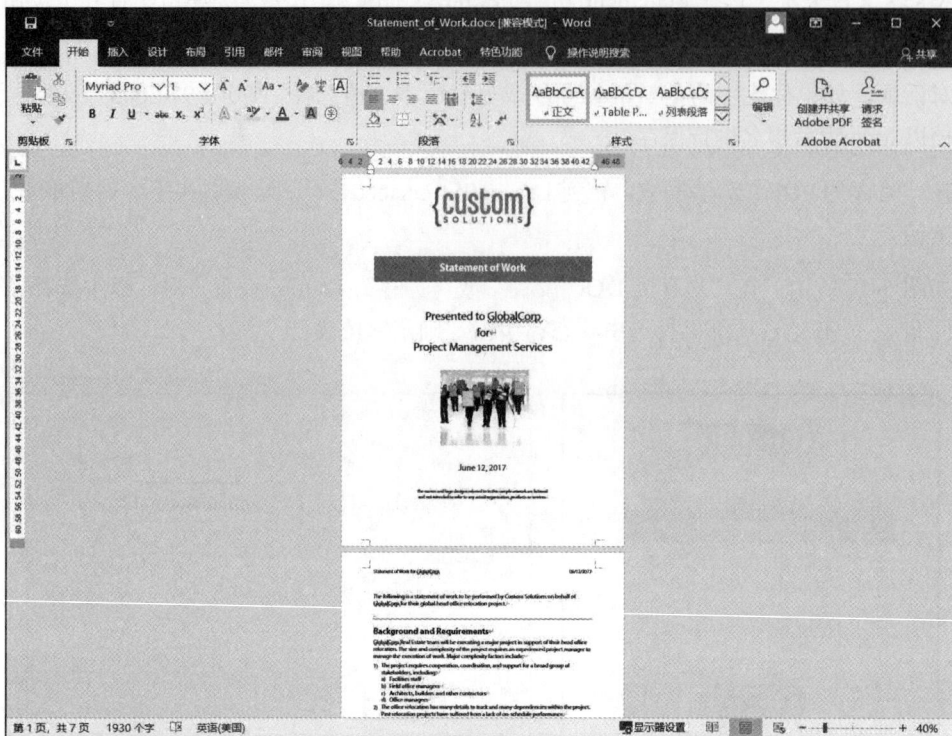

图5-49

8. 关闭 PDF 文档，退出 Word 或其他文字编辑程序。

5.6 把 PDF 文档中的表格导出为 Excel 表格

在 Acrobat 中，我们既可以把整个 PDF 文档导出为 Excel 表格，也可以只把 PDF 文档中选中的表格导出为 Excel 表格。下面我们把 PDF 文档中的一个包含饭店名单的表格导出为 Excel 表格。

1. 在 Acrobat 中，从菜单栏中依次选择"文件 > 打开"，在"打开"对话框中，转到 Lesson05/Assets 文件夹下，选择 Venues.pdf 文件，单击"打开"按钮。Venues.pdf 文件中包含了一个虚构城市的饭店名单。接下来，我们把这个表格导出为 Excel 表格。

2. 如图 5-50 所示，从表格的左上角向右下角拖动，选中整个表格。

3. 右击（Windows 系统）或者按住 Control 键并单击（Mac OS 系统）选中的表格，从弹出菜单中选择"将选定项目导出为"，如图 5-51 所示。

4. 如图 5-52 所示，在"将选定项目导出为"对话框中，转到 Lesson05/Finished_Projects 文件

夹下，从"保存类型"或"格式"下拉列表中选择"Excel 工作簿（*.xlsx）"，输入文件名 Venues.xlsx，单击"保存"按钮。导出过程中，Acrobat 会显示导出进度。若在"将选定项目导出为"对话框中勾选了"查看结果"，导出完成后，导出文件会自动在 Excel 或其他程序中打开，如图 5-53 所示。

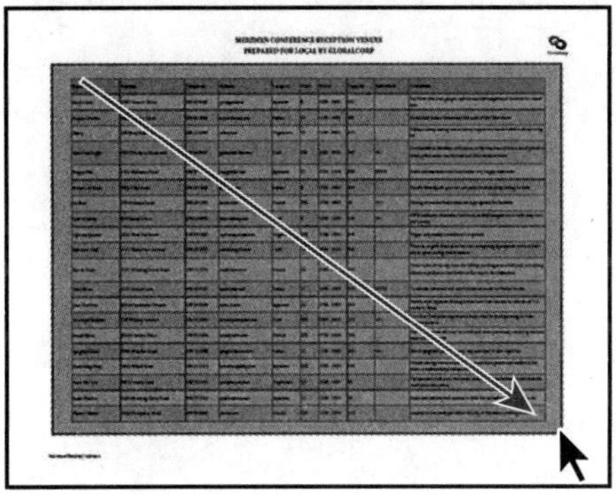

图5-50

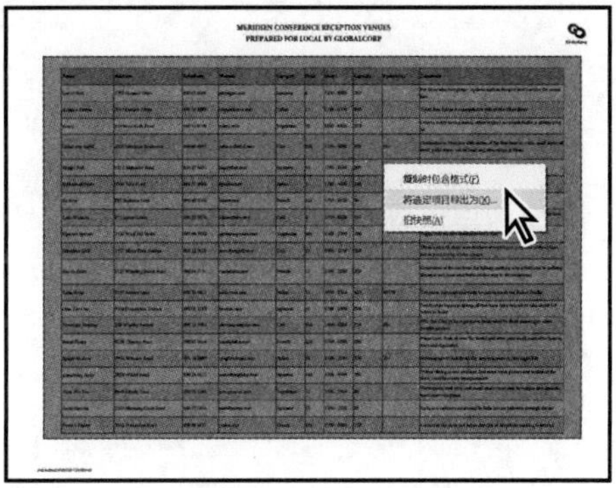

图5-51

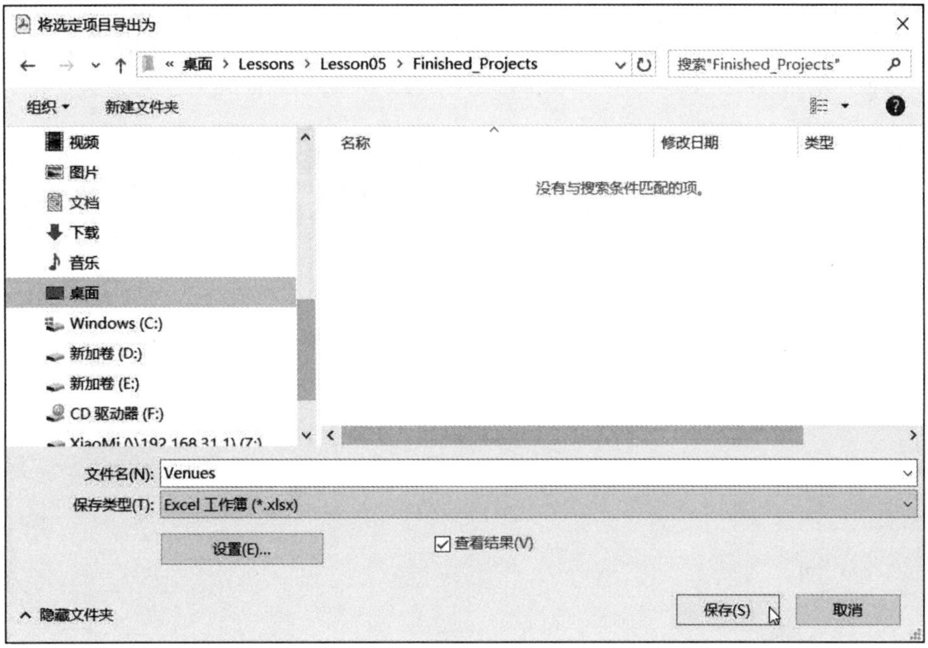

图5-52

5. 在 Excel 中打开 Venues.xlsx 文件。在 Mac OS 中，你还可以在 Preview 或其他支持 Excel 文档的程序中打开它。从打开的 Venues.xlsx 文件中可以看到，Acrobat 把 PDF 文档中的表格准确地转换成了 Excel 表格。

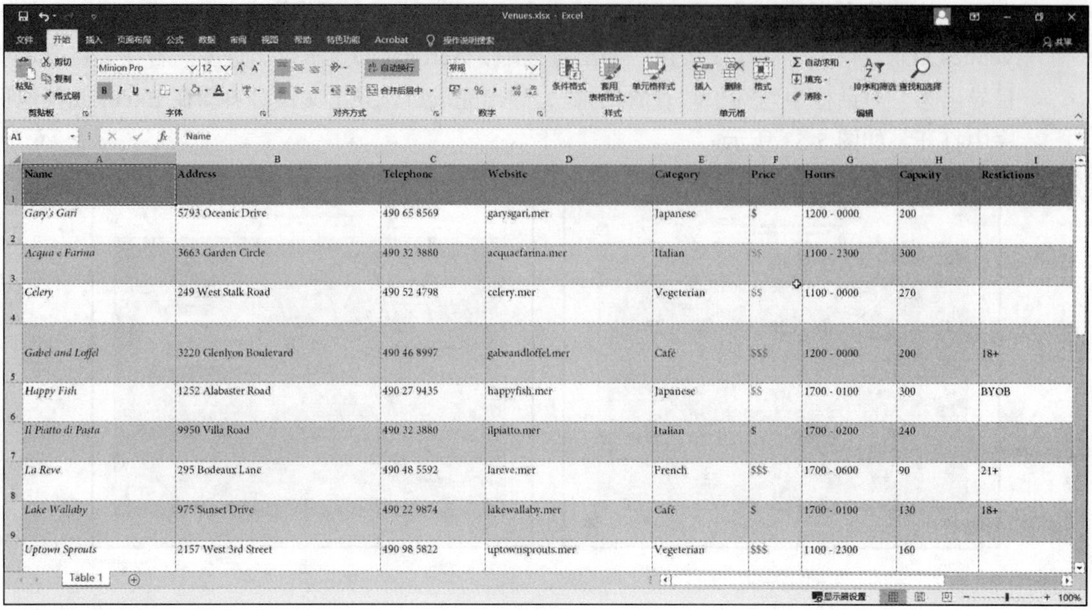

图5-53

6. 关闭所有打开的文档、Acrobat，以及其他程序。

5.7　复习题

1. 如何编辑 PDF 文档中的文本?

2. 如何禁止他人编辑或使用 PDF 文档中的内容?

3. 在 Acrobat 中,可以对图像进行哪些操作?

4. 如何把一个 PDF 文档导出为 Word 文档、Excel 电子表格、PowerPoint 演示文稿?

5. 如何在 PDF 文档中复制文本?

5.8　复习题答案

1. 要编辑 PDF 文档中的文本,需要先在工具面板中选择编辑 PDF 工具,并确保"编辑 PDF"工具栏中的"编辑"处于选中状态,然后编辑文本。当你在编辑文本时,Acrobat 会自动对文本进行相应调整。

2. 要防止他人编辑或使用你的 PDF 文档中的内容,必须为 PDF 文档做安全设置。

3. 在 Acrobat 中,可以对图像进行旋转、翻转、裁剪、替换、调整尺寸等操作。

4. 执行如下操作之一,即可把 PDF 文档导出为 Word 文档、Excel 电子表格、PowerPoint 演示文稿。

- 在"导出 PDF"工具栏中选择相应选项。

- 在菜单栏中依次选择"文件 > 导出到 >[目标格式]"。

- 在"另存为 PDF"对话框的"保存类型"或"格式"下拉列表中选择一个类型。

5. 复制 PDF 文档中的一些单词或句子时,先右击(Windows 系统)或按住 Control 键并单击(Mac OS 系统)选中的文本,然后从弹出菜单中选择"复制时包含格式",这样格式就会连同文本一起被复制下来,粘贴后的文本将保留原来的格式。

第6课 在移动设备上使用Acrobat

课程概览

本课学习内容如下。

- 学习如何访问并下载 Acrobat 移动版。

- 在 Acrobat Reader 移动版中为 PDF 添加注释。

- 使用 Document Cloud 中的 PDF 文档。

- 在 Acrobat Reader 移动版中编辑 PDF 文档（仅适用于平板电脑）。

- 使用 Adobe Fill & Sign 在移动设备上填写表单。

学完本课大约需要 45 分钟。开始学习之前，请先前往"数艺设"网站下载本课项目文件。请注意，学习过程中，原始项目文件会被覆盖掉。如果你想保留原始项目文件，请在使用项目文件之前进行备份。

Celebrate the ha

People Feeding People produced a bump
year — and not just vegetables. We fed r
families, educated more youth about nut
more gardeners, and hosted more comm
than ever before.

And it's all because of supporters like you

Join us to celebrate all that we've accom
look forward to the year ahead.

People Feeding People
Annual Harvest Celebrat
Saturday, October 19
Little Red Schoolhouse
1414 Main Street

Acrobat 桌面版提供了大量处理 PDF 文档的工具，其中许多工具在 Document Cloud 和 Acrobat 移动版中同样可用。如此一来，不论你身在何处，都可以轻松地使用它们来处理 PDF 文档。

6.1 Acrobat 移动版简介

有了 Adobe Document Cloud 与 Acrobat 移动版，你可以随时随地处理 PDF 文档。当你使用网页浏览器访问 Document Cloud，或者使用 Adobe Acrobat Reader 移动版、Adobe Fill & Sign App、Adobe Sign 移动版时，Acrobat 桌面版中的许多功能都是可用的。Adobe Scan 移动版进一步增强了 Acrobat 的能力，它允许你使用移动设备上的摄像头把纸质文档扫描成 PDF 文档。

这些 App 在 iOS 与 Android 中的用户界面略有不同。

Adobe Document Cloud：Adobe Document Cloud 包含 Adobe Acrobat DC、移动版、浏览器中的 Acrobat 用户界面、云存储空间；你可以通过任意一台计算机或可连网设备在线使用 Document Cloud 处理你的文档。使用浏览器访问 Document Cloud 时，需要首先进入 documentcloud.adobe.com，然后使用你的 Adobe ID 登录。

Adobe Acrobat Reader 移动版：Adobe Acrobat Reader 移动版是免费的，你可以使用它在移动设备上浏览、组织、导出、打印 PDF 文档，以及为 PDF 文档添加注释；在 iPad 或 Android 平板电脑上，你还可以使用它编辑 PDF 文档。

Adobe Fill & Sign App：你可以在移动设备上使用 Adobe Fill & Sign App，就像在 Acrobat DC 中使用填写和签名工具一样；你可以打开或拍摄一个表格，然后填写、签名、再提交。

Adobe Sign 移动版：这个 App 很简单，但功能强大；通过 Adobe Sign 服务，你可以发送文档索要电子签名，或自己对文档签名并跟踪文档；此外，你还可以创建一个表单来索取签名。

Adobe Scan 移动版：借助这个 App，你的手机或平板电脑就变成了一个扫描仪，可以把纸质文档转换成 PDF 文档；你可以在 Adobe Scan 移动版中裁剪或旋转文档，或者在 Acrobat Reader 或 Acrobat DC 中做其他修改。

上面这些 App 全是免费的，你可以从 App Store（iOS）或 Google Play（Android）中下载它们。但只有使用你的 Adobe ID 登录之后，你才能使用 Document Cloud 或 Creative Cloud 中的全部功能。

6.2 准备工作

本课我们将学习在 App 与浏览器中处理 PDF 文档的方法。我们需要先把文档上传到 Document Cloud 中，这样才能在 App 中使用它们。

1. 在你的移动设备上下载并安装 Adobe Acrobat Reader 移动版、Adobe Fill & Sign App、Adobe Scan 移动版（见图 6-1）。如果你用的是 iOS 设备，请前往 App Store 下载；如果用的是 Android 设备，请前往 Google Play 下载。

图6-1

2. 在 Acrobat DC 移动版中，从菜单栏中依次选择"文件 > 打开"，转到 Lesson06/Assets 文件夹下。

3. 按住 Shift 键，选择 Postcard.pdf 和 Tickets.pdf 这两个文件，单击"打开"按钮。

4. 进入 Postcard.pdf 文件，从菜单栏中依次选择"文件 > 另存为"，转到 Lesson06/ Finished_ Projects 文件夹下，输入文件名 Postcard_final.pdf，单击"保存"按钮。

5. 如图 6-2 所示，在工具栏中单击"上传到 Document Cloud"按钮。

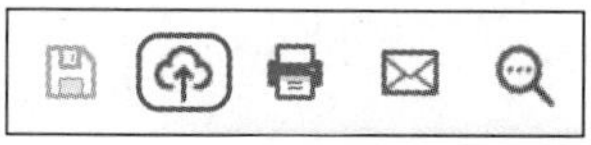

图6-2

6. 选择 Tickets.pdf 选项卡，进入 Tickets.pdf 文件。

7. 从菜单栏中依次选择"文件 > 另存为"，转到 Lesson06/ Finished_Projects 文件夹下，输入文件名 Tickets_final.pdf，单击"保存"按钮。

8. 在工具栏中单击"上传到 Document Cloud"按钮。

此时，两个 PDF 文档都被保存到了 Document Cloud 中，你可以在任何一款设备上使用网页浏览器或 Acrobat App 打开并处理它们，但 Lesson06/Assets 文件夹中的两个原始 PDF 文档不会发生任何变化。

6.3 使用 Acrobat Reader 移动版

下面我们将在 Acrobat Reader 移动版中查看 Postcard PDF 文档并在其中添加注释。如果你使用的是平板电脑，那么你还可以对文档做一些简单的编辑。你对 PDF 文档所做的修改将会保存到 Document Cloud 中，并且可以通过其他 App、浏览器和 Acrobat DC 进行访问。

在 Acrobat Reader 移动版中，你可以查看、共享、打印 PDF 文档，以及为 PDF 文档添加注释。此外，还可以使用"组织页面"工具旋转或删除 PDF 文档中的页面，使用合并文件工具把多个文档合并成一个 PDF 文档，使用创建 PDF 工具把本地文档转换成 PDF 文档，这些工具在手机和平板电脑中都可用。

6.3.1 在 Acrobat Reader 移动版中打开 PDF 文档

使用 Acrobat Reader 移动版，你可以轻松打开保存在多个地方的 PDF 文档，这些地方包括手机或平板电脑、Document Cloud、Dropbox、Google Drive，以及其他远程网盘。

下面我们在 Acrobat Reader 移动版中打开刚刚保存到 Document Cloud 中的 Postcard_final. pdf 文件。

1. 在移动设备上打开 Acrobat Reader 移动版。相比于手机，平板电脑的 App 中有更多功能可用，但大多数功能无论在手机还是在平板电脑中都可以正常使用。

2. 若 Acrobat Reader 移动版提示你登录，请使用你的 Adobe ID 登录到 Document Cloud。单击"主页"，进入"主页"视图。如图 6-3 所示，"主页"视图中显示的是最近打开的文件，包括你最近处理或保存到 Document Cloud 中的文件。

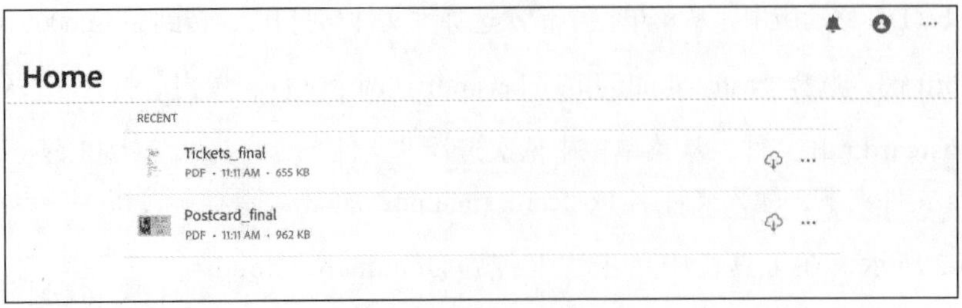

图6-3

3. 单击屏幕底部的"文件"，以查看其他文档。然后单击 Document Cloud。（在平板电脑中，需要先单击"位置"。）

4. 如图 6-4 所示，在 Document Cloud 文档列表中选择 Postcard_final。Acrobat Reader 显示出由两页组成的明信片。

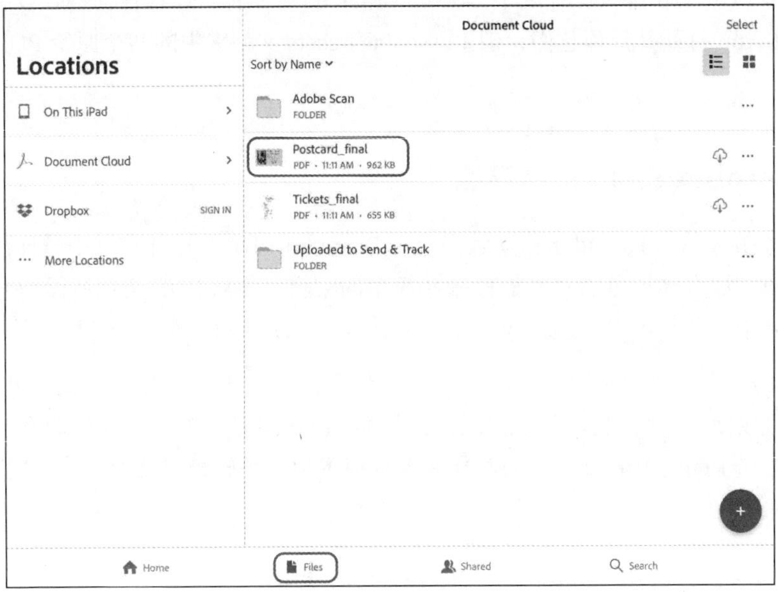

图6-4

5. 如图 6-5 所示，在屏幕顶部单击"查看设置"按钮，从弹出菜单中选择"单页"（Single Page）（iOS），或者"逐页"（Android）。此时，显示文档单页。

6. 旋转设备，竖屏显示文档，此时，单页几乎占满了整个屏幕。如图 6-6 所示，单击 PDF 文档，隐藏菜单，全屏显示 PDF 文档。

7. 向左滑动，浏览 PDF 文档的其他页面，如图 6-7 所示。

8. 再次单击 PDF 文档，显示出菜单，然后单击"查看选项"按钮，从弹出菜单中选择"连续"（iOS）或"连续页面"（Android）。

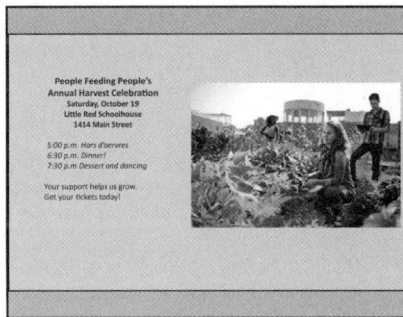

图6-5

图6-6　　　　　　　　　　　图6-7

接下来，我们在 PDF 文档中添加注释，在"连续页面"视图下，选择文本或高亮显示文本会比较容易操作。

6.3.2　在 Acrobat Reader 移动版中为 PDF 文档添加注释

对于别人通过共享审阅功能发送过来的 PDF 文档，你可以在其中添加注释。不仅如此，其实，你可以为任意一个 PDF 文档添加注释。下面我们在明信片草图中添加注释。你对文档所做的修改将立即保存到 Document Cloud 中。

1. 如图 6-8 所示，单击右下角的"编辑"按钮，从弹出菜单中选择"注释"（Comment），如图 6-9 所示。

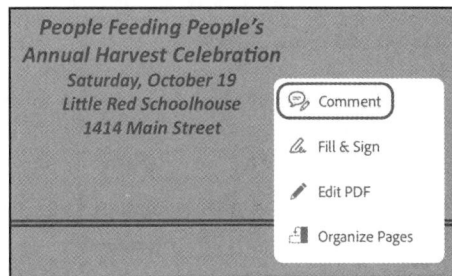

图6-8　　　　　　　　　　　图6-9

2. 单击"便利贴"工具，然后在第 2 页末尾靠近文本的地方单击，输入 Where can they get tix? 单击"发布"（Post）（见图 6-10），使注释生效。

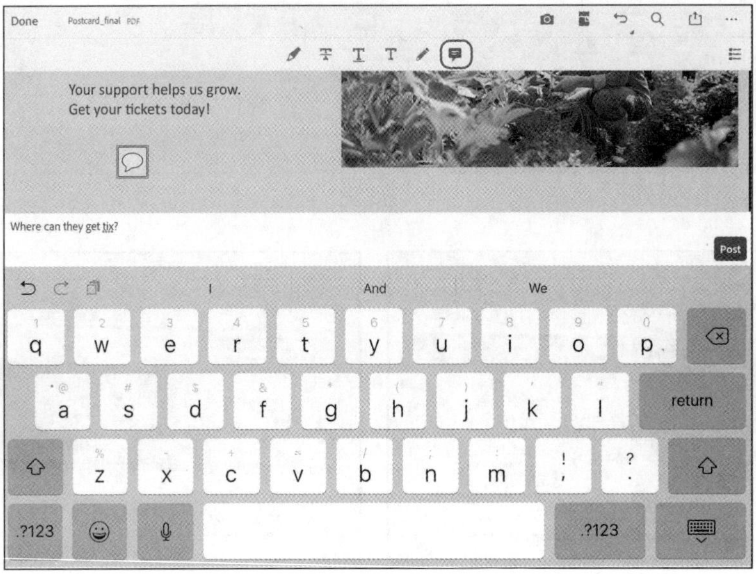

图6-10

3. 如图 6-11 所示，单击高亮显示工具，然后在某些文本上拖动，即可把这些文本高亮显示出来。在 PDF 页面上，你可以添加便利贴、高亮显示某些文本、添加文本、为文本加删除线或下划线，以及在页面中随意绘画。与 Acrobat DC 桌面版中的注释工具不同，我们只能在便利贴中添加注释和文字符号。

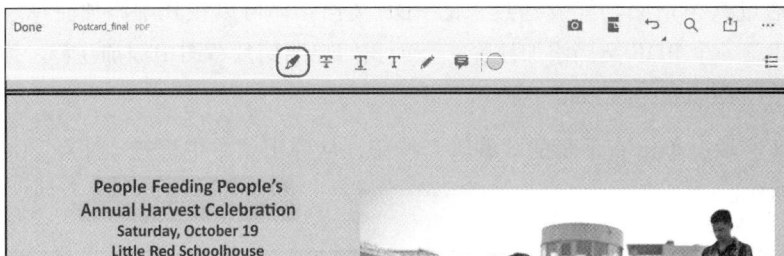

图6-11

4. 单击顶部的"撤销"按钮（ ），取消高亮显示。

5. 单击左上角的"完成"（iOS）或"对钩"（Android）按钮，使更改生效，并退出注释模式。Acrobat Reader 移动版会把你对文档的更改保存到 Document Cloud 中。

6.3.3　在 Acrobat Reader 移动版中编辑 PDF 文档（仅适用于平板电脑）

如果你是在平板电脑上使用 Acrobat Reader 移动版，那么你可以对 PDF 文档中的文本与图像做简单的编辑。下面我们来更正 Postcard_final.pdf 文件中的一处拼写错误，并调整明信片中一幅图像的大小和位置。

1. 单击右下角的"编辑"按钮，从弹出菜单中选择"编辑 PDF"。

2. 如图 6-12 所示，滚动到第 2 页，单击文本块，然后在 Hors d'oervres 的字母 v 之前单击，添加一个插入点。

图6-12

3. 按退格键，删除字母 r，然后输入字母 u（见图 6-13）。

图6-13

4. 按住图像不动，选择图像，然后将其略微向上拖动。把左下角手柄向左下拖动，增大图像尺寸。

5. 调整完成后，单击屏幕顶部的"完成"或"对钩"按钮，退出编辑模式。Acrobat 会把你所做的修改保存到 Document Cloud 中。

6. 单击屏幕顶部的"返回"按钮，返回到主页视图下。

6.4 在网页浏览器中使用 Document Cloud

类似于 Acrobat DC 桌面版和 Acrobat Reader 移动版，网页浏览器中的 Document Cloud 也有一个主页视图。此外，它还有一系列的快速启动工具，帮助你快速执行某些操作。与 Acrobat Reader 移动版不同的是，在 Document Cloud 中，只有把 PDF 进行共享审阅时，注释工具才可用。在浏览器中使用 Document Cloud 时，你无法编辑 PDF 文档中的文本或对象。

你可以使用计算机或移动设备中的网页浏览器来访问 Document Cloud。它提供了一些 Acrobat Reader 移动版没有的功能，如发送文档以供审阅。下面我们使用 Document Cloud 把明信片 PDF 分享出去以供审阅。

1. 在计算机或移动设备中启动网页浏览器，打开 Document Cloud。

2. 若要求登录，请使用你的 Adobe ID 进行登录。此时，Document Cloud 显示的是主页视图。

3. 如图 6-14 所示，在"最近文件"（Recent）列表中单击 Postcard_final 文件，将其打开。此时，Document Cloud 显示包含两个页面的 Postcard_final 文件。

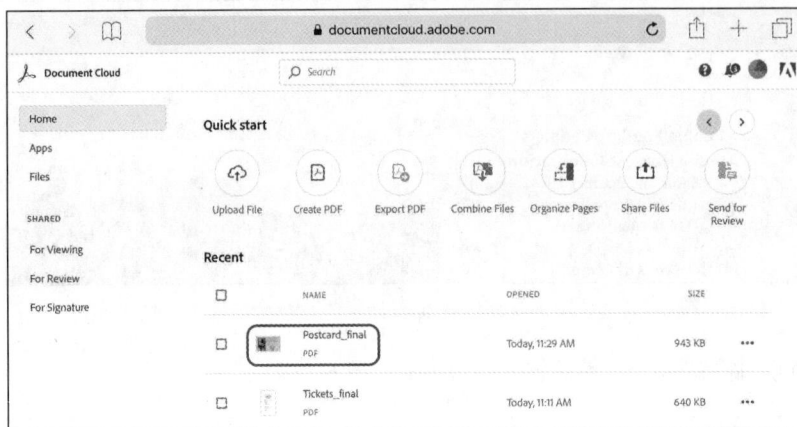

图6-14

4. 如图 6-15 所示，在工具栏中单击"菜单"按钮，显示出可用工具列表。Document Cloud 显示的可用工具有导出 PDF（Export PDF）、填写和签名（Fill & Sign）、组织页面（Organize Pages）、发送以供签名（Send for Signature）。

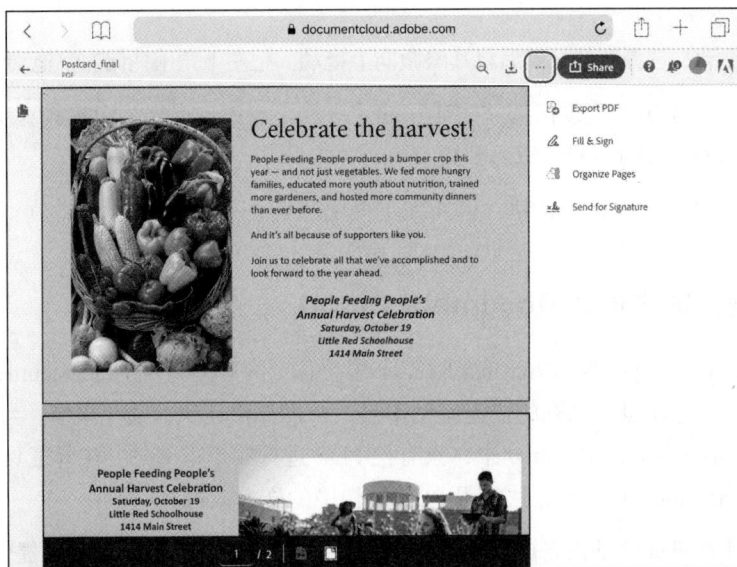

图6-15

5. 单击"菜单"按钮，关闭工具列表。

6. 如图 6-16 所示，单击"分享"按钮，然后选择"审阅文件"（Review file），输入审阅人的电子邮件地址（你可以输入自己的电子邮件地址或者同事的）。如果你愿意，可以输入一些个性化信息，然后单击"发送"（Send）。Document Cloud 会把待审阅的 PDF 文档发送出去，并汇报其状态。

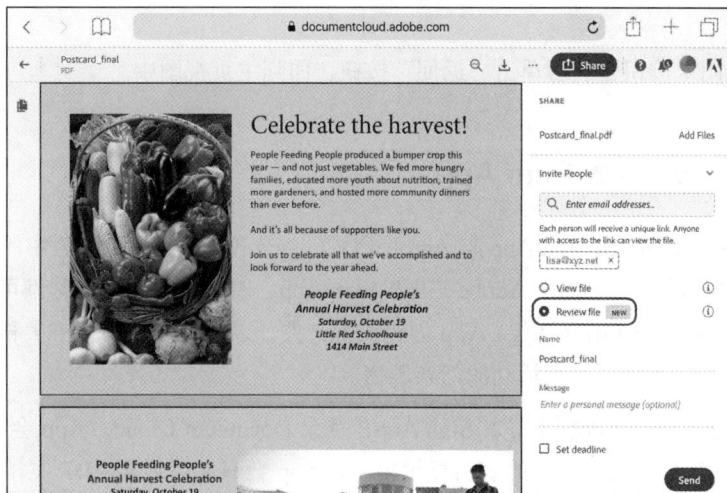

图6-16

7. 单击"前往审阅"。Document Cloud 在审阅模式下显示 PDF 文档时，文档中的注释会出现在相应位置一侧的边栏中，如图 6-17 所示。接下来，你就可以使用注释工具了，该工具和 Acrobat Reader 移动版中的注释工具一样。

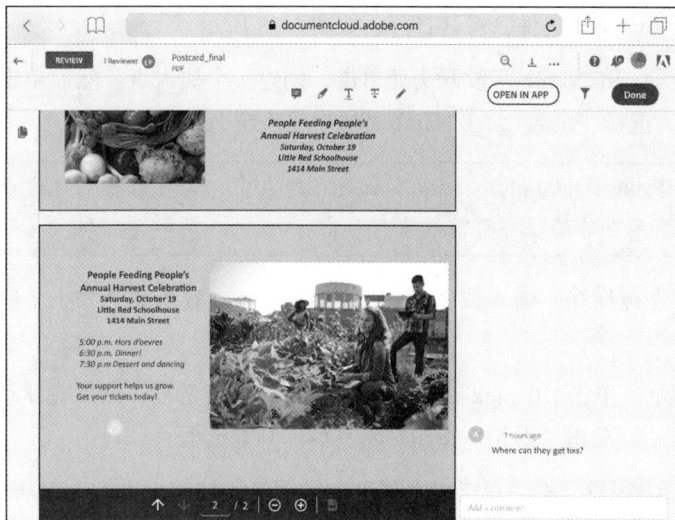

图6-17

8. 单击"完成"，退出审阅模式，然后单击"我完成了"。有关使用注释和分享审阅的内容，请阅读第 10 课"使用 Acrobat 审阅文档"中的相关内容。

9. 在主页视图中选择 Tickets_final.pdf 文件，然后选择填写和签名工具。

你可以在浏览器中使用填写和签名工具，但最好还是使用 Adobe Fill & Sign App，这可以创建配置文件。在浏览器的 Document Cloud 中选择填写和签名工具，Document Cloud 会自动识别出文档中的表单。

10. 单击"关闭"按钮，然后单击"返回"按钮，回到主页视图中。

6.5 使用 Adobe Fill & Sign App

在功能上，Adobe Fill & Sign App 与 Acrobat DC、Acrobat Reader 移动版中的 Fill & Sign 工具一样。由于可以在移动设备上使用 Adobe Fill & Sign App，所以无论在哪里你都可以填写表格。此外，你还可以使用 Adobe Fill & Sign App 创建配置文件，以便快速填写标准表格。下面我们使用 Adobe Fill & Sign App 来填写一场活动的门票表格。

1. 在你的设备上打开 Adobe Fill & Sign App，登录 Document Cloud。App 会把你的 Document Cloud 或设备上最近访问过的表格显示出来。App 会只显示表格 PDF 文档。

2. 在屏幕的左上角单击"配置文件"按钮。

3. 输入全名、名字、姓氏，以及其他你想快速填写的信息。配置文件中包含了最常用的信息字段，此外，你也可以自己添加常用的字段。

4. 在配置文件窗口之外，单击屏幕中的任意区域。

5. 单击 Tickets_final.pdf 文件，将其打开，如图 6-18 所示。

6. 如图 6-19 所示，在 Name 字段开头处单击，创建一个插入点。然后单击屏幕底部的"配置文件"按钮，选择"全名"，在 Name 字段中输入全名。

> **注意**：若 Tickets_final.pdf 文件没有出现在列表中，你可以把它通过电子邮件发送给自己，然后在你的设备存储器中打开它。

7. 单击 Adults 左侧横线，输入数字 2。单击小字母 A，减小文字大小；单击大字母 A，增加文字大小。

8. 如图 6-20 所示，单击 I'll pick them up at Will Call 复选框，然后在浮动工具栏中单击"菜单"按钮（⋯），单击"对钩"按钮，将其添加到复选框。

9. 单击 Signature 字段，然后单击屏幕底部的"钢笔"按钮（见图 6-21），从弹出菜单中选择"创建签名"（Create Signature），手动签名后，单击"完成"（Done），如图 6-22 所示。

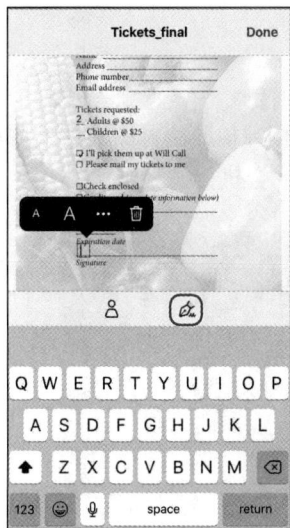

图6-18　　　　　　　　　　图6-19　　　　　　　　　　图6-20

图6-21　　　　　　　　　　　　图6-22

你可以把签名保存到配置文件中，以供其他 App 在线使用。

10. 单击屏幕右下角的"分享"按钮，在弹出菜单中单击"邮件"按钮，把填写好的表格发送出去。你可以登录自己的电子邮件账号，把表格发送给自己，或者单击"返回"按钮，回到 Adobe Fill & Sign 主界面。

11. 单击"完成"按钮，返回到 Adobe Fill & Sign 的"主页"视图。

　　假设你打算订一些票，填写好整个表格之后，你可以通过电子邮件提交、打印，或者将它保存到 Document Cloud 中，然后上传到网站上。

6.6 使用 Adobe Scan 移动版

通过 Adobe Scan 移动版，你可以把手机或平板电脑当成一个扫描仪使用。扫描好文档之后，你就可以像处理其他 PDF 文档一样，使用 Acrobat DC 来识别文本、分享文档、转成表格等。

你可以直接打开 Adobe Scan 移动版，也可以在 Adobe Reader 移动版中单击"工具"菜单中的"扫描"工具来打开 Adobe Scan 移动版。

1. 打开你的设备中的 Adobe Scan 移动版。

2. 单击左上角的"设置"按钮。

3. 单击"首选项"。如果你想把文本文档扫描成可编辑的 PDF 文档，请打开"对保存的 PDF 运行文本识别"。如果你想把原始扫描图像保存到相册中，请打开"将原始图像保持到库中"。

4. 关闭"设置"菜单，返回到主视图。

5. 如图 6-23 所示，单击右下角的"摄像机"按钮，激活你的摄像机。若弹出信息要求你授权 App 使用摄像机，请选择同意授权。

6. 单击"自动捕获"按钮（ ），禁用自动捕获功能。

开启自动捕获功能后，Adobe Scan 移动版会自动识别文档并拍照（见图 6-24）。禁用自动捕获功能后，你必须主动单击"捕获"按钮，Adobe Scan 移动版才会执行捕获操作。

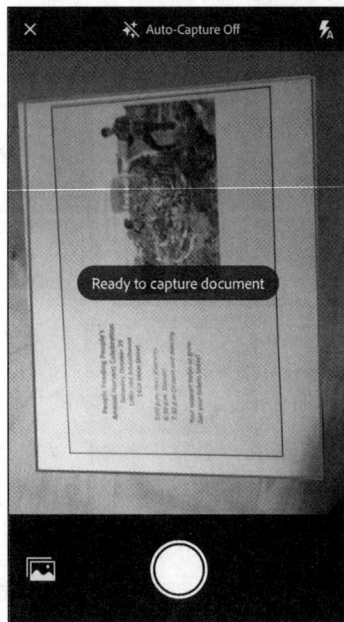

图6-23   图6-24

7. 把手机置于文档上方，然后单击"捕获"按钮。

8. 单击右下角的"扫描"按钮，查看扫描结果。

9. 如图 6-25 所示，在底部工具栏中单击"裁剪"按钮，调整图像边框。调整完成后，单击"对钩"按钮。

10. 如图 6-26 所示，单击"旋转"按钮，沿顺时针方向，把扫描好的图像旋转 90°。

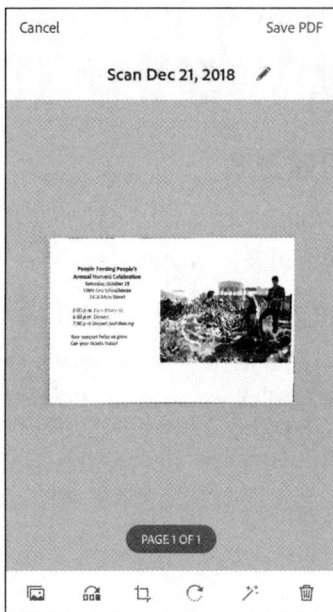

图6-25　　　　　　　　　　　　图6-26

11. 单击"颜色"按钮，更改图像的颜色与对比度。

12. 调整完成后，单击"保存 PDF"，将其保存到 Document Cloud 中。

6.7 复习题

1. Acrobat Reader 移动版中有哪些注释工具可用？

2. 如何在网页浏览器中使用 Document Cloud？

3. 为何要在 Adobe Fill & Sign App 中保存配置文件？

6.8 复习题答案

1. Acrobat Reader 移动版中可用的注释工具有便利贴、高亮显示、中划线、下画线、铅笔，以及添加文本工具。

2. 在网页浏览器中使用 Document Cloud 可以查看与处理任意一台计算机或设备中的 PDF 文档。当在 Acrobat Reader 移动版中对某个 PDF 文档做修改之后，这些修改会保存到 Document Cloud 中。

3. 保存配置文件有助于你快速填写表单字段，因为填写相关表单字段时，你可以直接从配置文件中选择之前已经填写好的信息。

第 **7** 课　把Microsoft Office**文件** **转换为**Adobe PDF**文档**

课程概览

本课学习内容如下。

- 把 Microsoft Word 文档转换为 Adobe PDF 文档。

- 把 Word 标题、样式转换成 PDF 书签（仅适用于 Windows 系统）。

- 把 Word 注释转换成 PDF 附注（仅适用于 Windows 系统）。

- 更改 Adobe PDF 转换设置（仅适用于 Windows 系统）。

- 把 Microsoft Excel 文件转换成 Adobe PDF 文档。

- 使用电子表格拆分视图

- 把 Microsoft PowerPoint 演示文稿转换成 Adobe PDF 文档。

学完本课大约需要 45 分钟。开始学习之前，请先前往"数艺设"网站下载本课项目文件。请注意，学习过程中，原始项目文件会被覆盖掉。如果你想保留原始项目文件，请在使用项目文件之前进行备份。

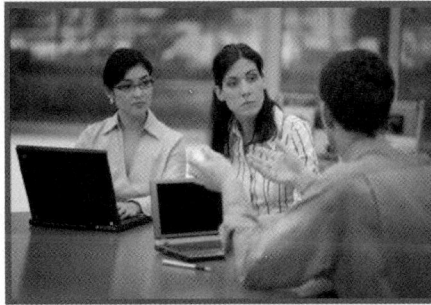

for
Local

Meridien Conference
Promotion Program

Presented by

GlobalCorp

April 22, 2017

　　通过 Acrobat PDFMaker 和 Acrobat 中的创建 PDF 工具，我们可以轻松地把 Microsoft Office 文件转换成 PDF 文档。在 Windows 系统中，对 PDFMaker 进行相关设置后，可以把 Word 标题转换成书签、添加注释，以及基于电子邮件进行审阅。

7.1 准备工作

如何把 Microsoft Office 文件转换成 PDF 文档呢？具体方法取决于你使用的操作系统、软件程序及其版本。在 Windows 系统中，安装 Acrobat DC 时，安装程序同时会把 Acrobat PDFMaker 添加到 Microsoft Office 2007 及其后续版本中（包括 Microsoft Word、Microsoft Excel、Microsoft PowerPoint）。在 Mac OS 中安装 Acrobat DC 时，会把 Acrobat PDFMaker 添加到 Microsoft Word 2016（及后续版本）、Microsoft PowerPoint 2016（及后续版本）中。在 Mac OS 中，Acrobat DC 还能轻松地把 Microsoft Excel 文档转换成 PDF 文档。

学习本课内容之前，请先在自己使用的系统中安装好上面一种或多种应用程序。如果你使用的不是上面提到的那些 Microsoft Office 应用程序，请前往 Adobe 官方网站，了解 Acrobat PDFMaker 支持哪些版本的 Microsoft Office 应用程序。

由于转换为 PDF 文档的过程与你使用的操作系统密切相关，所以在讲解本课内容时，我们将针对 Windows 系统和 Mac OS 分别做讲解。请根据你使用的操作系统，选择相应部分进行学习。

在 Windows 系统中，本课假设你使用的是 Microsoft Office 365。事实上，不管你使用的是哪个版本，操作步骤都是类似的。

7.2 Acrobat PDFMaker 简介

借助 Acrobat PDFMaker，我们可以轻松地把 Microsoft Office 文件转换成 PDF 文档。在 Windows 系统中安装 Acrobat 时，安装程序会自动为已经安装在系统中的 Microsoft Office 系列软件（Microsoft Office 2007 及其后续版本）安装 PDFMaker。在 Mac OS 中，Acrobat 会为 Microsoft Word 2016（及其后续版本）、Microsoft PowerPoint 2016（及其后续版本）安装 PDFMaker。你可以在这些软件的 Acrobat 选项卡中找到 PDFMaker 的各个设置项。在 Windows 系统中，你可以在 Microsoft 软件中设置 PDF 转换选项、自动通过电子邮件发送 PDF 文档，以及创建电子邮件审阅流程。借助 PDFMaker，你还可以把 Office 源文件添加到 PDF 文档上。

通常，PDF 文档的大小都会比源文件小。在 Windows 系统中，你还可以基于 Office 文件创建 PDF/A 兼容文件。

若 Microsoft Office 系列程序中没有出现 Acrobat 选项卡，请依次选择"文件 > 选项"，在"选项"对话框中单击"加载项"，选择"Acrobat PDFMaker Office COM Addin"，然后重启 Microsoft Office 程序即可。

如图 7-1 所示，在 Windows 系统中，Acrobat 为 Word、PowerPoint、Excel 安装的按钮和命令大致相同，但是不同程序之间还是有一些不同。

如图 7-2 所示，在 Mac OS 中，Word 的 Acrobat 选项卡中的 Acrobat PDFMaker 只有两个按钮，即"创建 PDF"与"首选项"。而 PowerPoint 的 Acrobat 选项卡中的 Acrobat PDFMaker 只有一个按

钮，即"创建 PDF"。

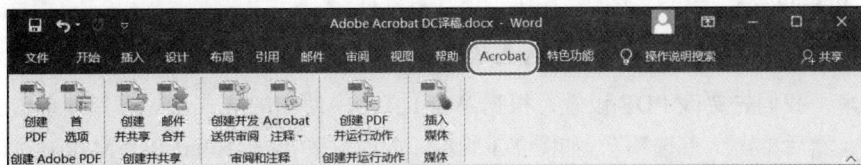

图7-1

图7-2

7.3 把 Microsoft Word 文档转换成 Adobe PDF 文档（仅适用于 Windows 系统）

Microsoft Word 是人们常用的一款文字编辑软件，借助它，我们可以轻松创建各种类型的文档。通常，一个 Word 文档中会包含文本样式、超链接，还有可能包含一些审阅过程中添加的注释。在 Windows 系统中，基于 Word 文档创建 Adobe PDF 文档时，你可以把带有特定 Word 样式的文本（如标题）转换成 Acrobat 书签，而且也可以把 Word 注释转换成 Acrobat 注释。在把 Word 文档转换成 PDF 时，其中包含的超链接会被保留下来，并且转换后得到的 Adobe PDF 文档看上去与 Word 文档一模一样，且功能保持不变，但最大的不同是：无论用户使用的是什么操作系统，无论是否安装了 Word 程序，他们都能正常访问 Adobe PDF 文档。基于 Word 文档创建的 PDF 文档也可以添加书签，这不仅能大大提升文档的可访问性，还大大方便了文档内容的重用。

> 提示：如果你是 Acrobat 或 Creative Cloud 的付费用户，那么可以在平板电脑或手机上使用 Acrobat DCApp 把 Microsoft Office 文件导出为 PDF 文档。

7.3.1 把 Word 文档的标题和样式转换为 PDF 书签

如果你的 Word 文档中包含标题和样式，并且你想把它们转换成 Adobe PDF 文档中带链接的书签，那么你必须在 Acrobat PDFMaker 对话框中把这些标题和样式指出来。（Word 文档中的标题 1 到标题 9 样式会被自动转换。）下面我们将把一份工作文档（该文档使用自定义样式格式化）转换成 Adobe PDF 文档。创建 Adobe PDF 文档时，我们必须确保 Word 文档中使用的样式能够被正确地转换成 PDF 文档中带链接的书签。

1. 启动 Microsoft Word。

2. 从菜单栏中依次选择"文件 > 打开"，在"打开"对话框中，转到 Lesson07/Assets 文件夹下，双击 SOW draft.docx 文件，将其打开。然后，从菜单栏中依次选择"文件 > 另存为"，在"另存为"对话框中，转到 Lesson07/Finished_Projects 文件夹下，输入文件名 SOW draft_final.docx，单击"保存"按钮，保存文件。

3. 若文档是在"受保护的视图"模式下打开的，请单击"启用编辑"。

4. 接下来，我们先更改 PDF 设置，根据 Word 文档中使用的样式创建书签。单击 Acrobat 选项卡，然后单击"首选项"，如图 7-3 所示。此时，弹出 Acrobat PDFMaker 对话框，其中包含许多用来控制 PDF 转换的选项。在不同的 Microsoft 程序中，有不同的选项卡可用。在 Word 程序中，Acrobat PDFMaker 对话框包含 Word 和"书签"两个选项卡。

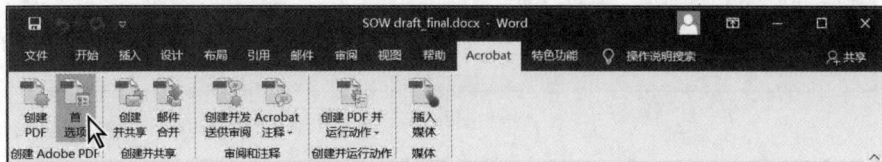

图7-3

5. 单击"书签"选项卡，勾选要转换为书签的样式。

6. 向下滚动列表，为以下每一种样式勾选书签选项：Second level、third level 和 Top level，如图 7-4 所示。这些就是我们要用来创建书签的样式。

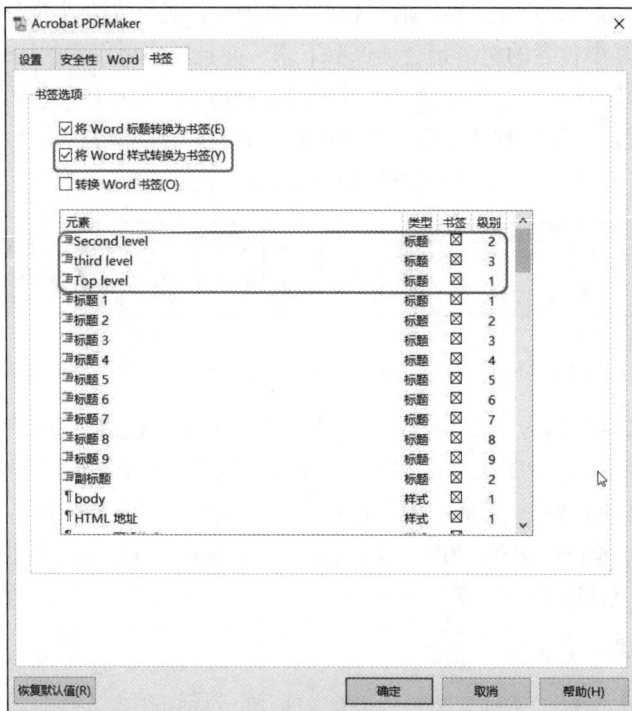

图7-4

请注意，Top level 的级别自动设置为 1，Second level 设置为 2，Third level 设置为 3。这些就是 PDF 书签的层次级别。若想更改某个样式的级别设置，请先单击级别数字，然后从弹出菜单中选择新级别。

请注意，你在"书签"选项卡中所做的设置仅会应用到 Word 文档的转换之中。

7.3.2 把 Word 批注转换成 PDF 附注

在把 Word 文档转换成 Adobe PDF 文档时，通过把 Word 文档中的注释转换成 PDF 附注，我们可以把 Word 文档中的注释保留下来。这里我们使用的 Word 文档中有两个注释需要在 PDF 中保留下来。

1. 如图 7-5 所示，在 Acrobat PDFMaker 对话框中单击 Word 选项卡，勾选"将显示的批注转换为 Adobe PDF 附注"。"注释"选项组中显示的是与注释有关的信息，请确保在"包含"一栏中选择了相应的复选框。

2. 若想更改 Adobe PDF 文档中"注释"的颜色，请不断单击"颜色"一栏中的按钮，可用颜色会循环显示出来，这里我们选择蓝色。

3. 要使附注在 PDF 文档中自动打开，请勾选"附注打开"复选框。不论何时，你总是可以随时关闭 PDF 文档中的附注。

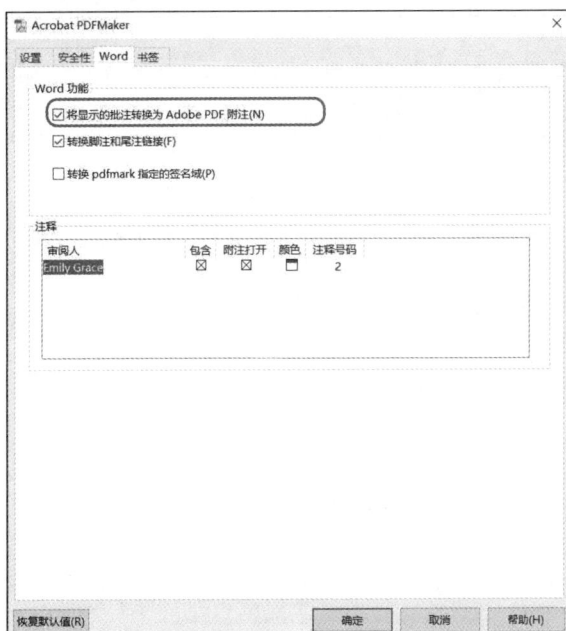

图7-5

请注意，你在 Word 选项卡中所做的更改仅适用于转换 Word 文档。

7.3.3　指定转换设置

在 Windows 系统中，每一个 Microsoft Office 程序中的 PDFMaker 都有"设置"选项卡，在其中你可以设置转换选项，从而控制 PDF 文档的创建方式。大多数情况下，预定义的设置文件（预设）就能满足需要。不过，如果你想自定义转换设置，请单击"高级设置"，然后为你的文件做相应的设置即可。

下面我们使用标准设置文件转换 Word 文档。

1. 单击"设置"选项卡。

2. 从"转换设置"菜单中选择"标准"。

3. 勾选"查看 Adobe PDF 结果"。勾选该复选框后，一旦转换完成，Acrobat 就会自动显示已经创建好的 Adobe PDF 文档。

4. 勾选"创建书签"。

5. 勾选"为加标签的 PDF 启用辅助工具和重排"。添加了标签的 PDF 文档的访问性更好。关于如何增强 PDF 文档的可访问性，请参考第 3 课"阅读与使用 PDF 文档"。

6. 如图 7-6 所示，勾选"附加源文件"，把 Word 文档附加到 PDF 文档中。如果你希望用户打开源文件以进行编辑，请勾选该复选框。

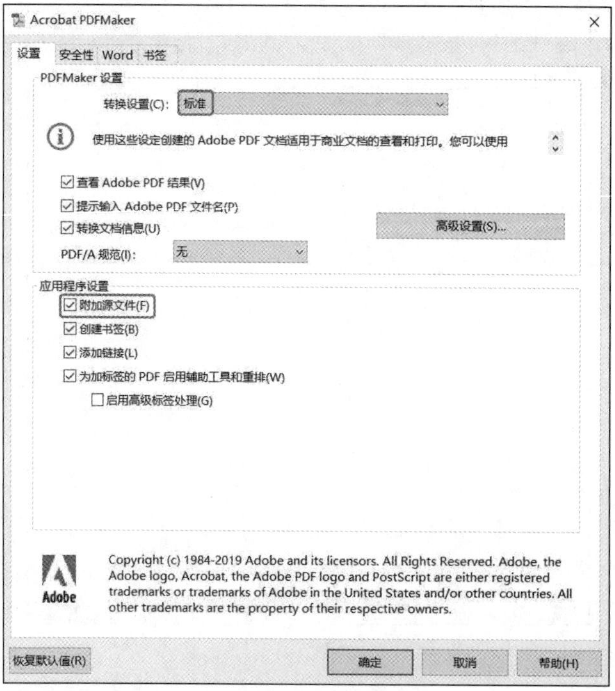

图7-6

7. 单击"确定"按钮，使设置生效。

8. 从菜单栏中依次选择"文件 > 保存"，保存上面所做的修改。

7.3.4 转换 Word 文档

前面我们指定了转换设置，接下来，我们该把 Word 文档转换成 Adobe PDF 文档了。

1. 如图 7-7 所示，在 Acrobat 选项卡中单击"创建 PDF"按钮。

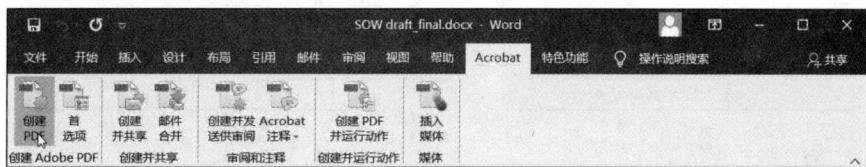

图7-7

2. 在"另存 Adobe PDF 为"对话框中，转到 Lesson07/Finished_Projects 文件夹下，输入文件名 SOW draft.pdf，勾选"查看结果"，单击"保存"按钮。PDFMaker 开始把 Word 文档转换为 Adobe PDF，转换状态将显示在 Acrobat PDFMaker 消息框中。转换完成后，Acrobat 会自动打开转换好的 PDF 文档。请注意，Word 文档中的批注转换成了 Adobe PDF 附注。

3. 拖动滚动条，找到第一个附注。阅读附注内容，然后单击附注框右上角的"关闭"按钮（见图 7-8）。

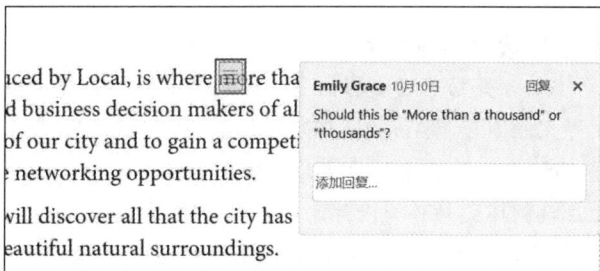

图7-8

4. 如图 7-9 所示，在"导览"窗格中单击"书签"按钮（📑），查看 PDFMaker 自动创建的书签。在 Acrobat DC 中，当在"导览"窗格中选择一个书签时，将直接跳转到相应标题处，而非包含标题的页面顶部。

5. 如图 7-10 所示，在"导览"窗格中单击"附件"按钮（📎），检查原始 Word 文档是否被正常添加上了。

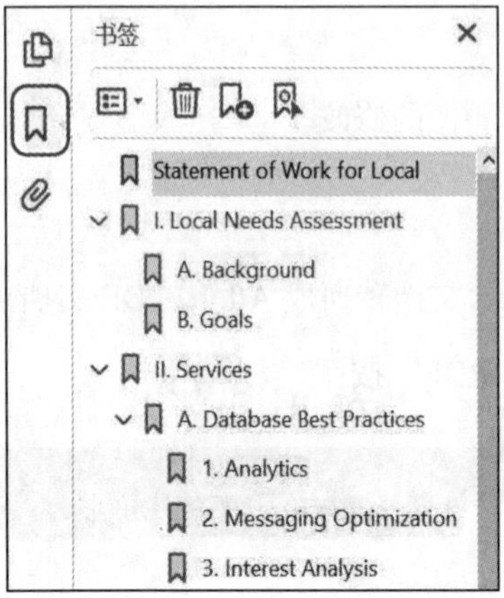

图7-9

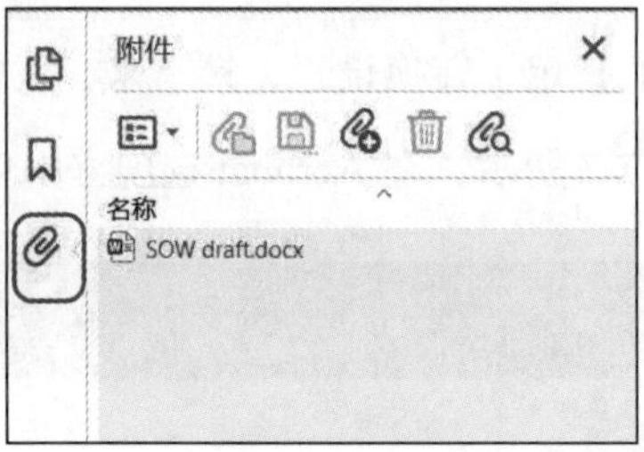

图7-10

6. 浏览完毕后，关闭 PDF 文档。

7. 从菜单栏中依次选择"文件 > 退出应用程序"，退出 Acrobat。

8. 退出 Microsoft Word。

> 提示：如果你只想使用当前 PDFMaker 转换设置把 Microsoft Office 文件转换成 Adobe PDF，那么你可以直接把 Office 文件拖动到桌面中的 Acrobat DC 图标上，或者 Acrobat 工作区中的空白文档窗口中。

使用Word邮件合并模板创建Adobe PDF文档

使用Word邮件中的合并功能可以轻松生成格式化信件（其中包含收件人的姓名、地址等个人信息）等文档。借助Acrobat PDFMaker，你可以使用Word邮件合并模板和相应的数据文件直接把邮件合并文档导出为PDF。你甚至还可以设置PDFMaker，在PDF创建过程中把这些PDF文档作为附件添加到邮件中。在Acrobat选项卡中单击"邮件合并"按钮，启动合并操作。更多内容，请阅读Adobe Acrobat DC帮助文档。

7.4 把 Word 文档转换为 PDF 文档（仅适用于 Mac OS）

在 Mac OS 中，使用 Word 中的 Acrobat 选项卡，可以快速把 Microsoft Word 2016（或后续版本）文档转换成 PDF 文档。Acrobat 选项卡中的"创建 PDF"按钮使用"创建 Adobe PDF"云服务来转换文件，而要使用这项服务，你的计算机必须连接互联网，并使用自己的账号登录 Acrobat。

Acrobat 使用文档的当前页面设置进行转换。若 Word 文档中包含注释（即使当前在 Word 中不可见），这些注释仍会被添加到 PDF 文档中。如果你不想把注释添加到 PDF 文档中，请在创建 PDF 之前把注释从 Word 文档中删除。

1. 启动 Microsoft Word。

2. 单击"打开"按钮，或者选择"文件 > 打开"，然后转到 Lesson07/Assets 文件夹下，双击 SOW draft.docx 文件。选择"文件 > 另存为"，把保存位置指定为 Lesson07/Finished_ Projects 文件夹，输入文件名 SOW draft_final.docx，单击"保存"按钮。

3. 单击 Acrobat 选项卡，将其打开。

4. 如图 7-11 所示，在 Acrobat 选项卡中单击"首选项"。此时，弹出"Acrobat Create PDF 设置"对话框。如图 7-12 所示，勾选"使用 Adobe Create PDF 云服务的提示"，这样当你在 Acrobat 选项卡中单击"创建 PDF"时，Acrobat 会主动询问你是否使用 Adobe Create PDF 云服务。

图7-11

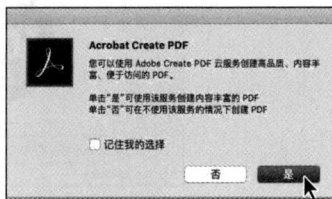

图7-12

5. 单击"确定"按钮，关闭对话框。

6. 选择"文件 > 页面设置"，查看 Acrobat 要使用的页面设置。单击"好"按钮，确认使用该页面设置。

7. 若对文档做过改动，请保存文档。

8. 如图 7-13 所示，在 Acrobat 选项卡中单击"创建 PDF"。弹出提示框，单击"是"（见图 7-14），使用 Adobe Create PDF 云服务。Acrobat 开始转换文档，完成后在 Acrobat 中打开转换好的文档。

图7-13

图7-14

9. 关闭 PDF 文档，退出 Word。

7.5 转换 Excel 电子表格（仅适用于 Windows 系统）

在 Windows 系统中，把 Excel 文档转换成 PDF 文档时，你可以轻松地选择与指定要转换的工作表的顺序，还可以保留所有链接、创建书签等。下面我们先指定转换设置，然后把一个 Excel 文档转换成 Adobe PDF 文档。

7.5.1 转换整个工作簿

在进行 Excel 文档转换时，你可以选择转换整个工作簿、部分工作簿或选定的工作表。下面介绍转换整个工作簿的步骤。

1. 启动 Microsoft Excel。

2. 单击"打开其他工作簿"，或者选择"文件 > 打开"，转到 Lesson07/Assets 文件夹下，双击 Financials.xlsx 文件。然后选择"文件 > 另存为"，转到 Lesson07/Finished_Projects 文件夹下，输入文件名 Financials_final.xlsx，单击"保存"按钮。

3. 若文件是在"受保护的视图"模式下打开的，请单击"启用编辑"。这个 Excel 文档包含两个工作表：第一个工作表列出了工程造价；第二个工作表列出了生产成本。

4. 接下来，我们将转换两个工作表，并把它们添加到 PDF 中。先更改一下 PDF 转换设置。单击 Acrobat 选项卡，将其打开。

5. 如图 7-15 所示，在 Acrobat 选项卡中单击"首选项"。

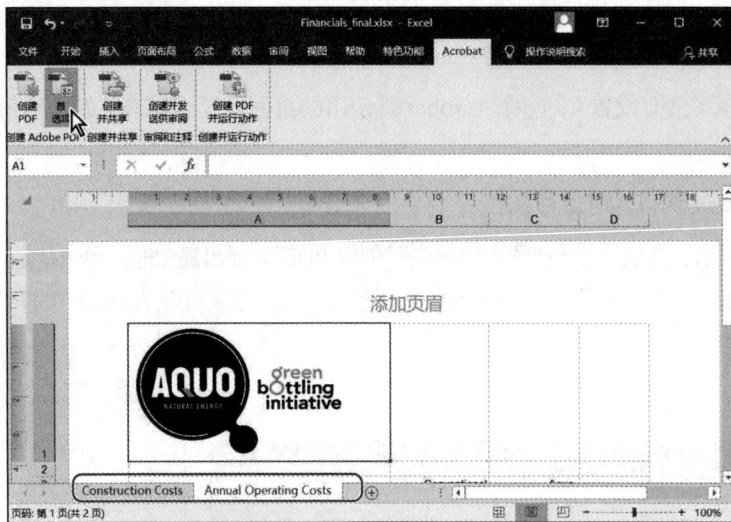

图7-15

6. 如图 7-16 所示，在 Acrobat PDFMaker 对话框中单击"设置"选项卡，从"转换设置"菜单中选择"最小文件大小"，以便我们把转换后的 PDF 文档通过电子邮件发送出去。

7. 勾选"使工作表显示在单页上"复选框。

8. 勾选"为加标签的 PDF 启用辅助工具和重排"复选框。这样当创建带标签的 PDF 时，你可以更容易地把 PDF 文档中的表格数据复制到电子表格应用程序中。此外，创建带标签的 PDF 也有助于提升文档的可访问性。

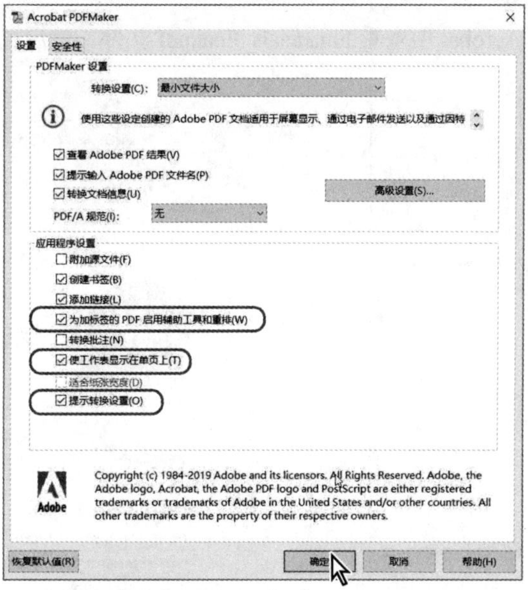

图7-16

9. 勾选"提示转换设置"复选框，这样当文档开始转换时会弹出一个对话框，以便你指定要转换的工作表以及转换顺序。在把 Excel 文档转换为 PDF 文档时，PDFMaker 会一直使用这些转换设置，除非你再次更改它们。

10. 单击"确定"按钮，应用设置。

在 Acrobat 中，你可以把一个超大尺寸的工作表转换成一个 PDF 文档（宽度与工作表宽度相同，长度有好几个工作表那么长）。在 Acrobat PDFMaker 对话框的"设置"选项卡中，"使工作表显示在单页上"选项可调整每个工作表的大小，使工作表中的所有条目都显示在 PDF 文档的同一页中；"适合纸张宽度"选项会调整每个工作表的宽度，使工作表中的所有列显示在 PDF 文档的同一页中。

7.5.2　创建 PDF 文档

下面我们将把整个 Excel 工作簿转换成一个 PDF 文档。转换时，PDFMaker 会使用你前面指定的设置。

1. 在 Acrobat 选项卡中单击"创建 PDF"按钮。

2. 如图 7-17 所示，在 Acrobat PDFMaker 对话框的"转换范围"中选择"整个工作簿"。在"转换范围"中，你可以选择"整个工作簿""选定的内容""工作表"。

3. 单击"转换为 PDF"按钮。

4. 在"另存 Adobe PDF 文件为"对话框中，转到 Lesson07/Finished_Projects 文件夹下，输入文件名 Financials_final.pdf，单击"保存"按钮。若在"另存 Adobe PDF 文件为"对话框中勾选了"查看结果"复选框，转换完成后，Acrobat 会自动打开转换好的 PDF 文档。

5. 如图 7-18 所示，在 Acrobat 中查看 Financials_final.pdf 文件，然后关闭 PDF 文档与 Excel 程序。

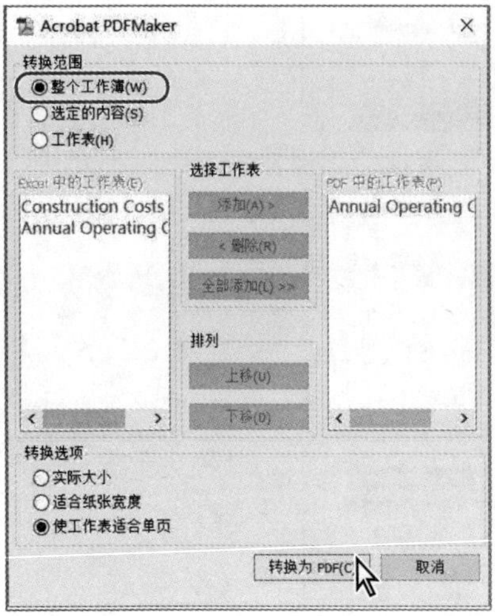

图7-17

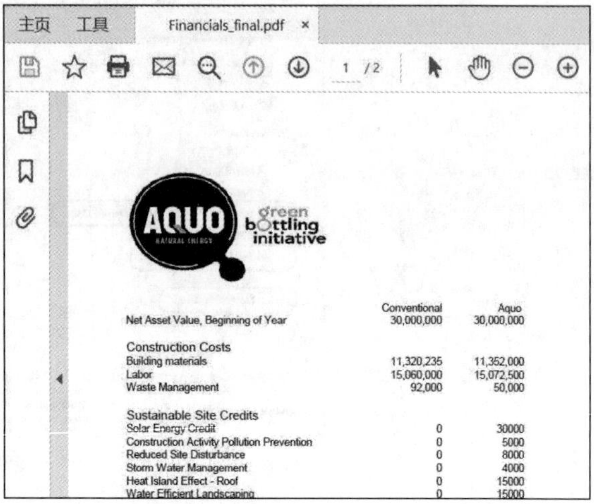

图7-18

7.6 转换 Excel 电子表格（仅适用于 Mac OS）

Mac OS 版的 Microsoft Excel 中没有 Acrobat 选项卡，但是你可以在 Acrobat DC 中把 Excel 电子表格快速转换成 PDF 文档。Acrobat 会使用 Excel 中当前的页面设置转换文档。由于 Acrobat 使用的是 Create Adobe PDF 云服务来转换文档，所以你必须连接到互联网，并且登录 Acrobat，这样才能使用转换功能。

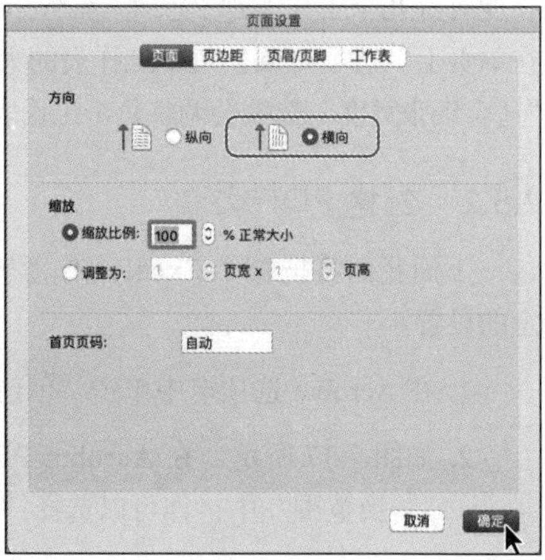

1. 启动 Microsoft Excel。

2. 在 Excel 中单击"打开"，或者选择"文件 > 打开"，转到 Lesson07/Assets 文件夹下，双击 Financials.xlsx 文件。然后选择"文件 > 另存为"，转到 Lesson07/Finished_Projects 文件夹下，输入文件名 Financials_final.xlsx，单击"保存"按钮。

3. 如图 7-19 所示，选择"文件 > 页面设置"，在"页面"选项卡的"方向"选项组中选择"横向"，然后单击"确定"按钮。

4. 选择"文件 > 保存"，保存所做更改。

图7-19

5. 打开 Acrobat，从菜单栏中依次选择"文件 > 创建 > 从文件创建 PDF"。

6. 在"打开"对话框中，转到 Lesson07/Finished Projects 文件夹下，双击 Financials_final.xlsx 文件。Acrobat 会把文件上传到 Document Cloud 并进行转换。转换完成后，在 Acrobat 中打开转换好的文件。

7. 浏览文档。

8. 关闭 PDF 文档，退出 Excel。

7.7 使用电子表格拆分视图

无论是在 Windows 系统中还是在 Mac OS 中转换 Excel 工作表，使用电子表格时，经常需要让行标题或列标题保持不动，以保证在上下滚动或左右滚动时行标题和列标题都是可见的。为此，我们可以使用 Acrobat 中的"电子表格拆分"命令来实现这一点。

1. 在 Acrobat 中依次选择"文件 > 打开"，转到 Lesson07/Assets 文件夹下，打开 GE_Schedule. pdf 文件。当把视图设置为"缩放到页面级别"时，这个工作安排表不太方便在屏幕上阅读，因为里面的文字太小了。

2. 我们可以使用"电子表格拆分"命令仔细地查看某些数据。先来更改页面视图。从菜单栏中依次选择"窗口 > 电子表格拆分"，把文档窗口拆分成 4 个小窗格，如图 7-20 所示。你可以上下左右拖动拆分条，调整各个窗格的大小。在电子表格拆分视图下，调整缩放级别会同时更改 4 个窗格中内容的缩放比例。（在拆分视图中，2 个窗格中内容的缩放比例可以不一样。）

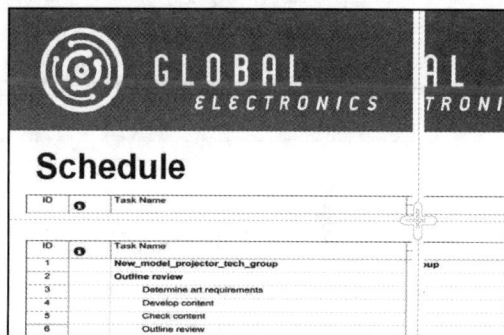

图7-20

3. 拖动垂直拆分条，让"任务名称"刚好填满左侧窗格。

4. 拖动水平拆分条，使其刚好位于列标题之下。

5. 使用垂直滚动条向下滚动到不同任务。由于列标题始终可见，所以很容易知道每项任务的日程安排。

6. 了解完电子表格拆分视图后，关闭 GE_Schedule.pdf 文件，不保存任何修改。

7.8 转换 PowerPoint 演示文稿（仅适用于 Windows 系统）

类似于转换 Microsoft Word 文档，你可以轻松地把 Microsoft PowerPoint 演示文稿转换成 PDF。转换之前，我们可以做多项设置把演示文稿的外观保留下来。下面我们来转换一个简单的演示文稿，并将其切换效果保留下来。

1. 启动 Microsoft PowerPoint。根据你使用的 PowerPoint 版本，单击"打开"或者选择"文件 >
打开"，转到 Lesson07/Assets 文件夹下，双击 Projector Setup.pptx 文件，将其打开。这个演
示文稿中应用了一个"推入"切换效果。

2. 若演示文稿是在受保护的视图模式下打开的，请单击"启用编辑"。

3. 如图 7-21 所示，单击 Acrobat 选项卡，将其打开。

图7-21

4. 在 Acrobat 选项卡中单击"首选项"。

5. 如图 7-22 所示，在 Acrobat PDFMaker 对话框中选择"设置"选项卡，然后在"应用程序设
置"区域勾选"转换多媒体"和"保留幻灯片切换"复选框，同时在"PDFMaker 设置"选
项组中勾选"查看 Adobe PDF 结果"复选框。

6. 单击"确定"按钮。你还可以根据需要在 Acrobat PDFMaker 对话框的"设置"选项卡中勾
选其他选项，如"转换演讲者备注""将隐藏的幻灯片转换为 PDF 页面"。

7. 在 Acrobat 选项卡中单击"创建 PDF"，在"另存 Adobe PDF 文件为"对话框中，转到
Lesson07/Final_Projects 文件夹下，输入文件名 Projector Setup_final.pdf，然后单击"保存"
按钮。转换完成后，Acrobat 会自动打开转换好的 PDF 文档。

8. 在 Acrobat 中选择"视图 > 全屏模式"，然后按箭头键翻页，可以看到"推入"切换效果
在 PDF 文档中得到了保留（见图 7-23）。按 Esc 键，退出全屏模式，然后关闭 PDF 文档和
PowerPoint。

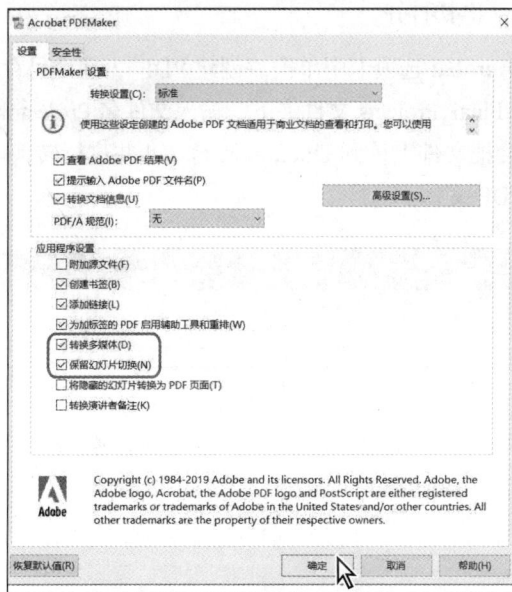

图7-22

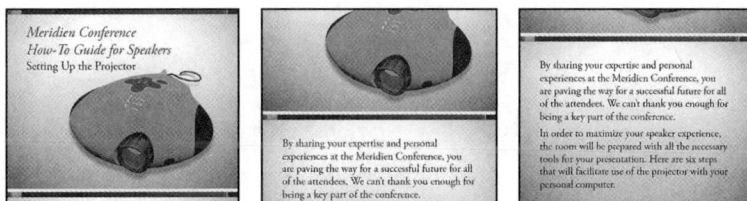

图7-23

7.9 转换 PowerPoint 演示文稿（仅适用于 Mac OS）

在 Mac OS 版的 Acrobat DC 中，你可以把 Microsoft PowerPoint 演示文稿转换成 PDF 文档，方法与转换 Word 文档相同。Acrobat 会使用 PowerPoint 中的当前页面设置来转换文档。由于 Acrobat 使用的是 Create Adobe PDF 云服务来转换文档，所以你必须连接到互联网，并且登录 Acrobat，这样才能使用转换功能。

1. 启动 Microsoft PowerPoint。

2. 在 PowerPoint 中选择"文件 > 打开"，转到 Lesson07/Assets 文件夹下，双击 Projector Setup.pptx 文件，将其打开。然后选择"文件 > 另存为"，转到 Lesson07/ Finished_Projects 文件夹下，输入文件名 Projector Setup_final.pptx，单击"保存"按钮。

3. 选择"文件 > 页面设置"，确保设置符合需要，然后单击"确定"按钮，关闭对话框。

4. 若修改了演示文稿，可选择"文件 > 保存"，保存所做的修改。

5. 单击 Acrobat 选项卡，将其打开。

6. 如图 7-24 所示，在 Acrobat 选项卡中单击"创建 PDF"，在"另存 Adobe PDF 文件为"对话框中，转到 Lesson07/Final_Projects 文件夹下，输入文件名 Projector Setup_final.pdf，单击"保存"按钮。Acrobat 会把文件上传到 Document Cloud 并进行转换。转换完成后，Acrobat 会自动打开转换好的 PDF 文档。

图7-24

7. 浏览文档。

8. 关闭 PDF 文档，退出 PowerPoint。

7.10 复习题

1. 在 Windows 系统中，使用 PDFMaker 把 Word 文档转换成 Adobe PDF 文档时，如何把 Word 样式和标题转换成 Acrobat 书签？

2. 在 Acrobat 中浏览电子表格时，如何确保列标题总是可见的？

3. 在 Windows 系统中把 PowerPoint 演示文稿保存成 PDF 时，如何把演示文稿中的切换效果保留下来？

4. 在 Mac OS 中，如何快速地把 Excel 文档转换成 PDF 文档？

7.11 复习题答案

1. 如果你想在 Windows 系统中把 Word 文档中的标题、样式转换成 PDF 中的书签，请在 Word 中的 Acrobat PDFMaker 对话框中选择它们。在 Microsoft Word 中，单击 Acrobat 选项卡中的"首选项"（在早期 Word 版本中，请依次选择"Adobe PDF> 更改转换设置"），单击"书签"选项卡，勾选"将 Word 标题转换为书签"和"将 Word 样式转换为书签"两个复选框。

2. 若想在浏览电子表格时总是显示列标题，请依次选择"窗口 > 电子表格拆分"。这个命令会把文档窗口拆分为 4 个小窗格。拖动各个拆分条，把它们移动到指定位置，然后浏览各行即可。

3. 在 Windows 系统中，当把 PowerPoint 演示文稿转换为 PDF 文档时，我们可以把演示文稿中的切换效果保留下来。为此，需要在 Acrobat 选项卡中单击"首选项"（在早期 PowerPoint 版本中，依次选择"Adobe PDF> 更改转换设置"），然后勾选"保留幻灯片切换"。PDFMaker 会一直使用这些设置，除非你再次更改这些设置。

4. 在 Mac OS 中，使用 Create Adobe PDF 云服务可以快速地把 Excel 文档转换成 PDF 文档，但你必须先连接到互联网，且登录 Acrobat。准备好待转换的 Excel 文档后，在 Acrobat 中依次选择"文件 > 创建 > 从文件创建 PDF"，双击待转换的 Excel 文档即可。

第**8**课 合并文件

课程概览

本课学习内容如下。

- 轻松快捷地把不同类型的文件合并成一个 PDF 文档。

- 把独立页面添加到合并后的 PDF 文档中。

- 自定义合并后的 PDF 文档。

- 把文件合并成 PDF 包（仅适用于 Acrobat Pro）。

学完本课大约需要 45 分钟。开始学习之前，请先前往"数艺设"网站下载本课项目文件。请注意，学习过程中，原始项目文件会被覆盖掉。如果你想保留原始项目文件，请在使用项目文件之前进行备份。

在 Acrobat DC 中，你可以轻松地把多个同种类型或不同类型的文件合并成一个 PDF 文档，甚至还可以从每个文档中选择部分页面合并在一起。

8.1 合并文件简介

在 Acrobat DC 中，你可以把多个文件合并成一个 PDF 文档。这些文件可以是不同的格式，由不同的应用程序创建。只要你的计算机中安装了支持本地文件格式的应用程序，你就可以把它们转换成 PDF。例如，你可以把某一个项目的所有文件（如文本文档、电子邮件、电子表格、CAD 图纸、PowerPoint 演示文稿）全部合并在一起。合并文件时，你可以从每个文件中选择特定页面，然后重排它们的顺序。Acrobat 会把每一个页面转换成 PDF，然后再合并成一个 PDF 文档。

如果你使用的是 Acrobat DC Pro，你还可以把文件合并成一个 PDF 包。PDF 包中的文件不必转换成 PDF，它们仍然保留着原有格式，但是被组合成了一个统一文档。更多相关内容，请阅读本课后面的"创建 PDF 包"相关内容。

8.2 选择要合并的文件

本课我们要合成一个 PDF 文档，其中包含一家饮料公司召开董事会所需的一些文件，包括若干 PDF 文档、一个 Logo、一个 Microsoft Word 文档、一个 Microsoft Excel 电子表格。合并时，你可以选择把每个文档的部分或全部页面合并到 PDF 文档中。

> 注意：Acrobat 需要你的计算机中安装了文件的创建应用程序，这样才能顺利地把文件转换成 PDF。例如，如果你的计算机中未安装 Word 或 Excel，你就无法把 Word 或 Excel 文档合并到 PDF 中。遇到这种情况时，你可以放弃这些文档，而只把其他文档合并到 PDF 中。

8.2.1 添加文件

先选择要合并到 PDF 文档中的文件。

1. 启动 Acrobat。

2. 单击"工具"选项卡。

3. 如图 8-1 所示，单击工具面板的"创建和编辑"选项组中的"合并文件"按钮，打开"合并文件"工具。

4. 如图 8-2 所示，单击"添加文件"。

5. 在"添加文件"对话框中，转到 Lesson08/Assets 文件夹。Assets 文件夹中包含有一个 GIF 文件、一个 Excel 电子表格、一个 Word 文档，以及若干 PDF 文档。

6. 选择 Aquo_Bottle.pdf 文件，然后按住 Shift 键，单击 Logo.gif 文件，同时选中如下文件（见图 8-3），然后单击"打开"（Windows 系统）或"添加文件"（Mac OS）。

图8-1

图8-2

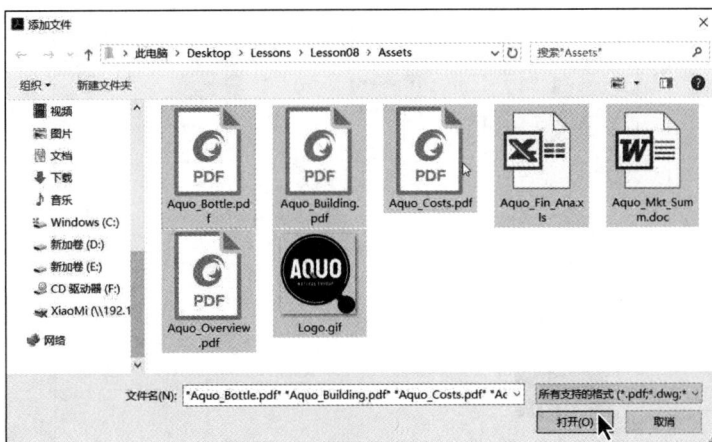

图8-3

- Aquo_Bottle.pdf。

- Aquo_Building.pdf。

- Aquo_Costs.pdf。

- Aquo_Fin_Ana.xls。

- Aquo_Mkt_Summ.doc。

- Aquo_Overview.pdf。

- Logo.gif。

如果你的计算机中未安装转换文档所需要的软件，那么你将无法选中它们。

8.2.2　浏览文件

Acrobat 会在"合并文件"对话框中显示每个选中文件的缩略图。你可以通过这些缩略图来预览文件、选择要转换的页面、删除文件，以及重排它们在最终文档中的顺序。

> **注意**：在 Mac OS 中，当你选择某个文件时，其创建程序（如 Microsoft Word、Excel、PowerPoint 等）可能会自动打开；Acrobat 会使用创建程序来创建显示在"合并文件"对话框中的缩略图。

1. 选择 Aquo_Bottle.pdf 缩略图。

2. 把鼠标指针移动到缩略图上时，Acrobat 会自动显示出文件名、尺寸、修改日期、页数等信息，如图 8-4 所示。

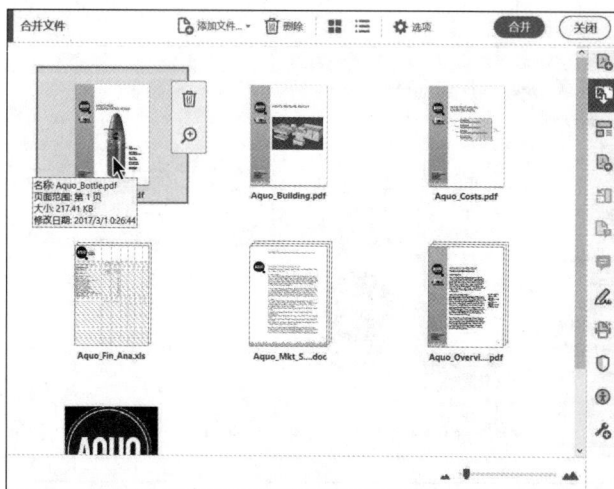

图8-4

3. 如图 8-5 所示，单击缩略图上的"放大镜"按钮，放大到整个页面。

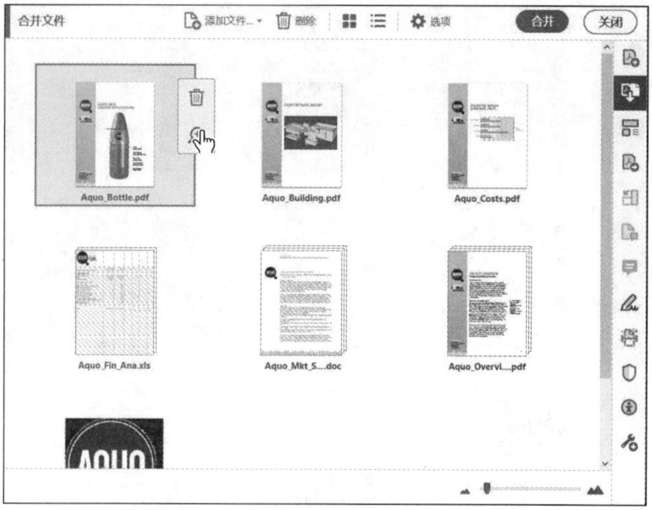

图8-5

4. 在预览页面外部的对话框区域中单击任意一个位置（见图 8-6），关闭预览页面。

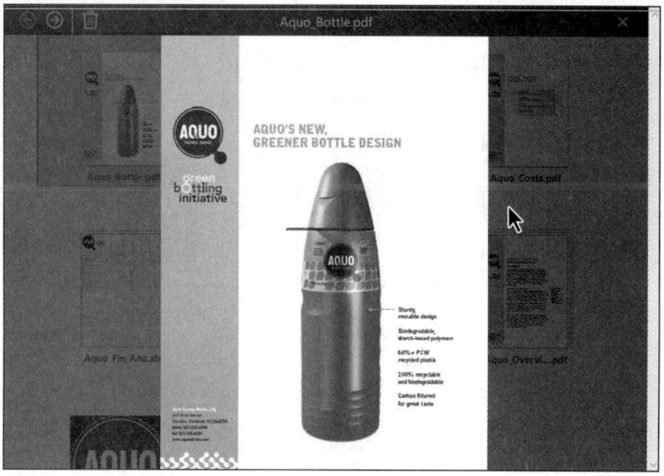

图8-6

5. 如图 8-7 所示，把鼠标指针移动到 Aquo_Overview.pdf 缩略图上，单击"展开 3 页"按钮（双头箭头），查看文档中的每一页。你可以单独预览每个页面、重新编排它们的顺序，或者把它们从合并的 PDF 文档中删除。

6. 如图 8-8 所示，选择 Aquo_Overview.pdf 文件中第 3 页的缩略图，然后在弹出的工具栏中单击"删除"按钮（🗑）。此时，文档中只剩下两页内容。

7. 如图 8-9 所示，在 Aquo_Overview.pdf 缩略图上单击"折叠文档"按钮（双内指箭头），把文档折叠成单缩略图形式。

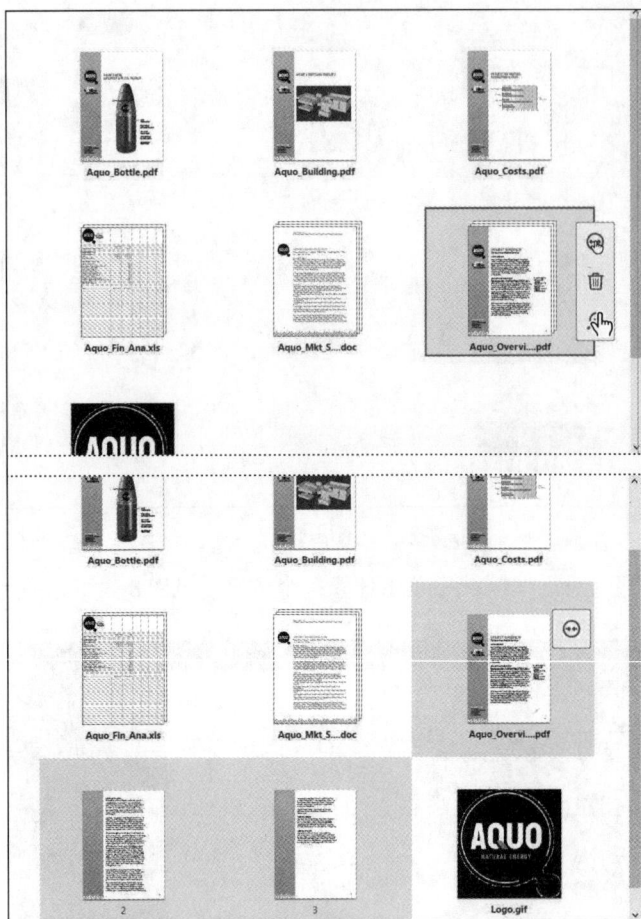

图8-7

图8-8

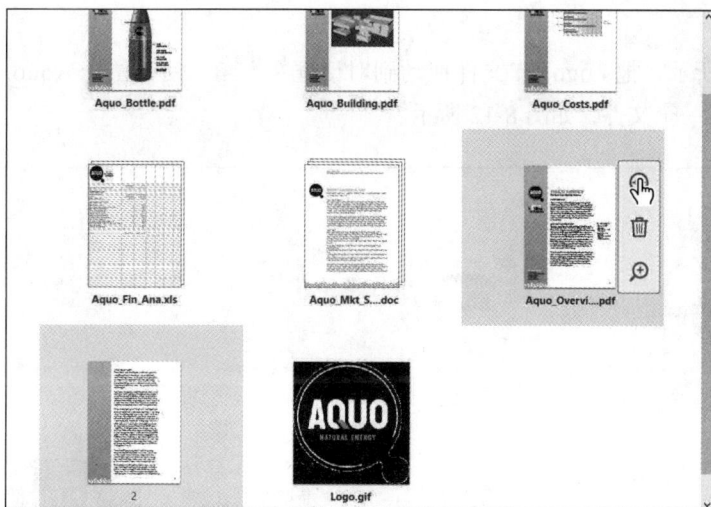

图8-9

8. 如图 8-10 所示，把鼠标指针移动到 Aquo_Fin_Ana.xls 文件上，然后单击"展开 2 页"按钮，查看其中包含的两个工作表。

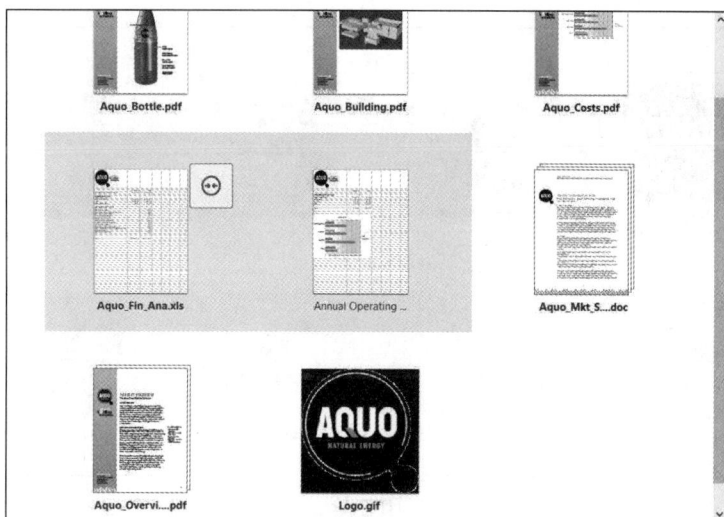

图8-10

> **注意**：如果你无法把 Aquo_Fin_Ana.xls 文件添加到"合并文件"对话框中，那么请跳过第 8 步。

8.3 编排页面

合并文件之前，你可以重新组织页面顺序。在"合并文件"对话框中，通过拖动缩略图即可重新编排页面顺序。

1. 如图 8-11 所示，把 Logo.gif 文件拖动到对话框左上角，使其位于 Aquo_Bottle.pdf 文件之前，成为第一个文件，如图 8-12 所示。

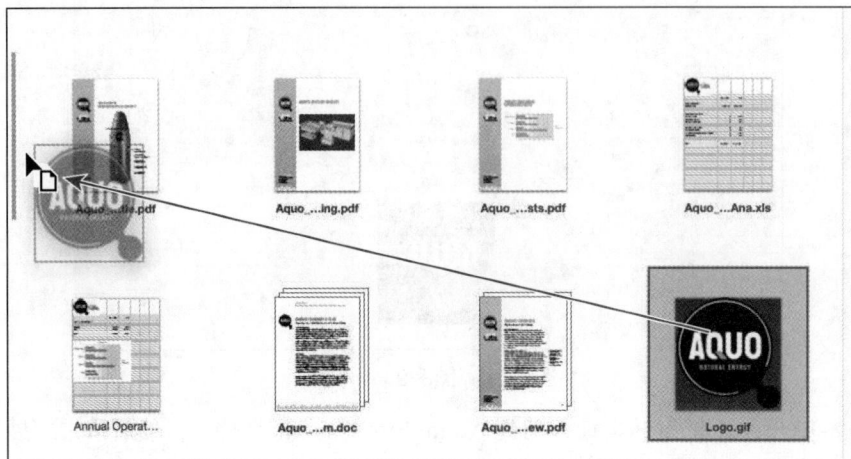

图8-11

图8-12

2. 拖动 Aquo_Fin_Ana.xls 文件中的第一个工作表，使其位于 Aquo_Mkt_Summ.doc 文件之后，如图 8-13 所示。你可以重新编排文件的顺序，或者文件中某些页面的顺序。

> **注意**：如果你无法添加 Aquo_Fin_Ana.xls 文件，请跳过第 2 步；同样，在你的计算机中，如果第 3 步中的文件无法正常显示在"合并文件"对话框中，请忽略这些文件。

3. 把所有展开的文件折叠起来，然后按照下面的顺序重新排列文件，如图 8-14 所示。

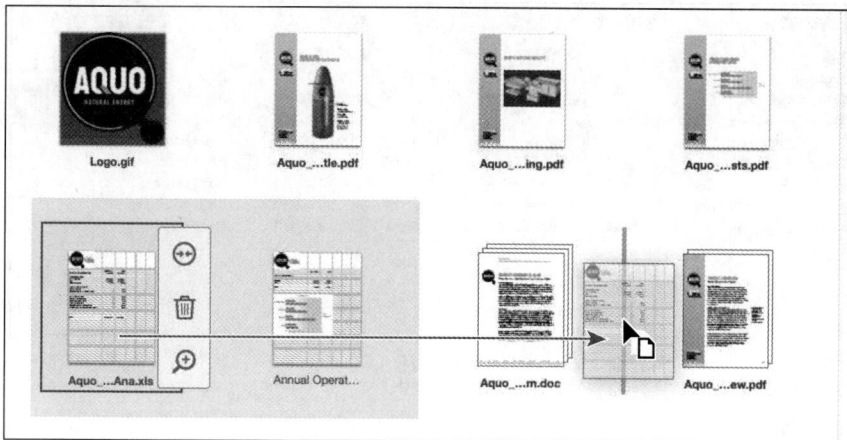

图8-13

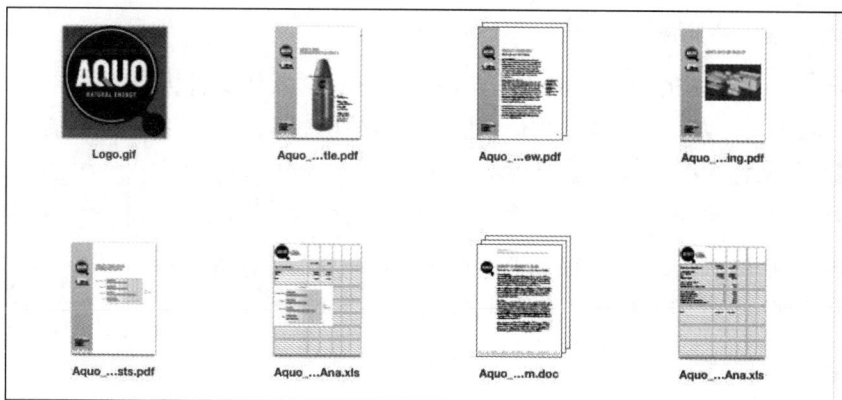

图8-14

- Logo.gif。

- Aquo_Bottle.pdf。

- Aquo_Overview.pdf。

- Aquo_Building.pdf。

- Aquo_Costs.pdf。

- Aquo_Fin_Ana.xls 文档的第二个工作表。

- Aquo_Mkt_Summ.doc。

- Aquo_Fin_Ana.xls 文档的第一个工作表。

4. 单击对话框顶部的"切换到列表视图",查看文件名称、大小、修改日期等信息,如图 8-15 所示。

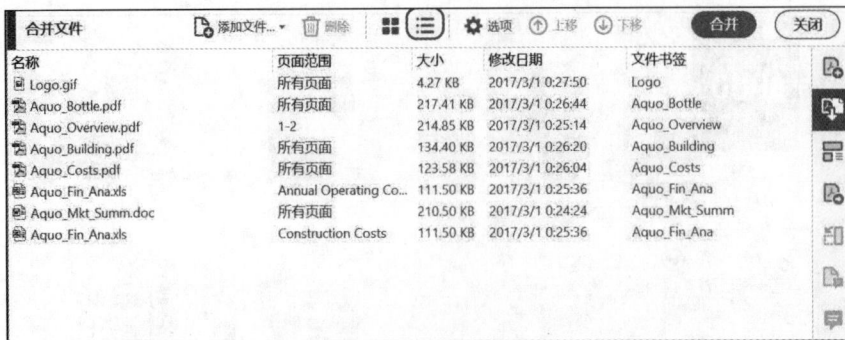

图8-15

8.3.1 合并文件

前面我们选好了想合并的页面，并重新编排了顺序，接下来该合并文件了。

1. 在"合并文件"对话框顶部单击"选项"按钮（ ⚙ ）。

2. 在"选项"对话框的"文件大小"选项组中选择"默认文件大小"。"较小文件大小"选项使用适合屏幕显示的压缩和分辨率设置。"默认文件大小"选项适用于创建用于商业印刷和屏幕浏览的 PDF 文档。"较大文件大小"选项使用高质量打印转换设置。

3. 如图 8-16 所示，勾选"总是添加书签到 Adobe PDF"复选框。勾选该复选框后，在转换和合并文件时，Acrobat 会自动为文件创建书签。

图8-16

4. 取消选择"另存为 PDF 包"复选框。这样，Acrobat 会把所有文件合并到一个 PDF 文档中。

5. 单击"确定"按钮，关闭"选项"对话框。

6. 如图 8-17 所示，单击"合并"按钮。在把各个文件转换成 PDF 时，Acrobat 会显示转换进度，转换完成后，再合并文件。请注意，转换期间，有些源文件的创建程序可能会随时打开或关闭。当 Acrobat 合并完文档之后，它会自动打开合并好的文件——组合 1.pdf。

图8-17

7. 如图 8-18 所示，在"导览"窗格中单击"书签"按钮（📑），查看 Acrobat 为文档创建好的书签。由于前面你把一个工作表单独从 Excel 文档移到了其他地方，所以那个文档在书签列表中包含了两次。在 Windows 系统中，Acrobat 会为单独的页面创建额外的书签，并把它们嵌入文件名的书签之下。根据文档的不同用途，有些时候你可能想编辑这些书签。

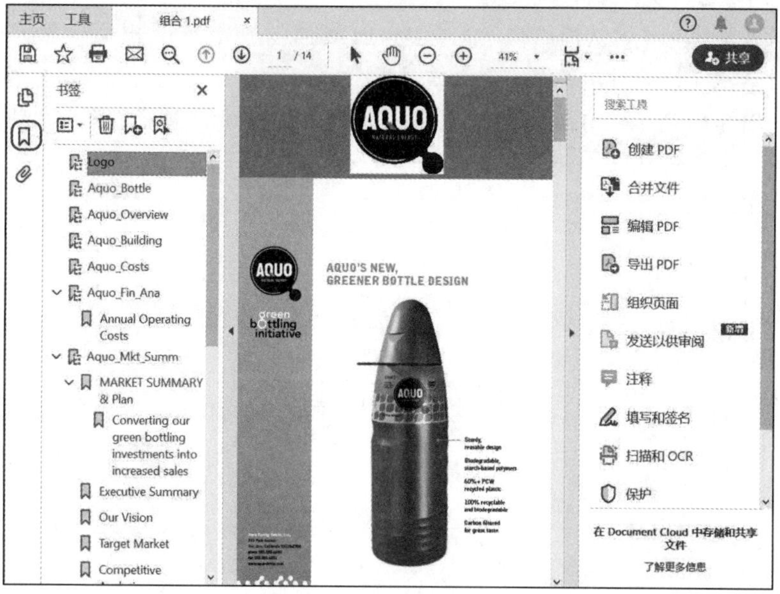

图8-18

8. 浏览文档，查看页面是否按照你指定的顺序排列。

9. 从菜单栏中依次选择"文件 > 另存为"，转到 Lesson08/Finished_Projects 文件夹下，输入名称 Aquo presentation，单击"保存"按钮。

10. 关闭 Aquo presentation.pdf 文件。

创建PDF包（仅适用于Acrobat DC Pro）

在Acrobat DC Pro中，你可以轻松地把不同类型的文件合并到一个PDF包中。而在这个过程中，我们并不需要把每个文件都转换成PDF。

相比于合并后的单个PDF文档或单独存储的本地文件，PDF包有如下一些优点。

- 你可以轻松地添加或删除子文档。
- 你可以快速地浏览子文件，而不必频繁地暂停、打开或保存对话框。
- 你可以单独编辑 PDF 包中的各个文件，且互不影响。你还可以使用源文件的创建程序编辑 PDF 包中的非 PDF 文档，所有修改都会被保存到 PDF 包对应的文档中。

- 你可以轻松搜索整个 PDF 包或各个子文档，包括非 PDF 格式的子文件。
- 你可以向现有 PDF 包中添加非 PDF 格式的文件，而且这些文件不必转换成 PDF 格式。

创建PDF包的步骤如下。

1. 从菜单栏中依次选择"文件 > 创建 >PDF 包"。此时，会出现"创建 PDF 包"对话框，这个对话框与"合并文件"对话框类似。

2. 如图 8-19 所示，单击对话框顶部的"添加文件"，然后选择"添加文件"命令。

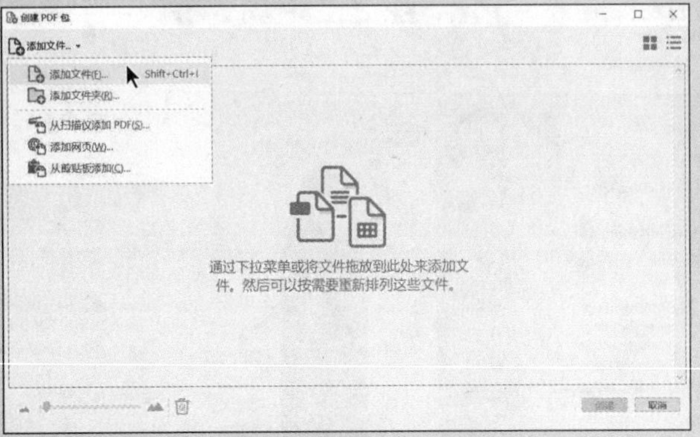

图8-19

3. 在"添加文件"对话框中选择你想添加的文件，然后单击"打开"（Windows 系统）或"添加文件"（Mac OS）按钮。

4. 根据你的需要调整文件在 PDF 包中的先后顺序。

5. 单击"创建"按钮。创建完成后，Acrobat 会自动打开创建好的 PDF 包（包 1.pdf），并在左侧"导览"窗格中列出该 PDF 包中的所有文件，如图 8-20 所示。查看 PDF 包中的某个子文件时，首先在左侧"导览"窗格中单击子文件缩略图，或者单击文档任务栏中的"转到上一个文件"与"转到下一个文件"按钮，找到要浏览的子文件，然后按键盘上的左右方向键翻页。

若在左侧"导览"窗格中选择了非PDF格式的文件，单击"打开文档"后，该文件将在其创建程序（如Microsoft Word）中打开。若选择的是PDF文档，单击"打开文档"后，将单独打开该PDF文档的一个副本。不管是PDF文档还是本地文档，你都可以从PDF包中把它们单独提取出来。提取文件时，先在PDF包中找到这个文档，然后从菜单栏中依次选择"文件>从包中提取文件"，在"提取文件"对话框中，输入文件名称，选择目标文件夹，最后单击"保存"按钮即可。

6. 从菜单栏中依次选择"文件 >PDF 包"。

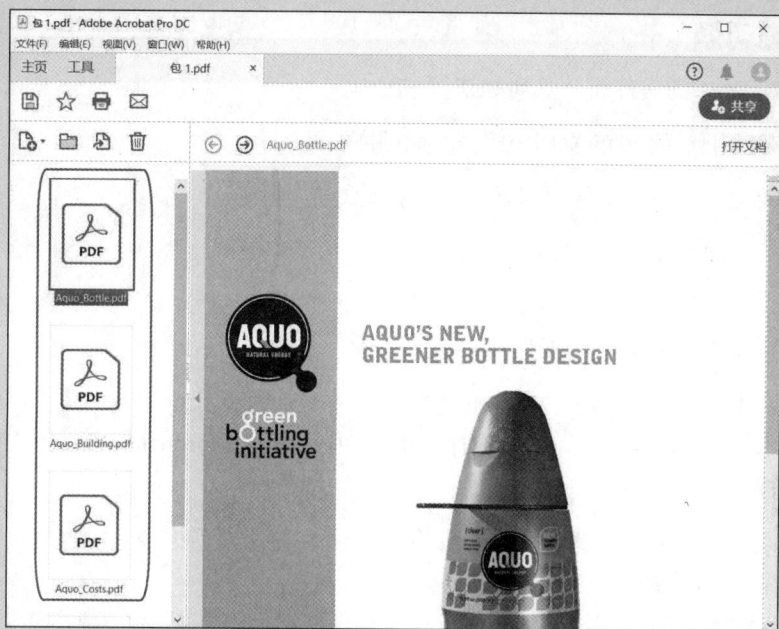

图8-20

7. 在"另存为 PDF"对话框中，选择保存位置，输入文件名称，然后单击"保存"按钮。

8.4 复习题

1. 非 PDF 格式的文件能合并到 PDF 文档中吗?

2. 如何在合并后的 PDF 文档中编排页面顺序?

3. 为什么要在"合并文件"对话框中预览或浏览文件?

4. 请说出 PDF 包的一些优点。

8.5 复习题答案

1. 可以。你可以把任意一种格式的文件合并到一个 PDF 文档中,但要求你的计算机中安装有创建这个文件的应用程序。合并文件时,Acrobat 会自动把文件转换成 PDF 文档。

2. 要编排页面在 PDF 文档中的顺序,在"合并文件"对话框中拖动这些页面的缩略图调整顺序即可。

3. 在"合并文件"对话框中预览或浏览文件非常方便,你可以自由指定要合并哪个文件、一个文件的哪些页面,以及按什么顺序合并。

4. PDF 包有如下一些优点。

- 可轻松地添加或删除 PDF 包中的文档,包括非 PDF 格式的文件。

- 可快速浏览 PDF 包中的各个文件。

- 可单独编辑 PDF 包中的各个文件。

- PDF 包是若干文件的集合,使用 PDF 包有助于轻松分享这些文件。

- 可搜索整个 PDF 包,包括非 PDF 格式的子文件。

第**9**课 添加签名与安全保护

课程概览

本课学习内容如下。

* 在保护模式下使用 Acrobat Reader（仅适用于 Windows 系统）。

* 向文档添加密码保护。

* 设置密码，防止有人打印或修改 PDF 文档。

* 使用 Adobe Sign 发送数字签名文档。

* 在 Acrobat 中创建与使用数字 ID。

学完本课大约需要 45 分钟。开始学习之前，请先前往"数艺设"网站下载本课项目文件。请注意，学习过程中，原始项目文件会被覆盖掉。如果你想保留原始项目文件，请在使用项目文件之前进行备份。

在 Acrobat 中，你可以轻松使用密码保护、验证、数字
签名等多种方式保护你的 PDF 文档。

9.1 准备知识

Acrobat DC 提供了一些用来保护 PDF 文档安全的工具。例如，为了防止未授权用户打开、打印或编辑你的 PDF 文档，你可以添加密码保护。如果你是 Document Cloud 或 Creative Cloud 付费用户，你还可以使用 Adobe Sign 把一个文档发送给他人并向他们索要数字签名。又或者，你可以使用数字 ID 对文档进行签名并验证 PDF 文档，你可以使用一个证书对 PDF 文档加密，这样只有被允许的用户才能打开它们。如果你想把安全设置保存下来供日后使用，那么你可以创建一个安全策略来保存安全设置。在 Acrobat Pro 中，你还可以使用标记密文功能把 PDF 文档中的敏感信息永久隐藏起来（请阅读第 5 课 "编辑 PDF 文档内容" 中的相关内容）。

首先我们了解一下 Acrobat Reader（Windows 系统）中的保护模式，然后学习如何使用 Acrobat 中的安全保护功能。

9.2 在 Acrobat Reader 的保护模式下查看文档（仅适用于 Windows 系统）

第 1 课中讲到，默认设置下，Windows 系统中的 Acrobat Reader DC 会在保护模式（IT 专家称之为 "沙盒"）下打开 PDF 文档。在保护模式下，Acrobat Reader DC 会把所有操作严格限制在自身范围内。这样一来，恶意 PDF 文档就无法访问你的计算机和系统文件。

学习本节内容，需要你在 Windows 系统中安装 Acrobat Reader DC。Acrobat Reader DC 并不会随 Acrobat 自动安装，需要你手动下载它，然后再安装到你的计算机中。

1. 在 Windows 系统中打开 Acrobat Reader DC。

2. 从菜单栏中依次选择 "文件 > 打开"，转到 Lesson09/Assets 文件夹下。

3. 选择 Travel Guide.pdf 文件，单击 "打开" 按钮。此时，Travel Guide.pdf 文件在 Acrobat Reader 中打开，如图 9-1 所示。你可以访问 Acrobat Reader 中的所有菜单和工具。不过，PDF 文档无法访问 Acrobat Reader 环境之外的计算机系统。

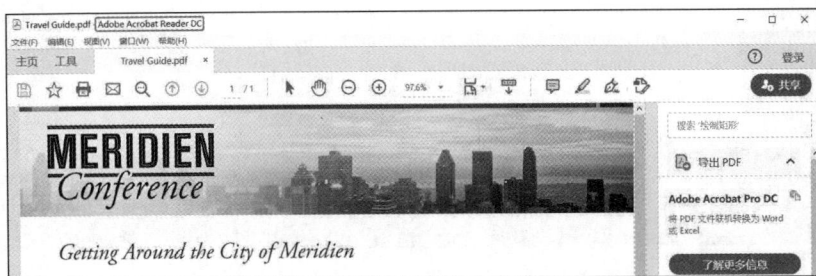

图9-1

4. 从菜单栏中依次选择 "文件 > 属性"。

5. 如图 9-2 所示，在 "文档属性" 对话框中单击 "高级" 选项卡。

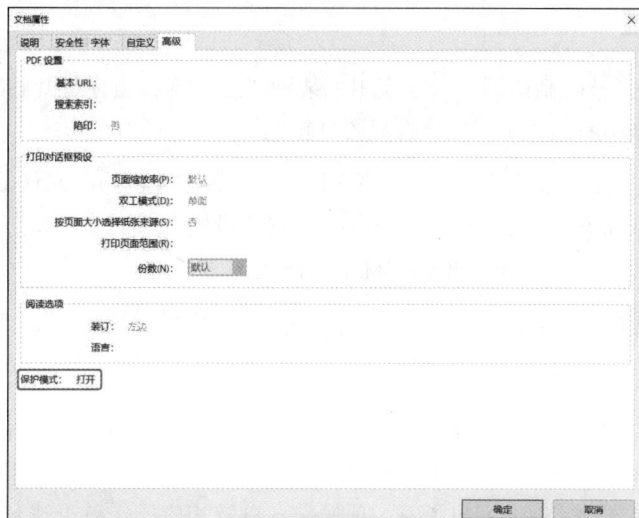

图9-2

6. 查看"保护模式"状态（位于"文档属性"对话框底部），默认处于"打开"状态。通过查看"文档属性"对话框，可以知道一个文档是否在保护模式下打开。

7. 单击"确定"按钮，关闭"文档属性"对话框。然后关闭 Travel Guide.pdf 文件，退出 Acrobat Reader。

使用 Acrobat Reader 时，强烈建议你把保护模式打开。但是，有些第三方插件在保护模式下无法正常工作。若要禁用保护模式，请选择"编辑 > 首选项"，从"种类"下拉列表中选择"安全性（增强）"，取消选择"启动时启用保护模式"，然后重启 Acrobat Reader 才能生效。

9.3 Acrobat 中的文档保护措施

在 Acrobat 中，文档保护措施有如下几个。

* 添加密码和设置安全选项，限制用户打开、编辑、打印 PDF。

* 对文档加密，只有指定用户才能访问它。

* 把 PDF 另存为验证文档。验证 PDF 时添加验证签名（可见或不可见），防止非法用户更改文档。

* 向 PDF 应用基于服务器的安全策略，如使用 Adobe LiveCycle Rights Management。如果你想限制其他人访问 PDF 的时间，基于服务器的安全策略会非常有用。

> **注意：** 在 Acrobat 和 Reader 中，你可以使用 FIPS 模式来保护文档数据，这种模式使用符合 FIPS 140-2 标准的算法来保护数据；在 FIPS 模式中，你无法应用基于密码的安全策略，也无法创建自签名证书；更多相关内容，请阅读 Acrobat 帮助文档。

9.4 查看安全设置

如果一个 PDF 文档被限制访问，或者应用了某种安全措施，当你打开它时，你就会在文档窗口左侧的"导览"窗格中看到一个"安全性设置"按钮（🔒）。

1. 启动 Acrobat，然后依次选择"文件 > 打开"，转到 Lesson09/Assets 文件夹下，打开 Sponsor_secure.pdf 文件。若出现"Acrobat 安全设置"对话框，单击"取消"按钮；若出现"可信证书更新"对话框，单击"确定"按钮。

2. 此时，观察标题栏，你会发现文件名之后出现了"（已加密）"字样，如图 9-3 所示。

3. 选择注释工具，你会发现添加附注、文本标记工具都不可用。

4. 单击文档窗口左侧的三角形，打开"导览"窗格。在"导览"窗格中单击"安全性设置"按钮（🔒），查看安全设置。如图 9-4 所示，单击"许可详细信息"链接，可以查看更多细节。"文档属性"对话框中列出了每一项操作，以及相应操作是否被允许执行。在"文档限制小结"选项组中，可以看到注释工具被禁用了，所以注释工具中的相关工具处于不可用状态。此外，在当前文档中，签名、打印、编辑等操作都被禁止了。

图9-3

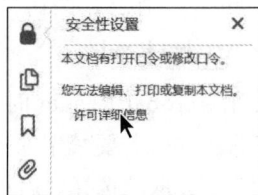

图9-4

5. 如图 9-5 所示，浏览完毕后，单击"确定"按钮，关闭"文档属性"对话框。

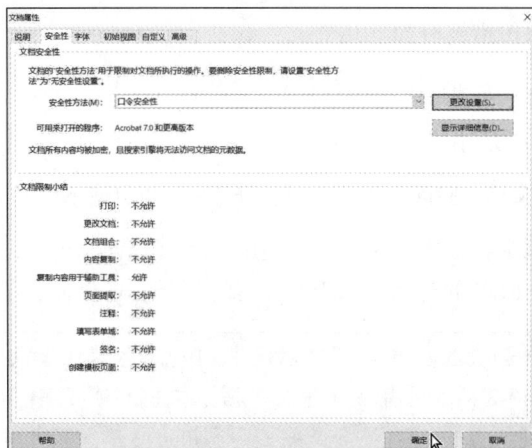

图9-5

6. 从菜单栏中依次选择"文件 > 关闭",关闭 Sponsor_secure.pdf 文件。

9.5 为 PDF 文档添加安全保护

你可以在首次创建 Adobe PDF 文档时添加安全保护设置,也可以在其他某个时刻添加安全设置。你甚至还可以为从其他人那里接收到的 PDF 文档添加安全保护,只要 PDF 文档创建者允许你更改安全设置。

下面我们将为一个 PDF 文档添加密码保护,用来限制哪些用户可以打开文档,哪些用户可以更改安全设置。

9.5.1 添加密码

> **提示**:只要你有密码,就可以在平板电脑与手机上在 Acrobat DC App 中打开受密码保护或经过加密的 PDF 文档;更多相关内容,请阅读第 6 课"在移动设备上使用 Acrobat"中的相关的内容。

在 Acrobat 中,你可以添加两种密码来保护你的 Adobe PDF 文档:一种是文档打开密码,使用这种密码后,用户只有输入密码才能打开文档;另一种是许可密码,使用这种密码后,用户只有输入密码才能更改文档的许可权限,从而打印文档、修改文档,以及做其他修改。

接下来,我们向一个 Logo 文件添加密码保护,以防止非授权用户打开、使用、更改文件内容。

1. 从菜单栏中依次选择"文件 > 打开",转到 Lesson09/Assets 文件夹下,打开 Local_Logo.pdf 文件。由于 Local_Logo.pdf 文件上没有应用任何安全措施,所以"导览"窗格中不会出现"安全性设置"按钮。

2. 从菜单栏中依次选择"文件 > 另存为",转到 Lesson09/Finished_Projects 文件夹下,输入文件名 Local_Logo1.pdf,单击"保存"按钮。

3. 在工具面板中单击"保护"按钮。

4. 如图 9-6 所示,在"保护"工具栏中单击"高级选项",从弹出菜单中选择"使用口令加密",弹出"应用新的安全性设置"消息框,询问你是否想更改文档的安全性设置,单击"是"。此时,程序自动打开"口令安全性 - 设置"对话框。我们先设置"兼容性"级别。在修改"兼容性"级别之前,若输入了密码,可能需要你再次输入密码。默认"兼容性"级别是"Acrobat 7.0 和更高版本"。如果你认为文档的所有用户安装的都是 Acrobat X 或更高版本,那么你应该选择"Acrobat X 和更高版本",它提供了更好的保护。如果你觉得有些用户使用的是 Acrobat 6.0,则请选择"Acrobat 6.0 和更高版本"。不过,请注意,这样做可能会导致加密级别降低。

图9-6

5. 在"兼容性"下拉列表中选择"Acrobat 7.0 和更高版本"。

6. 如图 9-7 所示，勾选"要求打开文档的口令"复选框，然后在"文档打开口令"中输入
   Logo1234;^bg。

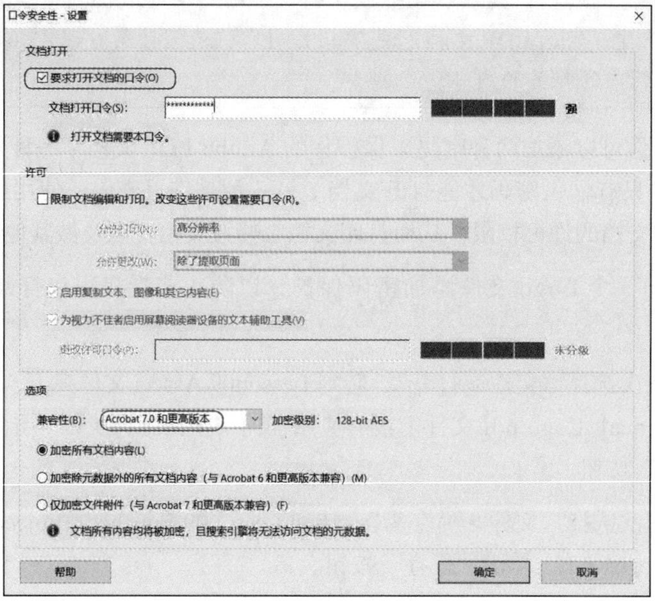

图9-7

输入密码口令后，Acrobat 会对口令的强度进行评估。一个好的口令应该同时包含大小写字母、数字、标点和符号。而且，密码口令越长，猜测难度越高。如果一个文档对保密性要求很高，请使用高强度口令。密码口令设置好之后，你就可以把它们发送给目标用户，这样他们才能打开文档。请注意，密码口令是区分大小写的。

> **提示**：请一定要把你的密码口令保存到一个安全的地方；如果忘记密码，你将无法恢复文档；当然，你还可以把文档的一个未设置保护的版本存储到一个安全的地方，以防万一。

接下来，我们再添加一个密码，用来控制哪些人可以打印、编辑文档，以及更改文档的安全设置。

7. 在"许可"选项组中勾选"限制文档编辑和打印。改变这些许可设置需要口令"复选框。

8. 从"允许打印"下拉列表中选择"低分辨率（150dpi）"。"允许打印"下拉列表中有如下 3 项可供选择："无""低分辨率（150dpi）""高分辨率"。其中，"无"代表禁止打印。

9. 从"允许更改"下拉列表中选择"注释、填写表单域和签名现有的签名域"，允许用户在 Logo 上添加注释。你可以禁止所有或部分更改，或者仅禁止用户提取页面。

10. 如图 9-8 所示，在"更改许可口令"中输入 Logo5678;^bg。请注意，文档的打开密码和许可密码不能一样。

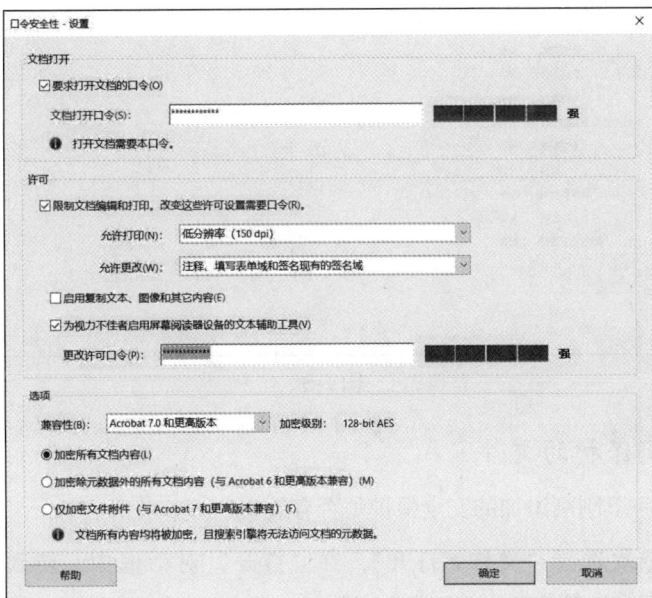

图9-8

11. 单击"确定"按钮，使更改生效。

12. 在"确认文档打开口令"对话框中再次输入文档打开密码 Logo1234;^bg，然后单击"确定"。

13. 此时会弹出一个警告对话框，指出有些第三方产品可能不遵守 PDF 文档中的安全设置，单击"确定"，关闭警告对话框。

14. 在"确认文档许可口令"对话框中再次输入许可密码 Logo5678;^bg，单击"确定"。在"Acrobat 安全性"警告框中单击"确定"按钮，将其关闭。请注意，更改的安全设置在执行保存文件操作之后才会生效。

15. 从菜单栏中依次选择"文件 > 保存"，保存对安全性设置的更改。

16. 单击"导览"窗格中的"安全性设置"按钮（🔒），然后单击"许可详细信息"链接，可以看到你设置的限制已经生效。

17. 如图 9-9 所示，单击"确定"，关闭"文档属性"对话框。然后从菜单栏中依次选择"文件 > 关闭文件"，关闭 Local_Logo1.pdf 文件。

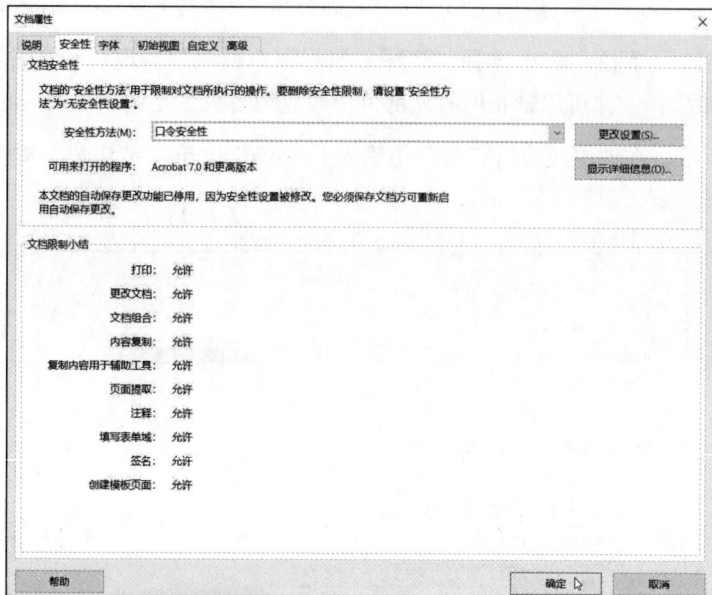

图9-9

9.5.2　打开受密码保护的文件

下面我们来测试一下刚刚添加的安全保护是否有效。

1. 从菜单栏中依次选择"文件 > 打开"，在"打开"对话框中，转到 Lesson09/Finished_Projects 文件夹下，打开 Local_Logo1.pdf。

此时会弹出一个对话框，要求你输入文档打开口令。

2. 如图 9-10 所示，输入 Logo1234;^bg，单击"确定"按钮。请注意，在程序窗口顶部的标题栏中，文件名称后面出现了"（已加密）"字样。

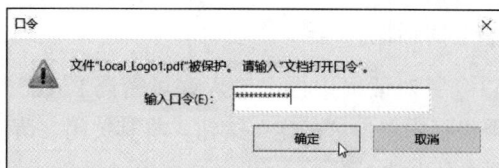

图9-10

3. 接下来测试许可密码。在"导览"窗格中单击"安全性设置"按钮（🔒），单击"许可详细信息"链接。

4. 如图 9-11 所示，在"文档属性"对话框的"安全性方法"下拉列表中，把"口令安全性"更改为"无安全性设置"。此时，Acrobat 弹出一个"口令"对话框，要求你输入许可口令。

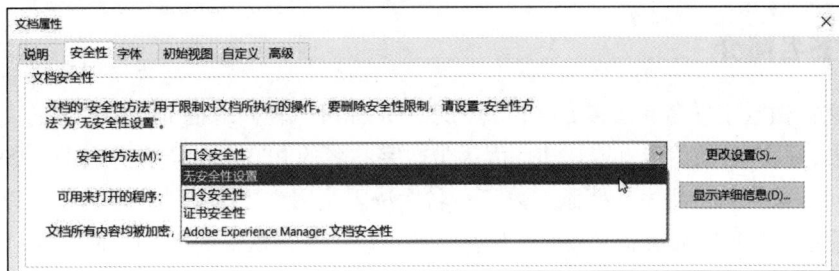

图9-11

5. 如图 9-12 所示，输入 Logo5678;^bg，单击"确定"按钮。然后在"确定删除文档安全性设置"对话框中单击"确定"按钮。此时，文件中的所有限制都被删除了，如图 9-13 所示。

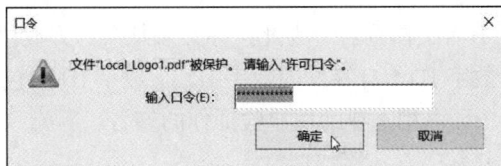

图9-12

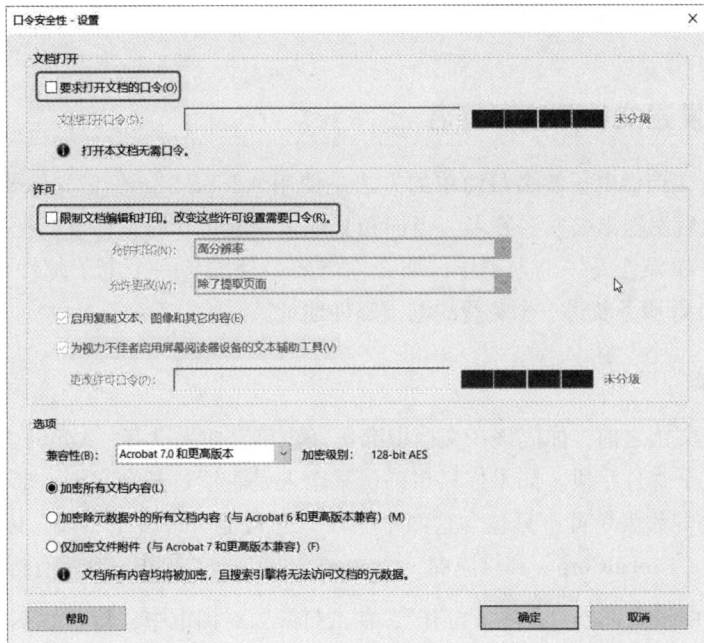

图9-13

6. 单击"确定"按钮，关闭"文档属性"对话框。

7. 从菜单栏中依次选择"文件 > 关闭文件"，关闭文件，不做任何修改。由于未保存更改，所以当你再次打开文件时，Acrobat 仍然会要求你输入文档打开密码。

9.6 数字签名简介

为一个文档做数字签名有诸多好处，其中之一是你可以轻松地把带数字签名的文档通过电子邮件发送出去，而不必使用传真或快递，因为带数字签名的 PDF 文档与使用传真、快递发送的纸质文档具有同等效力。虽然为文档添加数字签名无法阻止用户更改文档，但是你可以追踪文档在添加签名之后进行的所有修改，必要时，你甚至还可以把文档恢复到签名时的版本。（通过向文档应用安全设置，你可以阻止用户更改你的文档。）

如果你是 Document Cloud 或 Creative Cloud 的付费用户，你可以使用 Adobe Sign（前身为 Echo Sign）为文档签名，或者把文档发送给他人索要签名。通过 Adobe Sign，你可以方便、快捷地为文档做电子签名。

此外，你还可以使用证书为文档签名。为此，你必须从第三方提供商获得一个数字 ID，或者在 Acrobat 中自己创建一个数字 ID（自签发的数字 ID）。数字 ID 中包含了一个私钥和一个证书，其中私钥用来添加数字签名，证书用来帮助用户验证你的签名。

Adobe 有许多安全合作伙伴，他们能够提供第三方数字 ID 和其他安全解决方案。更多相关信息，请访问 Adobe 官网。有关如何创建和使用数字 ID 的内容，请阅读本章后续的"使用数字 ID"相关内容。

9.7 向其他人发送文档并索要签名

邀请其他人为文档做电子签名最简单的方法是使用 Adobe Sign。首先你要为 Adobe Sign 准备好一个文档，然后发送出去索要签名。当你和其他人一起工作时，你可以把文档发送给同事并请求签名。不过，如果你是一个人工作，那么你需要另外准备一个电子邮件地址，你可以使用 Gmail、Yahoo Mail 等服务获得一个免费的电子邮件地址。

9.7.1 准备表单

在向别人发送文档之前，你应该在文档中准备好表单。如果没有，Adobe Sign 会自动在文档底部添加签名和电子邮件字段。如果你只想确认某个人是否读过某个文档，那只添加这两个字段就够了。但是，大多数表单可不只包含这两个字段，它可能有许多个字段，以便收集更多信息。下面我们将为客户（GlobalCorp）和供应商（Custom Solutions）制作一个带有标准签名的表单。

1. 在 Acrobat 中依次选择"文件 > 打开"，在"打开"对话框中，转到 Lesson09/Assets 文件夹下，双击 Statement of Work.pdf 文件，将其打开。这个文档是一个服务合同。签名表单在最后一页，但是我们还没有在表单中添加相应字段。在把这个文档发送给别人之前，我们需要先向表单添加必要的字段。

2. 单击"工具"按钮，然后单击"准备表单"按钮，将其打开。

3. 在 Statement of Work.pdf 文档处于选中状态时，勾选"此文档需要签名"复选框，单击"开始"按钮。此时，Acrobat 会打开"准备表单"工具栏（见图 9-14），并分析文档，查找现有的以及可能的表单字段。

4. 接着 Acrobat 会弹出消息框，指出未检测到新的表单域。单击"确定"，关闭消息框。

5. 转到文档的第 4 页，看到签名行。

6. 在"准备表单"工具栏中选择添加签名域工具（⊡）。

7. 在 GlobalCorp 签名行上方，拖出一个签名表单字段。

8. 如图 9-15 所示，在"此域签名者"下拉列表中选择"签名者"。当在"此域签名者"下拉列表中选择"发件人"或者任意一个签名者时，该表单域就成为一个 Adobe Sign 字段。若在"此域签名者"下拉列表中选择了"任何人"，则 Adobe Sign 不会识别该字段。此外，你还可以添加签名人的电子邮件地址。

图9-14

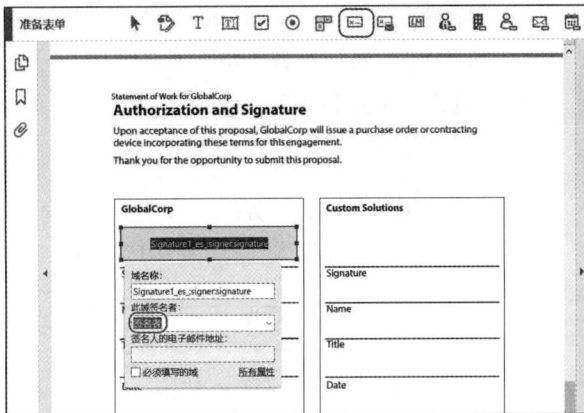

图9-15

9. 在"准备表单"工具栏中选择添加姓名域工具（👤），在 GlobalCorp 的 Name 行上方，拖出一个姓名域，从"此域签名者"下拉列表中选择"签名者"。

10. 在"准备表单"工具栏中选择添加职务域工具（👤），在 GlobalCorp 的 Title 行上方，拖出一个职务域，从"此域签名者"下拉列表中选择"签名者"。当接收者在签名行上签名时，Adobe Sign 会自动使用签名者的名字填充 Name 字段，还会自动把当前日期添加到 Data 字段。

11. 如图 9-16 所示，在"准备表单"工具栏中选择添加日期域工具（📅），在 GlobalCorp 的

Date 行上方拖出一个日期域，从"此域签名者"下拉列表中选择"签名者"。

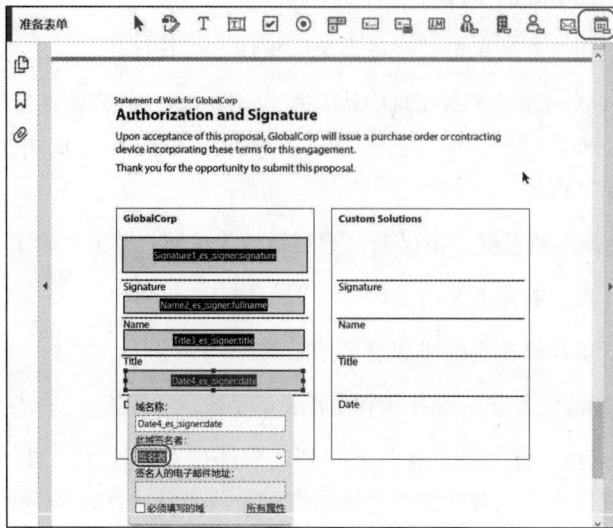

图9-16

12. 上面我们已经为 GlobalCorp 签约人创建好了字段，接下来我们为 Custom Solutions 代表创建字段。Custom Solutions 是文档发送方，所以我们要从"此域签名者"下拉列表中选择"发件人"。在"准备表单"工具栏中选择添加签名域工具。在 Custom Solutions 签名行上方拖出一个签名表单字段。

13. 在"此域签名者"下拉列表中选择"发件人"。(你可能需要向上滚动才能找到该选项)。

14. 分别使用姓名域、职务域、日期域工具添加其他字段，并且每次都从"此域签名者"下拉列表中选择"发件人"，如图 9-17 所示。

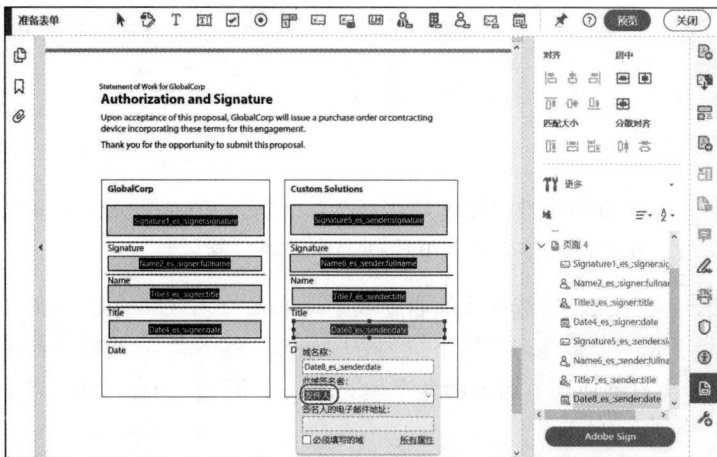

图9-17

使用填写和签名工具

借助填写和签名工具，你可以填写不包含Acrobat表单域的表单，而且你还可以在任意地方添加签名。如果你要为一份法律文件签名，那么你或许应该使用Adobe Sign或数字ID做签名。但是，如果你只是为一份同意书或者普通文件签名，那么使用填写和签名工具会更灵活、更方便，它允许你在未创建表单域的情况下进行签名。

使用"填写和签名"工具签名时，先单击工具面板中的"填写和签名"按钮，再在"填写和签名"工具栏中单击"签名"，选择"添加签名"或"添加缩写签名"（若Acrobat已经保存了你的名字及缩写，请直接选择你的名字或缩写），然后输入你的名字。你可以更改签名样式、绘制签名，甚至还可以导入手写签名的扫描图像。单击"应用"，鼠标指针就变成了你的签名，在指定的位置单击，即可把签名放在那里。

若要填写其他字段，请在"填写和签名"工具栏中选择添加文本工具，把鼠标指针放到页面指定位置上，输入相关文本。然后在文本框之外单击，使输入的文本生效。

你可以在移动设备上下载"填写和签名"App来使用填写和签名工具。在手机或平板电脑上，你可以使用触控笔或手指添加签名。

9.7.2　发送文档

当所有表单域都添加好并且都能使用 Adobe Sign 识别后，接下来就该发送文档了。我们将把文档发送给另外一个人，要求他在 GlobalCorp 这一列中签名，还要把文档发送给自己以便在 Custom Solutions 一列中签名。当在 Adobe Sign 对话框中输入电子邮件地址时，Adobe Sign 会依次向每个电子邮件地址发送文档。也就是说，Adobe Sign 会先把文档发送给第一个人索要签名，然后再把文档（此时文档中已包含第一个人的签名）发送给第二个人索要签名，以此类推。

1. 如图 9-18 所示，在右侧面板上单击 Adobe Sign 按钮。

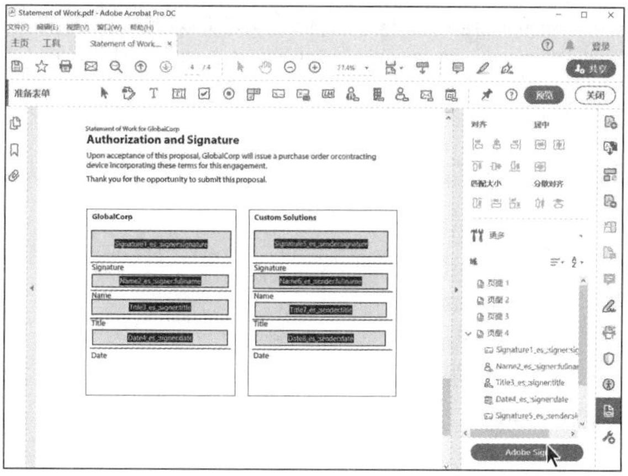

图9-18

2. 确保 Statement of Work.pdf 文档处于选中状态。

3. 先输入签名人的电子邮件地址，按 Enter 键或 Return 键。在这里，我们输入一个同事的电子邮件地址，或者你申请的另外一个电子邮件地址。Acrobat 会提示收件人在指定字段（指定签名者签名的域）上签名。

> 注意：Acrobat 会把你输入的电子邮件地址与地址簿中的地址进行比对，若未发现你输入的地址，Acrobat 会提示你再次输入一个地址；单击你已经输入的地址，继续往下执行。

4. 在第一个签名者的电子邮件地址后面添加发送文档的电子邮件地址。这个电子邮件地址应该与你的 Adobe ID 相关联。Acrobat 会提示你在指定字段（要求发件人签名的字段）中签名。

5. 若需要，你可以自定义邮件内容，然后单击"继续"（Continue）按钮，如图 9-19 所示。Acrobat 使用 Adobe Sign 发送待签名的文档时，它会先上传文档，然后分析表单域。

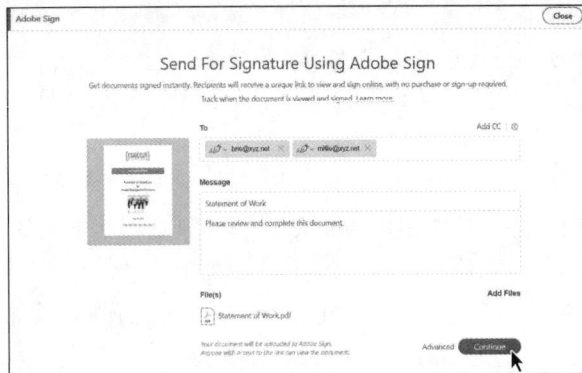

图9-19

6. 滚动到第 4 页，检查表单域是否正确。

7. 单击"发送"按钮。Adobe Sign 显示待签名的文档已经发送出去（见图 9-20），当签名全部完成后，每个参与方都能收到最终副本。此外，Adobe Sign 还会给你发送电子邮件，告诉你待签名的文档已经发送出去。

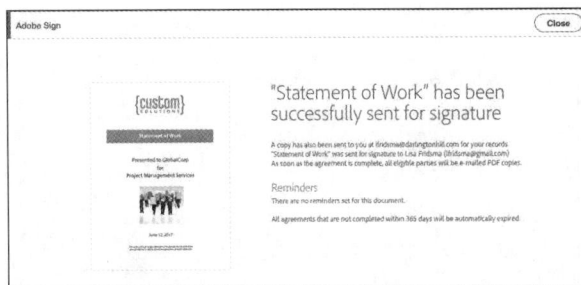

图9-20

9.7.3 对文档进行签名

Adobe Sign 会先向你给出的第一个地址发送电子邮件。接下来，你将先填写签名者表单，然后再填写发件人表单。

1. 使用你输入的第一个电子邮件地址，登录你的邮箱账号，它对应的是 GlobalCorp 代表。（如果你输入的是同事的电子邮件地址，请他们登录邮箱。）

2. 打开标题为 Please sign Statement of Work 的电子邮件。

3. 如图 9-21 所示，阅读电子邮件，然后单击 Click here to review and sign Statement of Work 链接。Adobe Sign 在你的默认浏览器中打开链接。

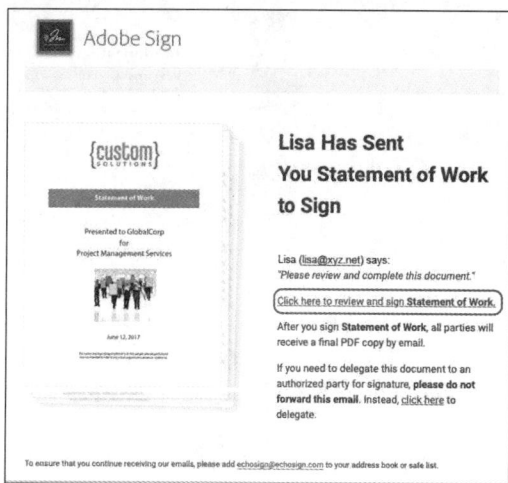

图9-21

4. 若出现提示，退出 Adobe Sign，然后再次单击电子邮件中的链接，以签名者身份打开文档。

5. 如图 9-22 所示，单击标有 Start 字样的黄色箭头，转到第一个需要输入信息的字段。

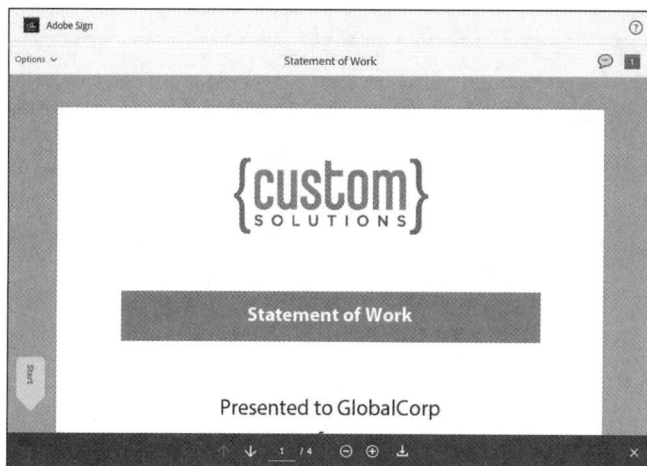

图9-22

6. 单击 GlobalCorp 签名域。此时会弹出一个签名对话框，如图 9-23 所示。

7. 输入你的名字，如图 9-24 所示。如果你想做手写签名，单击"绘制"（见图 9-25），然后使用触控笔在平板电脑或触摸屏上手写签名。此外，如果你想把一个图像或 Logo 用作签名，你还可以在移动设备上创建签名（你也可以把手写签名制作成一个图像），请单击"图像"，如图 9-26 所示，签好名字之后，单击"应用"按钮。无论在签名对话框中选的是"键入""绘制",还是"图像",你都得输入自己的名字，这样你的名字才会被正式记录在 Adobe Sign 中。Adobe Sign 会自动使用它填写表单中的 Name 文本框。

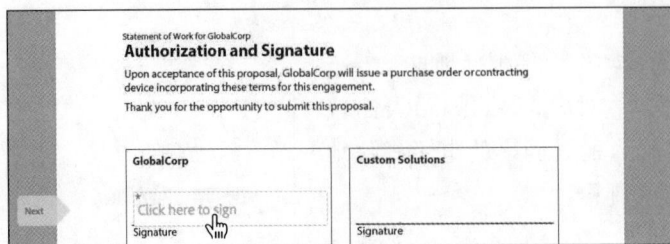

图9-23

图9-24

图9-25

图9-26

8. 在"职务"文本框中输入职务名称。若你填写的个人资料中包含了职务信息，Adobe Sign 会自动填写"职务"文本框。

9. 单击屏幕底部的"单击以签名"（Click to Sign）按钮，如图 9-27 所示。当第一个人完成签名之后，Adobe Sign 会把文档发送到第二个电子邮件地址。

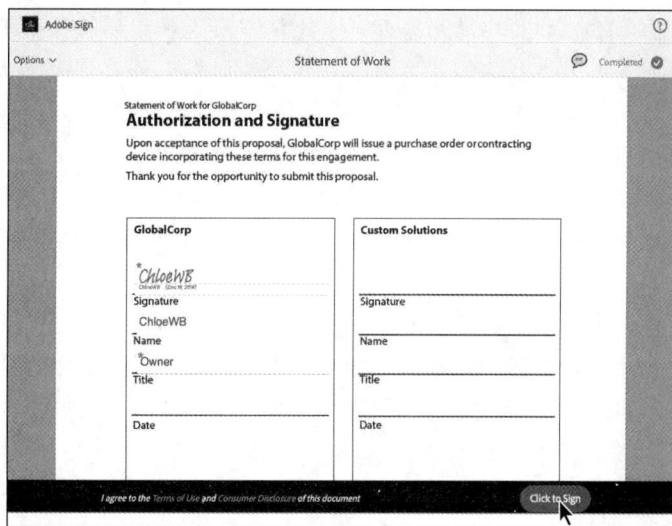

图9-27

10. 登录用来发送文档的电子邮箱，这个电子邮箱地址与你的 Adobe ID 关联。

11. 打开标题为 Your signature is required on Statement of Work 的电子邮件。这封电子邮件的标题与前面那封电子邮件的标题不同，因为这个电子邮件是发给文档的发件人的。

12. 在电子邮件中单击 Click here to review and sign Statement of Work 链接。

13. Adobe Sign 会打开同一个文档。单击标有 Start 字样的黄色箭头。文档中 GlobalCorp 中的信息都已填好，接下来，我们要填写的是 Custom Solutions 的信息。

14. 重复步骤 5 ～ 9，填写好 Custom Solutions 的信息，然后提交填好的文档。Adobe Sign 会向所有关系方发送电子邮件，通知他们文档已经签好名字，而且会把最终的签名文档作为附件添加到电子邮件中。

15. 关闭所有打开的文档，退出 Acrobat。

使用数字ID

就对文档进行电子签名来说，使用Adobe Sign是最方便、最安全的。不过，除了Adobe Sign之外，你还可以使用证书与数字ID对PDF文档进行电子签名或者验证其中内容。

数字ID类似于驾驶证或护照，它能告诉对方你的身份。一个数字ID通常包含你的名字、电子邮件地址、向你颁发数字ID的公司名称、一个序列号、一个有效期。通过数字ID，你可以创建一个数字签名，或者把一个经过加密的PDF文档解密。你可以创建多个数字ID，以表示你在现实生活中的不同身份。

借助于自签名ID，你可以使用公开证书（证书用来确认你的数字ID，其中包含的信息用来保护数据）把自己的签名信息分享给其他人。虽然这个方法适用于大多数非正式文档交换，但是更安全的办法还是从第三方那里获取数字ID。

在Acrobat中创建自签名的数字ID时，你可以指定数字签名的外观、选择你喜欢的签名方法，以及在安全首选项中指定验证数字签名的方法。你还应该设置首选项来优化Acrobat，以便你在打开一个签名文档之前，Acrobat能够顺利验证签名。

创建数字ID

创建数字签名和数字ID的步骤如下。

1. 从菜单栏中依次选择"编辑 > 首选项"（Windows 系统），或者"Acrobat> 首选项"（Mac OS），从左侧"种类"中选择"签名"。在"创建和外观"中单击"更多"，在"创建和外观首选项"对话框的"外观"中单击"新建"。

2. 如图 9-28 所示，在"配置签名外观"对话框中添加图形，指定要显示的信息，以定制个人数字签名。定制完成后，单击"确定"，然后再次单击"确定"按钮，返回到"签名首选项"对话框。

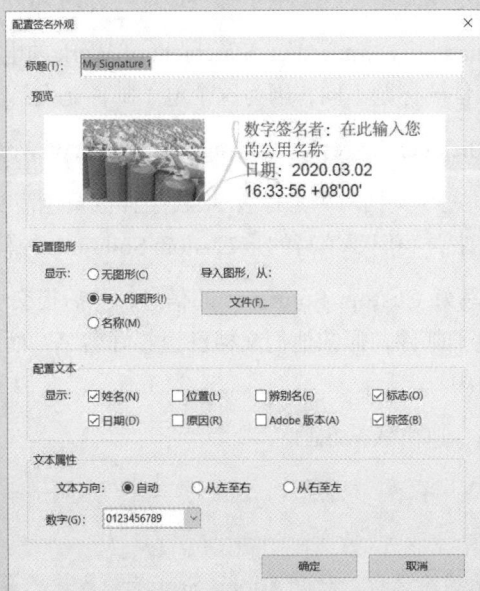

图9-28

3. 在"身份与可信任证书"选项组中单击"更多"按钮，然后在"数字身份证和可信任证书设置"对话框的左侧选择"数字身份证"，单击"添加数字身份证"按钮。

4. 在"添加数字身份证"对话框中，选择"我要立即创建新的数字身份证"，单击"下一步"，选择你想把数字身份证保存到何处（仅适用于 Windows 系统）。

5. 单击"下一步"按钮，输入你的个人信息，选择密钥算法及数字身份证的用途（如数据签名与数据加密）。单击"下一步"，创建一个密码，单击"完成"，保存你的数字身份证文件。

使用证书和数字身份证对文档进行数字签名

按照如下步骤使用数字身份证对文档进行签名。

1. 在工具中心单击"证书"按钮。

2. 在"证书"工具栏中单击"数字签名"，然后在页面中拖动鼠标指针，创建一个签名域。

3. 在"使用数字身份证进行签名"对话框中，选择你想用的数字身份证，单击"继续"按钮。在"签名为……"对话框中输入密码，选择一个签名外观，输入必要信息（如签名事由）。

4. 单击"签名"，应用你的签名，单击"保存"，保存签名文件。单击"是"或"替换"，替换原文件。在"导览"窗格中打开"签名"面板，展开签名行，查看详细签名信息。

验证PDF文档

你还可以验证PDF文档内容。如果你允许用户对文档做适当修改，那验证文档内容会非常有用。当你在验证文档内容时，若用户对文档做了适当修改，验证将仍然是有效的。例如，你可以对表单进行验证，以确保用户收到表单时其内容是有效的。表单的创建者可以指定用户能执行哪些任务。例如，你可以允许用户填写表单，同时保证文档仍然是有效的。不过当用户试图添加或删除表单域、页面时，验证结果就会变成无效。

验证 PDF 文档的步骤如下。

1. 单击"工具"按钮，然后打开"证书"工具栏。

2. 在"证书"工具栏中单击"验证（可见签名）"。在弹出的对话框中单击"拖动新签名矩形"，然后在"另存为已验证的文档"对话框中单击"确定"按钮。

3. 在文档中的任意一个位置上拖动鼠标指针，创建一个签名域。然后在"使用数字身份证进行签名"对话框中，选择要使用的数字身份证，单击"继续"，输入密码，选择一个外观，输入其他一些信息。从"允许在验证后执行的操作"下拉列表中选择一个选项，单击"签名"按钮。

这样，当再次打开经过验证的文档时，你会在消息栏左侧看到一个验证按钮。你可以随时单击这个按钮，查看该文档的验证信息。

有关创建与使用数字身份证、分享证书、验证PDF文档的更多信息，请阅读Adobe Acrobat帮助文档。

9.8　复习题

1. Adobe Sign 是什么？

2. 为什么要为 PDF 文档添加密码保护？

3. 为什么要为 PDF 文档添加许可保护？

9.9　复习题答案

1. Adobe Sign 是一项电子签名服务，这项服务能够让个人或企业更快、更安全地对文档进行签名。如果你是 Document Cloud 或 Creative Cloud 付费用户，你可以不受限制地使用 Adobe Sign 发送待签名文档，并追踪和管理这些文档。

2. 如果你有一个机密文档，不想别人查看它，那么你可以向这个文档添加密码保护。不论是谁，只有使用你设置的密码才能打开这个文档。

3. 许可保护限制了用户使用及重用 PDF 文档内容的方式。例如，你可以禁止用户打印 PDF 文档的内容，也可以不允许他们复制粘贴 PDF 文档的内容。借助许可保护，一方面你可以共享 PDF 文档的内容，另一方面你又可以控制 PDF 文档的使用方式。

第10课 使用Acrobat审阅文档

课程概览

本课学习内容如下。

- 了解在文档审阅过程中使用 Acrobat 的多种方法。

- 使用 Acrobat 注释和标记工具为 PDF 文档添加注释。

- 查看、回复、搜索、总结文档注释。

- 导入注释。

- 发起共享审阅。

- 比较文档的不同版本。

学完本课大约需要 1 小时。开始学习之前，请先前往"数艺设"网站下载本课项目文件。请注意，学习过程中，原始项目文件会被覆盖掉。如果你想保留原始项目文件，请在使用项目文件之前进行备份。

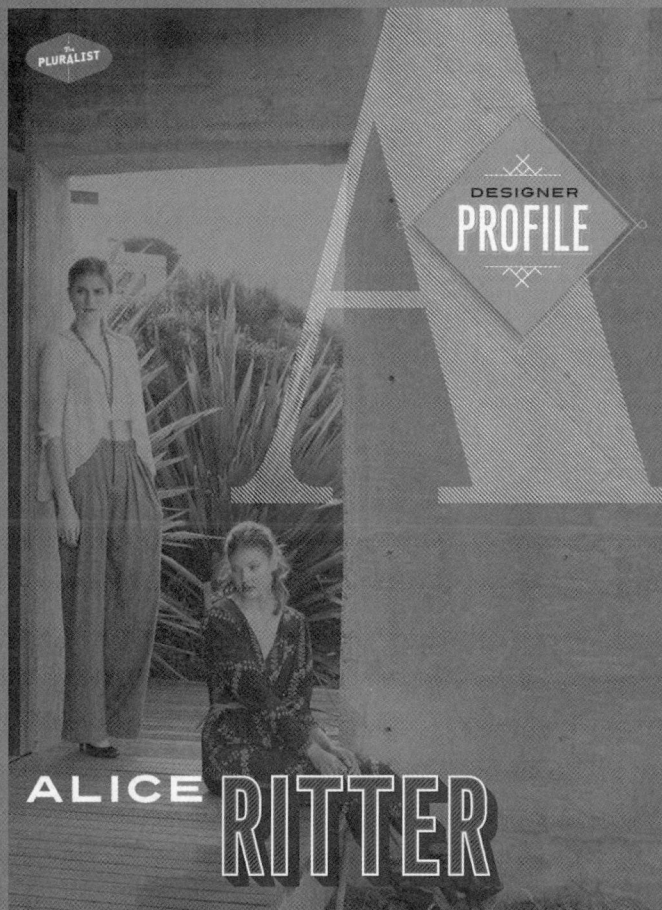

使用 Acrobat 提供的优秀的注释工具和协作功能，不但大大提升了文档的审阅效率，还大大方便了相关人员给出反馈意见。

10.1 审阅流程

Acrobat 提供了多种文档审阅方式。不论使用哪种方式，其工作流程都包含如下一些基本步骤：审阅发起人邀请他人参与文档审阅并把文档共享给他们、审阅人添加注释、发起人收集并处理这些注释。

你可以把任意一个 PDF 文档通过电子邮件、网络服务器、网站等方式分享给其他人，然后请他们使用 Acrobat Reader、Acrobat Standard 或 Acrobat Pro 在文档上做注释、审阅文档。若采用手动的方式把文档寄送或通过电子邮件发送给其他人，那在收到审阅之后的文档后，需要找出文档中的注释，并把找到的注释进行合并。如果审阅者只有一两个人，这种方式可能会很高效。但是，如果审阅者有很多个人，共享审阅功能可以让我们更有效地收集注释。另外，使用共享审阅功能，审阅者能够查看与回复其他所有人的注释。

当在 Acrobat 中发起基于电子邮件的审阅时，首先会把 PDF 文档作为电子邮件附件发送出去，然后跟踪答复，并管理你收到的注释。收件人使用 Acrobat 或 Reader 即可在 PDF 文档中添加注释。

当你在 Acrobat 中发起共享审阅时，首先要把 PDF 文档发送到 Document Cloud、网盘、WebDAV、SharePoint 或 Office 365 中，然后向审阅人发送电子邮件邀请，请他们使用 Acrobat 或 Reader 访问共享文档、添加注释，以及阅读其他人的注释。

10.2 准备工作

本课中，我们将学习如何向一个 PDF 文档添加注释、查看与管理注释，以及发起共享审阅。顾名思义，协作就是你与其他人协同工作。因此，学习本课内容时，如果你能邀请一个或多个同事、朋友一起做本课练习，那么学习效果会更好、更有意义。当然，如果就你自己一个人，也可以使用其他电子邮件地址借由 Gmail、Yahoo Mail 等邮件服务（关于如何使用这些服务的电子邮件账户的内容，请前往相应网站阅读相关说明）来完成本课练习。

打开你要使用的文档。

1. 在 Acrobat 的菜单栏中依次选择"文件 > 打开"。

2. 在"打开"对话框中，转到 Lesson10/Assets 文件夹下，双击 Profile.pdf 文件，将其打开。

3. 在工具面板中选择注释工具，将其打开，如图 10-1 所示。

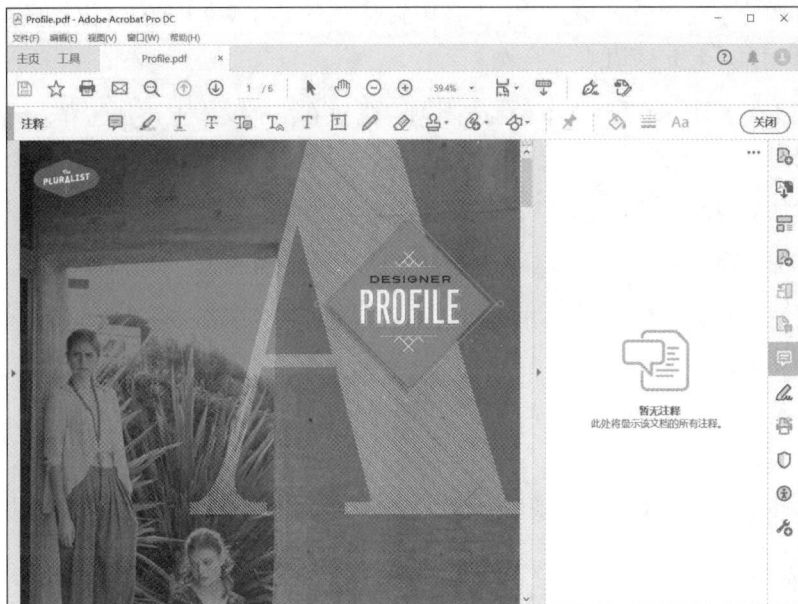

图10-1

10.3　向 PDF 文档添加注释

　　对于任意一个 PDF 文档，只要其安全设置未禁止用户添加注释，你都可以向其中添加注释。大多数情况下，我们会使用注释功能把自己的意见反馈给文档作者，而且阅读文档时使用注释来做笔记也非常有用。Acrobat 提供了多个注释工具，其中有些工具在现实世界中都有对应物，如附注和高亮文本工具分别对应即时贴和记号笔。

　　在下面的练习中，我们将使用一些注释工具在一篇关于时装设计师的文章上做一些批注。

10.3.1　注释工具简介

> 提示：你可以使用 Acrobat Reader DCApp 在平板电脑或手机上向一个 PDF 文档添加
> 注释，更多相关内容，请阅读第 6 课 "在移动设备上使用 Acrobat" 中的相关内容。

　　针对不同的注释任务，Acrobat 提供了多个不同的注释工具和标记工具。大多数注释都包含两部分：页面标记或按钮、注释文本（选择注释时，该文本会出现在弹出式注释中）。选择注释工具后，你会在 "注释" 工具栏中看到标记和按钮工具，如图 10-2 所示。关于每个工具的详细用法，请阅读 Adobe Acrobat DC 帮助文档。

图10-2

- 添加附注（🗨）：在文档中添加附注，类似于现实世界中的即时贴，在指定的位置单击即可添加附注；大多数时候，这个工具用来对整个文档或文档的一部分做综述式注释，较少用来对某个特定短语或句子做注释。

- 高亮文本（✐）：对某些文本做加亮处理，若想在高亮文本上添加注释，请双击页面中的高亮文本。

- 为文本加下划线（T̲）：该工具用来为指定文本添加下划线。

- 为文本加删除线（T̶）：该工具用来为指定文本添加删除线。

- 添加附注至替换文本（T̶）：指出应该删除哪些文本，并输入替换文本。

- 在指针位置插入文本（Tₐ）：在插入点处添加文本，与所有文本注释工具一样，你的注释不会影响到 PDF 文档中的文本，但可以清晰地表达你的想法。

- 添加文本注释（T）：使用该工具可以直接在页面中输入文本，与其他注释一样，你添加的文本注释不会更改文档本身；你可以随意移动文本注释的位置，但是无法像弹出式注释一样隐藏它。

- 添加文本框（▣）：这个工具用来在页面的任意位置添加一个任意大小的文本框，它会显示在页面中。

- 使用绘图工具（✐）：在页面中绘制任意线条和形状。

- 擦除绘图（✐）：擦除你绘制的各种线条或线条局部。

- 添加图章（♟）：使用虚拟橡皮图章批阅文档，把文档标记为机密文件，或者做常见的盖章；此外，你还可以根据需要自行创建图章。

> **提示**：自定义图章时，单击"添加图章"按钮，依次选择"自定义图章 > 创建"，然后选择你想使用的图像文件即可。

- 添加附件（✐）：在 PDF 文档中添加任意格式的文件。

- 录音（✐）：通过录音来阐述你的反馈意见，录音工具隐藏在添加附件工具之下；录音时，你的系统中必须有内置麦克风，或者连接有外置麦克风。

- 绘图（✐）：使用绘图工具可以让你对页面中的某些区域进行强调，或者以可视化方式描述你的想法，尤其是在审阅图形文档时，这个工具会非常有用；在绘图工具中，可用的绘图工具有线条（▬）、箭头（➪）、矩形（□）、椭圆形（○）、文本标注（▣）、多边形（⬡）、云朵（☁）、连接的线条（◇）等。你还可以选择展开绘图工具，把所有工具都显示在"注释"工具栏中。

> **注释**：通过文本标注工具，你可以指定添加注释的区域，并且不会造成模糊；标注标记包含 3 部分，即文本框、膝线、端点线；拖动手柄可以调整每个部分的大小，并将其放置到指定的位置上。

10.3.2　添加附注

你可以在文档的任意位置添加附注。由于附注可以轻松移动，因此很适合用来注释整个文档内容或布局，一般较少用来注释特定短语。下面我们在文档的第 1 页上添加一个附注。

1. 在"注释"工具栏中选择添加附注工具（💬）。

2. 单击页面中的任意位置。

此时，在单击处会出现一个附注。同时，右侧面板中也会出现一个附注，其中包含添加者的名字（可在"首选项"对话框的"身份信息"中设置）与时间。

3. 如图 10-3 所示，在添加注释文本框中输入 Looks good so far. I'll look again when it's finished.。

图10-3

4. 如图 10-4 所示，右击（Windows 系统）或者按住 Control 键并单击（Mac OS）附注文本框，从弹出菜单中选择"属性"。

图10-4

5. 在"附注属性"对话框中，单击"外观"选项卡，然后单击颜色框。

6. 如图 10-5 所示，选择蓝色。此时，附注的颜色自动变成了蓝色。

> **提示：**你还可以使用"注释"工具栏中的颜色选择器、线条粗细、文本属性来更改附注的外观。

7. 单击"一般"选项卡，在"作者"文本框中输入 Reviewer A，如图 10-6 所示。你可以更改注释的作者名，尤其是当你使用别人的计算机时，可能会很想这样做。

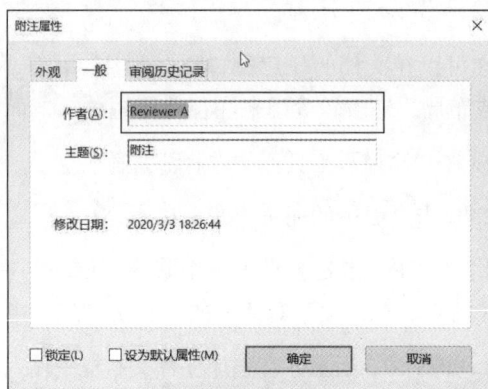

图10-5　　　　　　　　　　　　　　　　　　图10-6

8. 单击"确定"按钮。此时，你输入的注释会显示在右侧面板中。页面中的"附注"按钮显示为蓝色，把鼠标指针移动到"附注"按钮上，即可查看附注内容，如图 10-7 所示。

图10-7

10.3.3　突出显示文本

通过"注释"工具栏中的高亮文本工具，你可以把文档中的某些文本突出显示出来。在把文本高亮显示后，你还可以添加信息。下面我们使用"注释"工具栏中的高亮文本工具来创建一个注释。

1. 滚动到文档的第 3 页。

2. 在"注释"工具栏中选择高亮文本工具（🖋）。

3. 拖选第 2 段文本末尾的 ital 这几个字母。此时，拖选的文本呈现黄色。

4. 在注释列表中打开一个消息框，如图 10-8 所示。

5. 输入 bad line break。

6. 单击"发布"，保存注释。

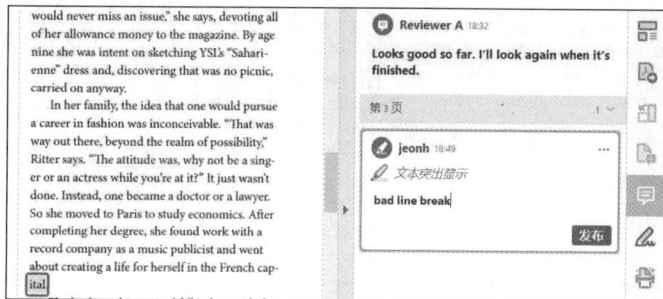

图10-8

10.3.4 使用文本编辑工具

借助文本编辑工具，你可以明确指出文档中哪些文本应该删除、插入或替换。下面我们使用文本编辑工具给出一些文本修改建议。

1. 滚动到文档第 2 页。

2. 在"注释"工具栏中选择添加附注至替换文本工具（Tᵤ）。

3. 拖选页面顶部的 Self reinvention。此时，Self reinvention 被划掉，同时出现一个插入点，并且注释列表中出现一个注释文本框。

4. 输入 Self-reinvention，替换原始文本，单击"发布"按钮，如图 10-9 所示。

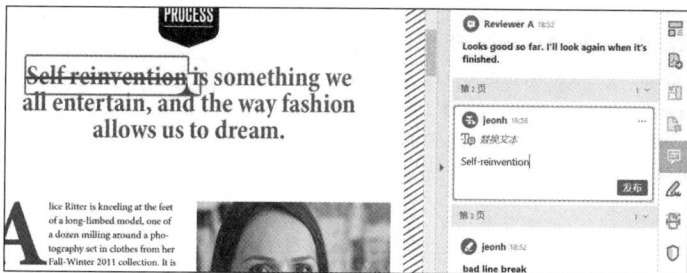

图10-9

5. 在"注释"工具栏中选择在指针位置插入文本工具（T₍）,然后在右列最后一段的单词 dress 之后单击。此时，单击处出现一个插入点光标，同时注释列表中出现一个注释文本框。

6. 输入一个连字符 -，表示要在两个单词之间添加连字符，单击"发布"按钮，如图 10-10 所示。

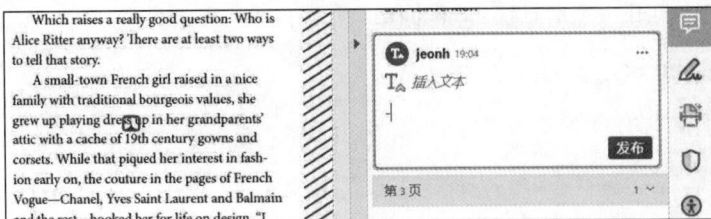

图10-10

7. 在"注释"工具栏中选择为文本加删除线工具（$\underline{\underline{T}}$）。

8. 在右列第 2 段中拖选 Which raises a really good question: 并将其删除。此时，被拖选文本上出现一条红色删除线，如图 10-11 所示。

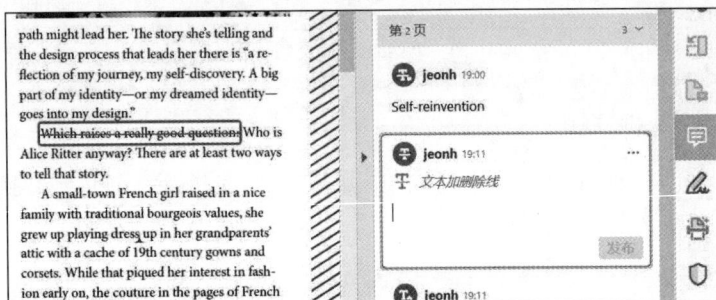

图10-11

9. 滚动到文档第 5 页，选择为文本加下划线工具（$\underline{T}$）。

10. 在左列最后一段中拖选单词 Emmanuelle。此时，单词 Emmanuelle 底部出现绿色下划线。

11. 在注释列表中打开的注释文本框中输入 Italicize movie title，如图 10-12 所示。

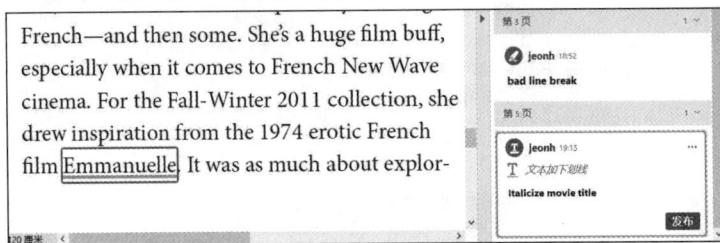

图10-12

12. 在菜单栏中依次选择"文件 > 另存为"，转到 Lesson10/Finished_Projects 文件夹下，输入文件名 Profile_review.pdf，单击"保存"按钮。

10.4 使用注释

在 Acrobat 中，你可以查看页面、列表、小结中的注释，也可以导入、导出、搜索、打印注释。如果你参与了共享审阅活动，那么你还可以对注释进行回复。在基于电子邮件的审阅中，你可以把包含注释的 PDF 文档发回给审阅者。本节中，我们将学习如何导入审阅者的注释、对注释分类、显示与隐藏注释、搜索注释，以及更改注释的状态。

10.4.1 导入注释

在共享审阅流程中，Acrobat 会自动导入注释。而在基于电子邮件的审阅流程中，或在非正式收集注释时，你需要手动导入注释。下面我们将把 3 位审阅者的注释导入设计师简介草案中。

1. 如图 10-13 所示，在 Profile_review.pdf 文件处于打开状态时，观察右侧"注释"面板，可以看到你向文档添加的注释。

2. 如图 10-14 所示，在"注释"面板中单击"选项"按钮（ ••• ），从弹出菜单中选择"导入数据文件"。

图10-13

图10-14

3. 转到 Lesson10/Assets/Comments 文件夹下。

4. 按住 Shift 键，单击如下文件。

- profile_Art_Director.pdf。

- profile_Linda.pdf。

- profile_Stan.fdf。

5. 单击"打开"（Windows 系统）或"选择"（Mac OS）按钮。

6. 若弹出对话框询问是否导入本文档其他版本的注释，单击"是"按钮。

导入的文件中有两个是包含注释的 PDF 文档，FDF 文件是一个数据文件，其中包含审阅者导出的注释。导入注释后，Acrobat 会把注释显示在注释列表中。

> **提示**：审阅者可以把注释导出到一个数据文件（后缀名为 .fdf）中以减小文件大小，尤其是当使用电子邮件提交注释时，强烈建议你这样做；要导出注释，先选择注释工具，然后在"注释"面板中单击"选项"按钮，从弹出菜单中选择"导出所有注释到数据文件"或"导出选定注释到数据文件"。

10.4.2 查看注释

导入注释后，Acrobat 会把文档中的所有注释全部显示在"注释"面板中，每个注释都包含作者名字、注释类别，以及注释本身。

1. 浏览注释列表。默认情况下，注释列表中注释显示的顺序就是它们在文档中出现的先后顺序，如图 10-15 所示。

2. 如图 10-16 所示，单击注释列表右上方的"排序注释"按钮（$\frac{A}{Z}$），然后从弹出菜单中选择"作者"。Acrobat 会根据作者名字的字母表顺序重新排列注释的显示顺序。

图10-15

图10-16

3. 单击 Art Director 添加的 no hyphen 注释。单击后，Acrobat 会自动跳转到注释所在的页面，方便查看上下文。

4. 从注释的"选项"菜单中选择"添加勾形"。每当处理完一条注释后，你可以为这条注释添加对钩（见图 10-17），代表你已经阅读、回复、与人讨论了这个注释等。

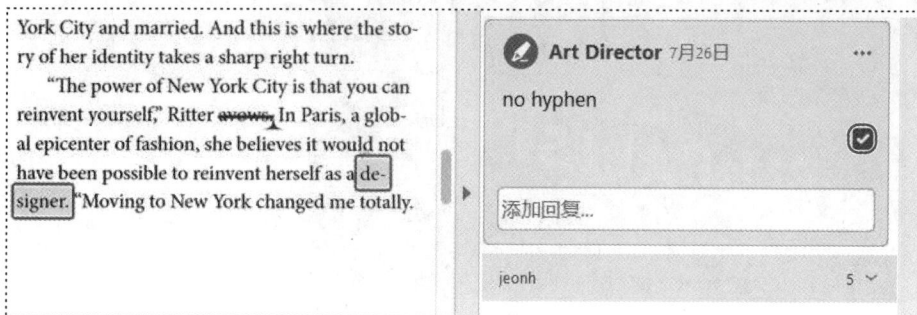

图10-17

5. 如图 10-18 所示，单击注释列表右上角的"筛选注释"按钮（ ），从弹出菜单中选择"未标记"，然后单击"应用"。此时，已经做过标记的注释将不再显示在注释列表中，但它仍然保留在文档中。你可以使用筛选注释功能整理一下注释列表，只显示你感兴趣的注释。你可以根据注释的颜色、是否标记、作者、类型来筛选注释。

6. 再次单击"筛选注释"按钮，选择"全部清除"。此时，所有注释又全部出现在注释列表中。

7. 在注释列表上方单击"搜索注释"按钮（ ），然后在搜索文本框中输入 logo。此时，只有一个注释出现在列表中，因为只有这条注释中含有单词 logo。你可以使用搜索注释功能搜索注释中的任意文本。

8. 单击搜索到的注释，注释下方会出现回复文本框。

9. 如图 10-19 所示，输入 Legal says the logo is required, per Janet.，然后单击"发布"。此时，你的名字会出现在回复旁边，而且回复是缩进的，以表示它是对哪个注释做出的回复。

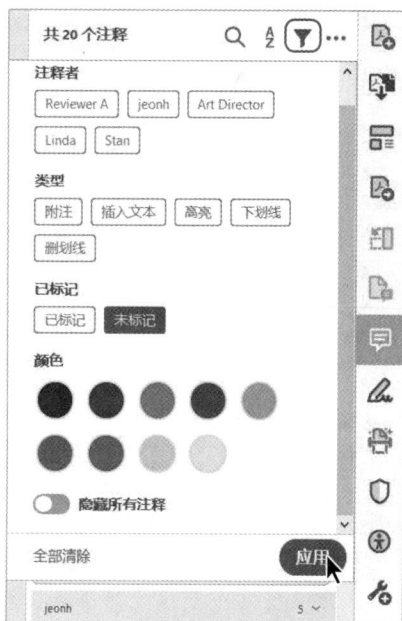

图10-18

> **注意**：只有当你发起了共享审阅，或者通过电子邮件把 PDF 文档副本发送给审阅者时，审阅者才能看到你的回复。

10. 如图 10-20 所示，在注释仍处于选中状态时，右击（Windows 系统）或者按住 Control 键并单击（Mac OS）注释，从弹出菜单中依次选择"设置状态 > 已完成"。你可以设置每个注释的状态以供你自己参考，或者告诉审阅者你是如何处理他们的注释的。

图10-19

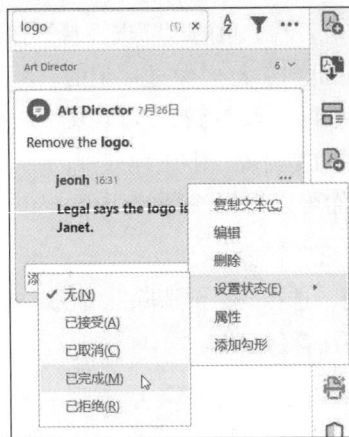

图10-20

11. 关闭文档，根据你的需要决定是否保存修改。

注释小结

你可以创建注释小结，把文档的注释保存到单独的文档中。单击注释列表上方的"选项"按钮，从弹出菜单中选择"创建注释小结"。在"创建注释小结"对话框中，选择布局，设置其他选项，然后单击"创建注释小结"按钮。Acrobat会根据你选择的布局单独创建一个PDF文档，并将其打开。你可以在屏幕上查看注释小结，当然如果你愿意，也可以将其打印出来。

10.5 发起共享审阅

在共享审阅中，你可以把 PDF 文档发送到 Document Cloud 等常见服务器上，跟踪审阅者。所有注释都会自动合并到审阅版本的 PDF 中。审阅过程中，每个审阅者都可以查看、回复其他人添加的注释。借助共享审阅，审阅者们可以在审阅过程中高效地解决观点冲突、找出研究领域、提出建设性的解决方案。

做下面练习时，你需要至少邀请另外一个人参与其中。如果你不想邀请其他人，那么你必须去 Gmail 或 Yahoo Mail 等邮件服务提供商另外申请一个电子邮件地址。

10.5.1 邀请审阅者

下面我们将邀请审阅者对指定文档进行批注。在此之前，我们必须先把文档上传到 Document Cloud，以便你邀请的审阅者都能正常访问它。

1. 确定你要邀请谁参与审阅，并获取他们的电子邮件地址。如果你独自学习本部分内容，请先准备另外一个电子邮件地址，用来接收审阅邀请。

2. 从菜单栏中依次选择"文件 > 打开"。

3. 转到 Lesson10/Assets 文件夹下，双击 Registration.pdf 文件，将其打开。

4. 在工具面板中单击"发送以供审阅"按钮。

5. 在右侧的"邀请人"文本框中输入一个电子邮件地址，然后按 Enter 键或 Return 键。你可以输入多个电子邮件地址。要访问地址簿，请单击电子邮件域中的"地址簿"按钮。这里可以不输入电子邮件地址，你可以选择通过电子邮件发送链接给审阅者。如果你想从许多人那里收集注释，你可以一次性把链接发给电子邮件列表中的所有人。为此，需要先单击"获取链接"，然后创建链接。当 Acrobat 把 PDF 文档上传到 Document Cloud 后，单击"复制链接"，然后把链接粘贴到电子邮件中。创建共享审阅时并不需要链接。

6. 在"允许接收人"下选择"审阅文件"。

7. 若需要，你可以自己填写邮件内容。如果你想指定审阅的最后期限，勾选"设置最后期限"复选框，并选择一个日期，设置是否发送提醒。这里，我们取消勾选"设置最后期限"。除了可以通过 Document Cloud 分享 PDF 文档之外，你还可以通过电子邮件把 PDF 文档（以邮件附件形式）发送给审阅人。为此，需要单击"作为电子邮件附件发送"，选择默认电子邮件应用程序或者网络邮件，单击"继续"按钮，输入所需信息，然后使用你的电子邮件账户发送电子邮件。在基于电子邮件的审阅过程中，你需要独立收集与合并注释。

8. 如图 10-21 所示，单击"发送"（Send）按钮。此时，Acrobat

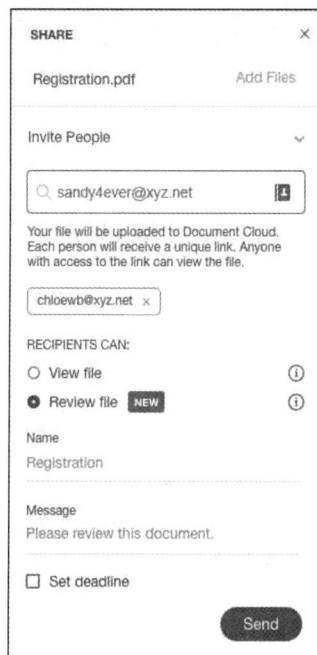

图10-21

会把文档复制到 Document Cloud 中，并使用你的默认电子邮件应用程序发送电子邮件给审阅者。Acrobat 会从 Document Cloud 打开文档的审阅版本，在其中你可以看到谁打开了文档，以及谁读了注释、谁与审阅者进行了沟通。

9. 当 Acrobat 指出你正处于文件的审阅版本中时，单击"确定"按钮。在 Acrobat 中关闭 PDF 文档。

10.5.2　参与共享审阅

你或你的同事将参与共享审阅，并在文件中添加注释。

> 注意：尽管你使用了一个不同的电子邮件地址，Acrobat 可能也会识别出你 Creative Cloud 账号，因此它会知道你是在自己的文档上做注释。

1. 如果你是一个人做练习，登录你的收件邮箱，打开里面的邮件邀请。如果你是与同事或朋友一起做练习，请他们打开你发送给他们的电子邮件邀请，然后按照如下步骤进行操作。

2. 如图 10-22 所示，单击"审阅"（Review）按钮。Document Cloud 中的文档会在你的默认浏览器中打开。

3. 使用注释工具向 PDF 文档添加一些注释。如果你在评论中使用 @ 符号呼叫了某人，他们会在 Acrobat 中收到通知信息。

4. 完成审阅之后，单击"完成"，然后单击"我完成了"，确认你的确完成了审阅。Document Cloud 将打开主页视图，在"待办"区域中你会看到审阅请求。

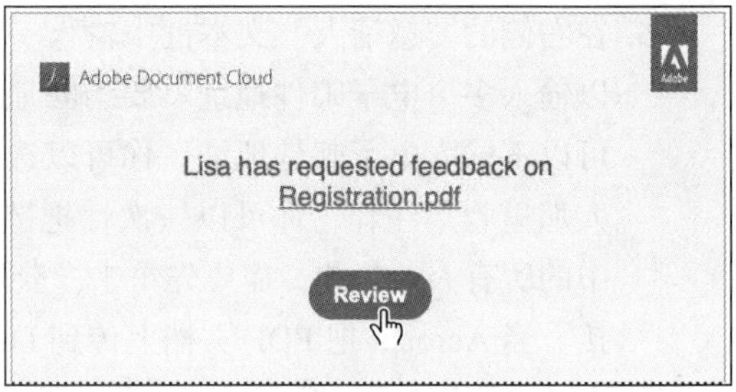

图10-22

10.5.3　追踪审阅注释

在 Acrobat 中，你可以追踪审阅者的注释，并对其进行回复。下面我们在自己的文档版本中进行追踪。

1. 在 Acrobat 中单击"主页"，进入主页视图。

2. 单击左侧的"共享审阅"，Acrobat 会把 Registration.pdf 文件列出。（你可能需要先关闭 Acrobat，再次将其打开，才能看到文件。）

3. 如图 10-23 所示，选择 Registration.pdf 文件，右侧显示审阅过程的相关信息。你可以看到被邀请人是谁、谁做了注释，以及最后一个动作的时间。

4. 双击 Registration.pdf 文件，将其打开。在注释列表中，你可以看到审阅者在 Acrobat 与 Document Cloud 中添加的所有注释。

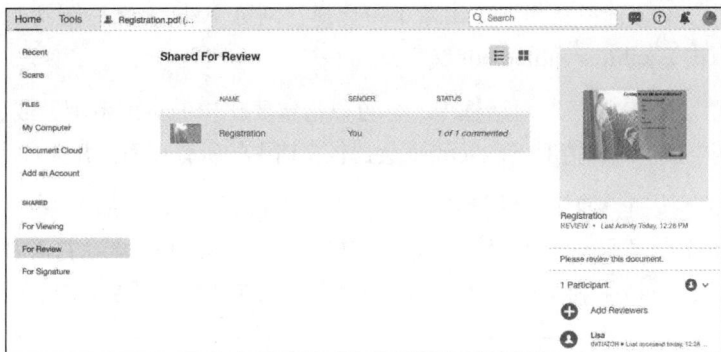

图10-23

5. 关闭 PDF 文档，不要关闭 Acrobat。

> **注意**：只要 Acrobat 能够访问 Document Cloud，注释就能实现同步。

使用网络文件夹发起共享审阅

默认情况下，Acrobat会把待审阅的PDF文档复制到Document Cloud中。但其实，你可以自己指定一个网络文件夹、WebDAV文件夹、SharePoint工作区、Office365等存放待审阅的文件。

指定网络文件夹之前，需要先更改首选项：从菜单栏中依次选择"编辑>首选项"（Windows系统），或者"Acrobat>首选项"（Mac OS），在左侧"种类"中选择"审阅"，取消选择"使用Adobe Document Cloud共享以供审阅"，单击"确定"按钮。在工具面板中单击"发送以供审阅"，然后在"发送以供审阅"工具栏中单击"发送以供共享审阅"。根据提示步骤，在你的服务器上共享文件，并邀请审阅者。

10.6　比较文件

在 Acrobat Pro 中，你可以比较一个 PDF 文档的不同版本，查看它们之间有什么不同。如果你处理的文档有多个人参与了编辑，比较文件功能会特别有用。下面我们比较一下 Facilities.pdf 文件在编辑前后有什么不同。

1. 从菜单栏中依次选择"文件 > 打开"，转到 Lesson10/Assets 文件夹下，双击 Facilities.pdf 文件，将其打开。

2. 单击"工具"，进入工具栏，然后单击"比较文件"工具，将其打开。当前打开的文档显示在"旧文件"中，"新文件"用来指定要比较的文件。接下来，我们需要指定要比较的文件。

3. 在"新文件"的"选择文件"弹出菜单中选择"浏览文件",然后转到 Lesson10/Assets 文件夹下,双击 Facilities_edited.pdf 文件。

4. 单击"设置"。在"设置"对话框中,你可以指定要比较的页面范围,或者告知 Acrobat 你处理的文档类型。默认情况下,Acrobat 会比较文档中的所有页面,并会自动检测文档的类型。

5. 单击"确定"按钮,使用默认设置,然后单击"比较"按钮,如图 10-24 所示。比较文档时,Acrobat 会显示一个进度条。分析完毕后,Acrobat 会自动打开比较报告,里面给出了小结、比较结果和两个文件之间的不同。小结中给出了更改次数和更改所属类型。

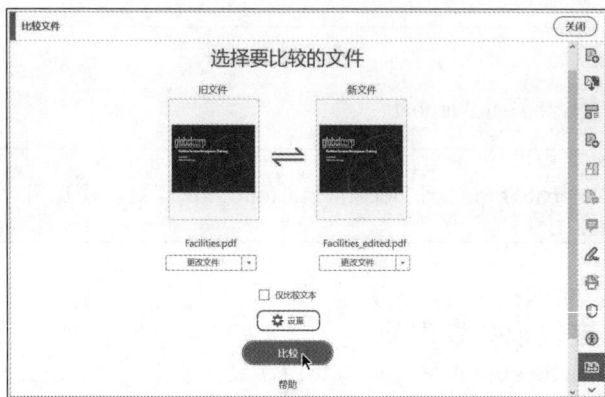

图10-24

6. 单击跳到第一处更改(实际页码的第 2 页)。此时,Acrobat 把每个文件的第 2 页显示出来,并找出修改,如图 10-25 所示。这里是删除了文本,如图 10-26 所示。

图10-25

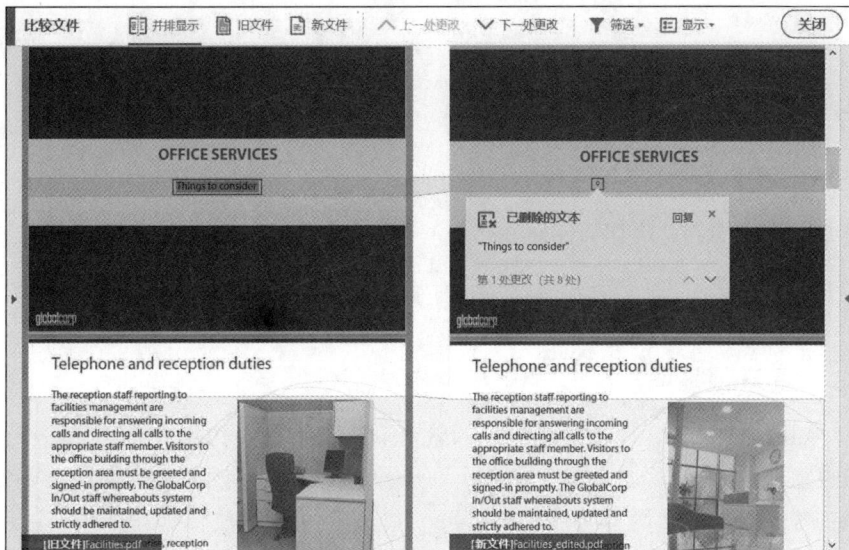

图10-26

7. 如图 10-27 所示，在"比较文件"工具栏中单击"下一处更改"。Acrobat 会显示文档中的下一处更改，这里是更换了图像。

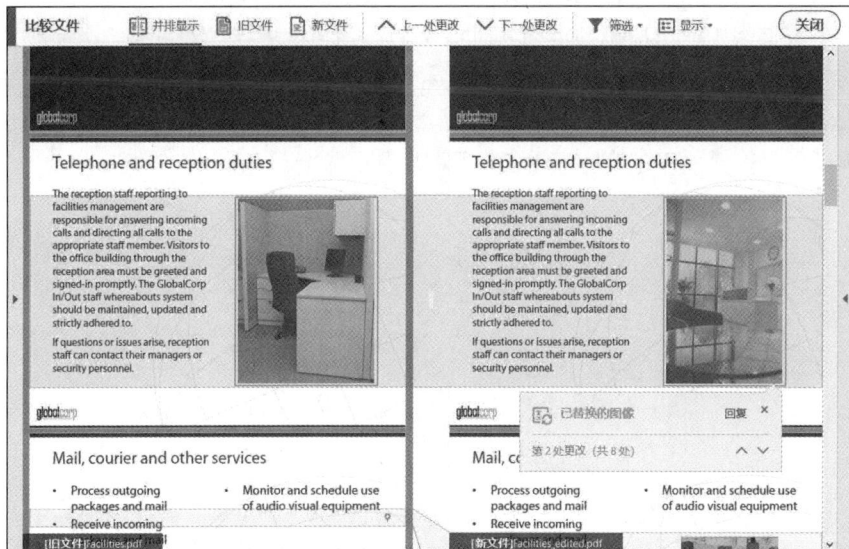

图10-27

8. 不断单击"下一处更改"，直到你浏览完文档中的所有更改。"比较文件"工具栏中有许多工具可用，例如你可以指定一次查看 1 个文档或 2 个文档（默认）、筛选特定类型的修改、查看小结等，还可以把报告保存下来，将文档更改存档。

9. 关闭所有打开的文档。

10.7　复习题

1. 如何在 PDF 文档中添加注释？

2. 如何把多个审阅者添加的注释合并？

3. 共享审阅有何好处？

10.8　复习题答案

1. 在 Acrobat 中，你可以使用任意一个注释和标记工具向 PDF 文档添加注释。打开注释工具，"注释"工具栏中显示了所有可用工具。使用注释工具时，要先选择一个注释工具，然后选择要编辑的文本，绘制标记，或者单击创建附注。

2. 合并审阅注释时，需要先打开原始的审阅文档，然后从"注释列表"的菜单中选择"导入数据文件"，选择审阅者返回的 PDF 文档，单击"选择"，Acrobat 会把所有注释导入原始文档中。

3. 在共享审阅流程中，首先你要把 PDF 文档上传到 Document Cloud 或另外一个网络文件夹中，然后邀请审阅者批注文档。当审阅者发布批注后，其他所有审阅者都会看到，这样大家就能通过注释相互交流沟通。在审阅过程中，审阅者们可以高效地解决观点冲突、找出研究领域、提出建设性的解决方案。此外，你还可以轻松地跟踪哪些审阅者打开并审阅了文档。

第**11**课 **在Acrobat中处理表单**

课程概览

本课学习内容如下。

- 创建交互式 PDF 表单。

- 添加表单域，包括文本框、单选按钮、按钮等。

- 分发表单。

- 追踪表单，确认其状态。

- 学习如何收集和编辑表单数据。

- 验证与计算表单数据。

学完本课大约需要 45 分钟。开始学习之前，请先前往"数艺设"网站下载本课项目文件。请注意，学习过程中，原始项目文件会被覆盖掉。如果你想保留原始项目文件，请在使用项目文件之前进行备份。

CONFERENCE FEEDBACK

Thank you for attending our conference this year.
We'd love to hear how we did and hope to see you
back next year!

1. What were your areas of interest this year? *(check all that apply)*
☐ Improving Public Transportation
☒ Road Sharing Planning
☒ Future Live / Work Area Projects
☐ Other: Community Education

2. Do you think you will attend future events?
◉ Yes   ○ No

3. How would you rate your experience while attending? *(1=Terrible 3=Okay 5=Fantastic)*

Environmentally Responsible   Accessible Transportation   Dining Options   Accommodations
4 ▼   4 ▼   5 ▼   5 ▼

4. Any other feedback for us?

Loved the location this year!

5. Please provide your cell phone number if you'd like to receive future announcements via text *(optional)*:

(555) 857-6309

Start over

THANK YOU!!

你可以把任意 Acrobat 文档（包括扫描的纸质文件）转换成交互式表单，以便在线分发、跟踪与收集。

11.1　准备工作

本课我们将为一场虚构的会议制作一个反馈表单。制作时，我们会在 Acrobat 中把一个现有的 PDF 文档转换成交互式表单，并使用表单工具添加表单域，以供用户在线填写。制作好之后，我们还将在 Acrobat 中使用各种工具分发表单、追踪表单、收集用户反馈、分析数据等。

11.2　把 PDF 文档转换成交互式 PDF 表单

在 Acrobat 中，你可以轻松地把其他应用程序（如 Microsoft Word、Adobe InDesign）创建的文档，以及纸质表格的扫描文档转换成交互式 PDF 表单。下面我们先打开一个已经转换成 PDF 文档的表单，然后再使用表单工具将其转换成交互式表单。

1. 启动 Acrobat，然后依次选择"文件 > 打开"，转到 Lesson11/Assets 文件夹下，打开 MeridienFeedback.pdf 文件。尽管这个 PDF 文档中包含了表单文本，但是 Acrobat 还无法识别这些表单域。

2. 单击"工具"，进入工具栏，在"准备表单"下单击"添加"，把准备表单工具添加到工具面板中。

3. 单击 MeridienFeedback.pdf 文件，返回到文档视图，然后选择工具面板中的准备表单工具（见图 11-1）。

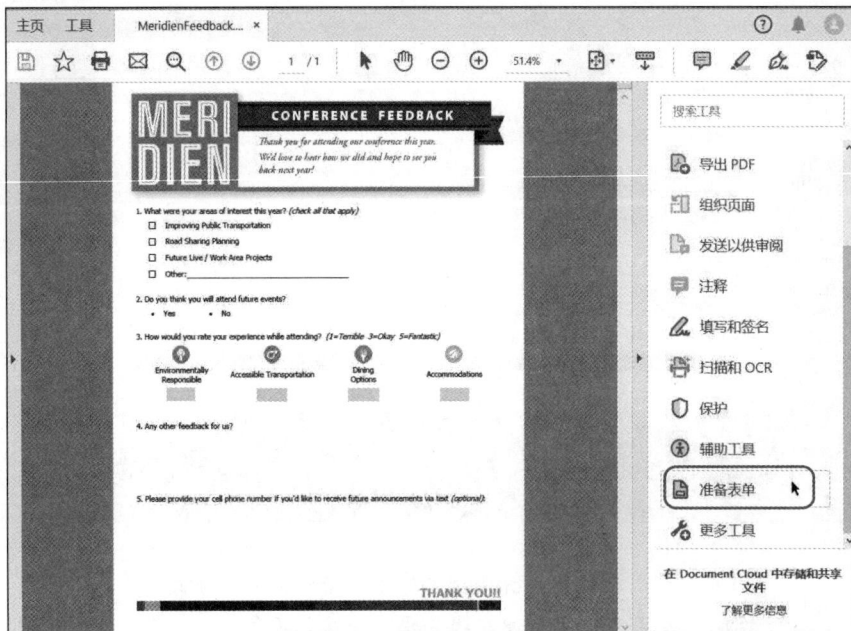

图11-1

4. 确保 MeridienFeedback.pdf 文件处于选中状态，取消选择"此文档需要签名"，保证表单域自动检测功能已打开。然后单击"开始"按钮（见图 11-2）。（若表单域自动检测功能关闭，请单击"更改"，将其打开。）Acrobat 会自动分析文档，并添加交互式表单域。你可以检查一下文档，确保 Acrobat 添加的表单域都对，你可以在任意位置手动添加表单域。Acrobat 会在右侧"域"面板中列出添加的表单域。"准备表单"工具栏和右侧面板中显示出了可用的表单编辑工具，如图 11-3 所示。

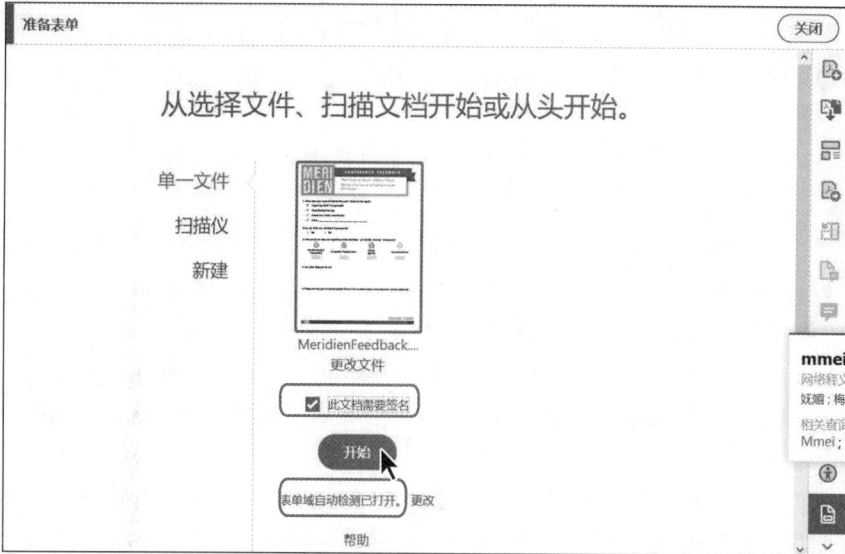

图11-2

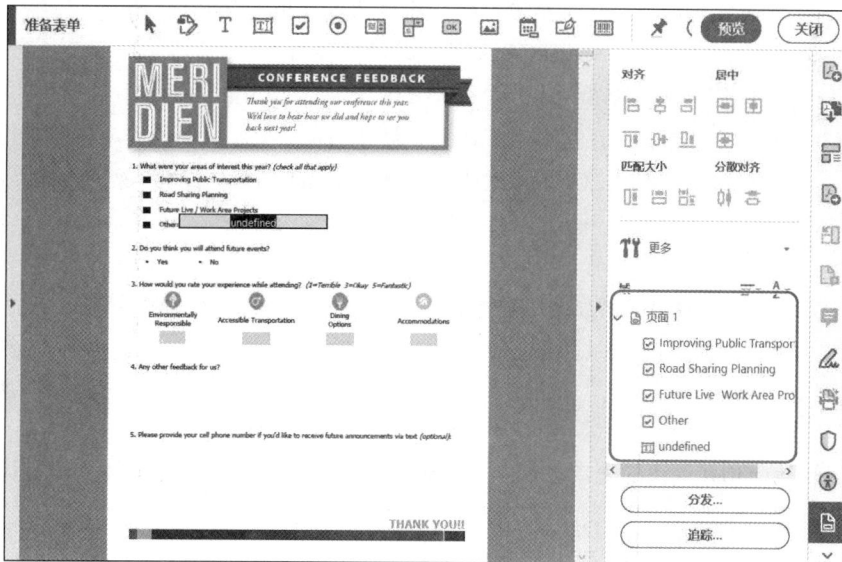

图11-3

表单域类型

在Acrobat中，你可以向PDF表单添加如下几种表单域，如图11-4所示。

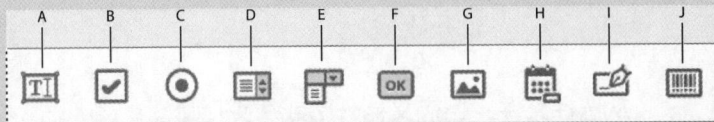

A 文本域　B 复选框　C 单选按钮　D 列表框　E 下拉列表　F 动作按钮
G 图像域　H 日期域　I 数字签名域　J 条形码域

图11-4

- 条形码域可以对选定域的输入进行编码，然后通过视觉图形显示出来，这些视觉图形可被解码软件或硬件识读。

- 动作按钮可以在用户计算机上发起一个动作，如打开文件、播放音频、提交数据到 Web 服务器。你可以使用图像、文本、视觉变化（由鼠标指针移动或单击引起）来定制按钮。

- 复选框为每个选项提供"是"或"否"的选择。当表单中包含多个复选框时，用户可以进行多选。

- 日期域允许用户输入一个日期或从日历中选择一个日期。

- 下拉列表允许用户从菜单中选择一个选项或者输入一个值。

- 数字签名域允许用户对 PDF 文档进行数字签名。

- 图像域允许用户插入一张照片或插图。

- 列表框可以显示一系列用户可选项。你可以为一个表单域设置属性，允许用户使用 Shift 键＋单击、Control 键＋单击、Command 键＋单击选择列表中的多个项。

- 单选按钮用于显示一组选项，用户只能从中选择一项。所有单选按钮作为一个组，拥有相同名称。

- 文本域允许用户输入一些文本，如名字、地址、电子邮件地址、电话号码等。

你可以编辑 Acrobat 创建的表单域。下面我们编辑标有 undefined 的表单域，为其添加一个名字和工具提示。

5. 如图 11-5 所示，双击标有 undefined 的表单域，以编辑它。

6. 如图 11-6 所示，在"文本域属性"对话框中，单击"一般"选项卡，然后在"名称"和"工具提示"文本框中输入 Other text，单击"关闭"按钮，如图 11-7 所示。

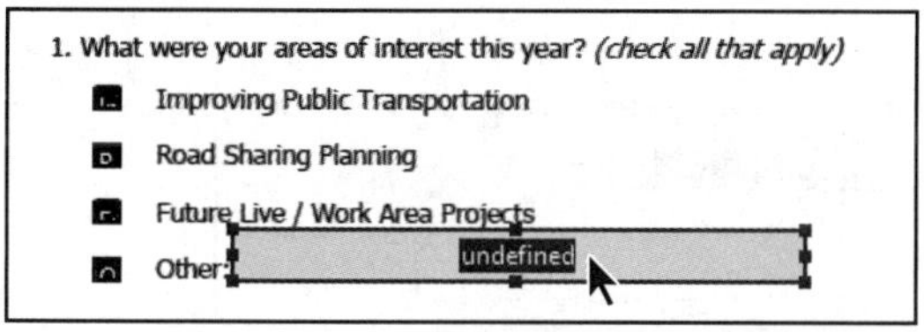

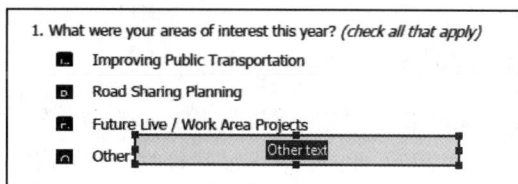

图11-5 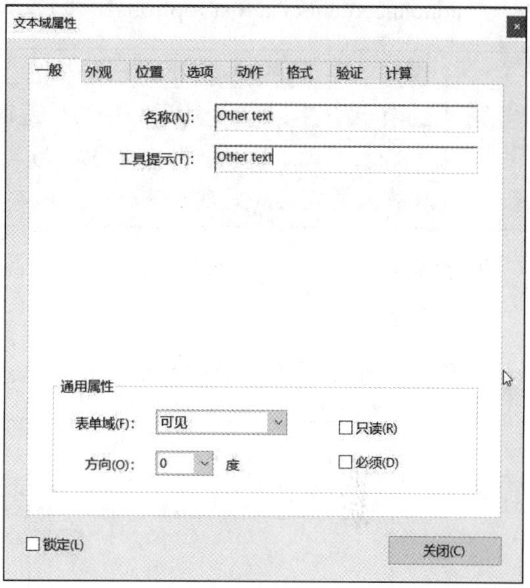   图11-6

图11-7

11.3 添加表单域

在 Acrobat 中，你可以使用表单工具向任意一个文档添加表单域。每个表单域都有一个唯一的名称，收集和分析数据时会用到这个名称，但它不会显示在表单中，对用户是不可见的。你可以为表单域添加工具提示和标签，以帮助用户了解如何填写表单域。

> **注意**：若文档受密码保护，那你必须知道密码才能添加或编辑表单域。

11.3.1 添加文本域

下面我们添加一个文本域，用来输入手机号码。文本域允许用户在表单中输入一些信息，如他们的名字、电话号码等。

1. 在"准备表单"工具栏中选择文本域工具（▥），此时鼠标指针变成一个文本框。

2. 如图 11-8 所示，在"5. Please provide your cell phone number if you'd like to receive future announcements via text (optional):"下方单击，创建一个文本域。

> **提示**：要想精确设置文本域的位置，请使用"文本域属性"对话框中的"位置"选项卡；若要同时更改多个文本域的宽度、高度、位置，请先选择多个文本域，然后在"文本域属性"对话框中为其中一个文本域做更改；此外，你还可以锁定文本域的宽度和高度，这样移动文本域时，其尺寸就不会意外地发生改变。

3. 如图 11-9 所示，在"域名称"中输入 cell phone number，取消勾选"必须填写的域"，这是一个选填域。

4. 单击"所有属性"，更改文本域的属性。

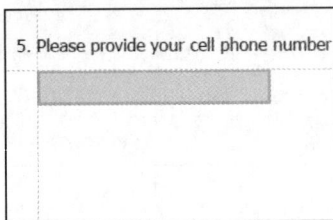
图11-8

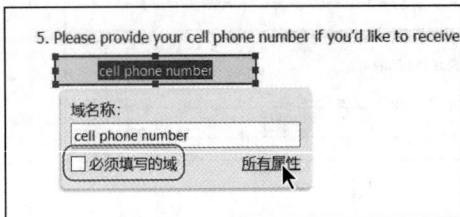
图11-9

5. 在"文本域属性"对话框中单击"格式"选项卡。

6. 如图 11-10 所示，在"选择格式种类"下拉列表中选择"特殊"，然后在"特殊选项"中选择"电话号码"，单击"关闭"。此时，文本域只接收电话号码输入，其他文本不可输入。

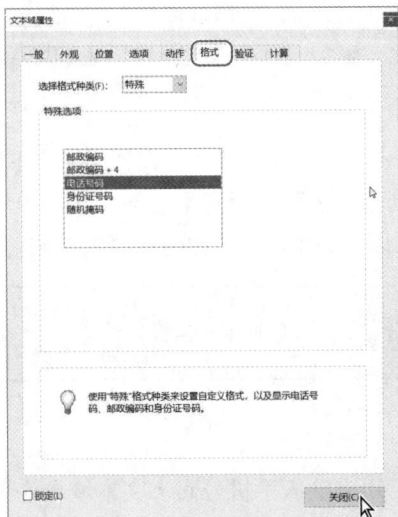
图11-10

7. 如图 11-11 所示，向右拖动文本域的右边缘，增加其长度。

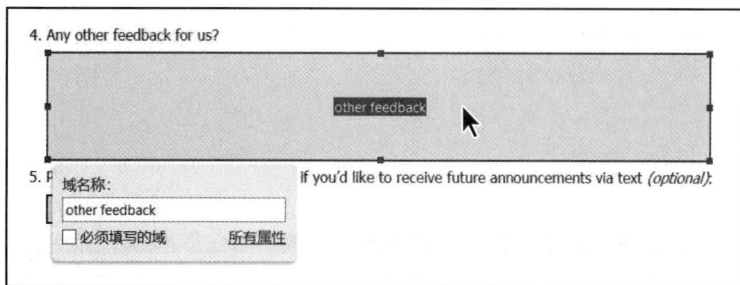

图 11-11

为文本域指定格式

你可以使用特殊格式限制输入到文本域的数据类型，或者自动把数据转换成特殊格式。例如，你可以添加一个只接收数字的邮政编码域，或者一个只接收特定日期格式的日期域，甚至还可以把用户可输入的数字限制在某一个范围之内。

若要为文本域指定格式，请先打开"文本域属性"对话框，单击"格式"选项卡，选择格式种类，然后选择合适的类型。

11.3.2　添加多行文本域

下面我们将添加一个多行文本域，用来收集用户的反馈意见。填写表单时，有些人可能只会输入几个单词，有些人则会输入一段话。为此，我们有必要添加一个多行文本域，以允许用户输入多行文本。

1. 在"准备表单"工具栏中选择文本域工具。

2. 在 4. Any other feedback for us? 下方单击，创建一个文本域，把文本域调整得大一些，以便容纳多行文本。

3. 如图 11-12 所示，在"域名称"文本框中输入 other feedback，取消勾选"必须填写的域"，这又是一个选填域。

4. 双击文本域，打开"文本域属性"对话框。

图 11-12

5. 如图 11-13 所示，在"文本域属性"对话框中单击"选项"选项卡。

6. 勾选"多行"与"滚动显示长文本"。

7. 勾选"限制为"，并在其后输入 350。

8. 单击"关闭"按钮。

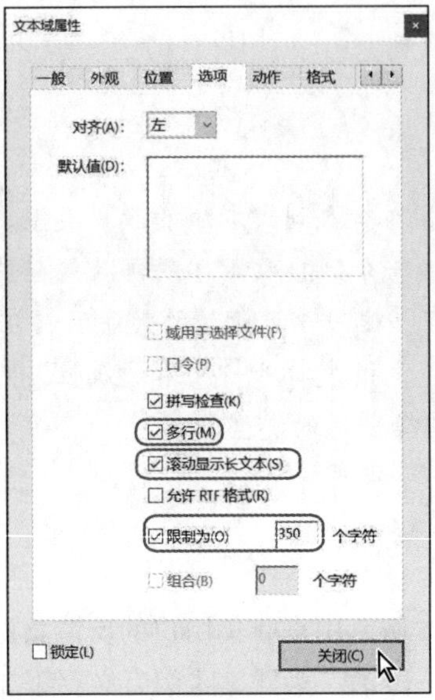

图11-13

9. 如图 11-14 所示，在"准备表单"工具栏中单击"预览"按钮。在预览模式下，表单域呈现出用户最终填写表单时的样子。

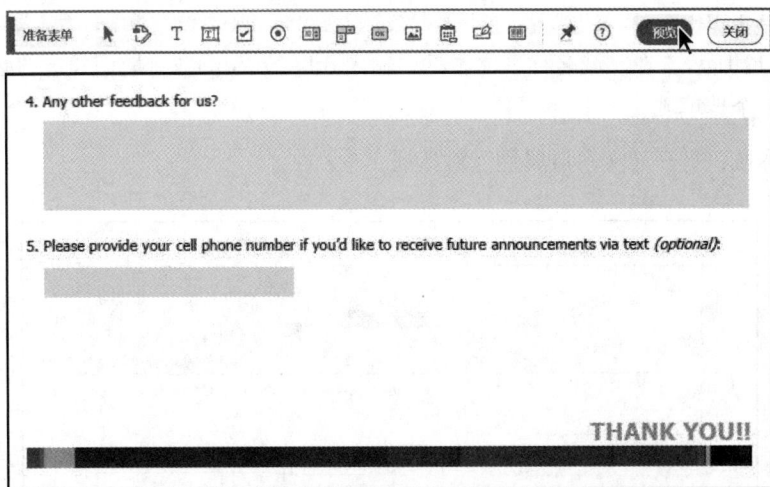

图11-14

10. 在第 4 条的文本域中输入一些句子，查看文本是如何换行的。你还可以在第 5 条的文本域中输入一个电话号码，如图 11-15 所示。

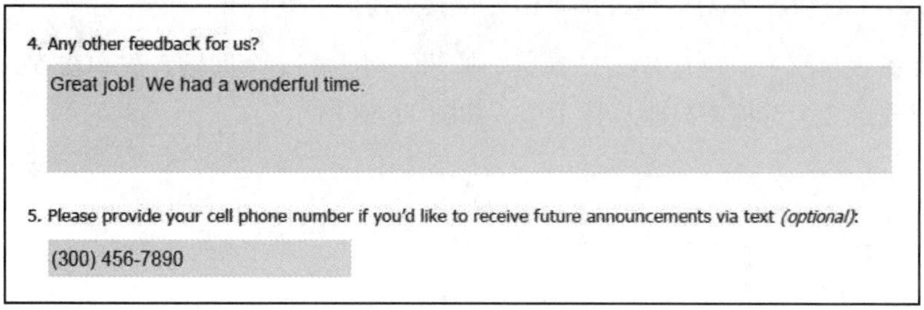

4. Any other feedback for us?

Great job! We had a wonderful time.

5. Please provide your cell phone number if you'd like to receive future announcements via text *(optional)*:

(300) 456-7890

图11–15

11.3.3 添加单选按钮

我们的反馈表单中还有一些问题只接收"是"或"否"的回答。针对这样的问题，我们可以添加单选按钮来接收用户的回答。单选按钮只允许用户从一系列选项中选择一个。

1. 若当前处于预览模式，则在"准备表单"工具栏中单击"编辑"，返回到表单编辑模式。

2. 在"准备表单"工具栏中选择单选按钮工具（ ⊙ ）。

3. 单击第 2 个问题下 Yes 前面的黑点。

4. 勾选"必须填写的域"。

5. 在"单选钮选项"文本框中输入 Yes。

6. 在"组名称"文本框中输入 attend again。

> **注意**：同一个组中的所有单选按钮共用一个组名称。

7. 如图 11-16 所示，在对话框底部单击"添加另一按钮"，此时鼠标指针再次变成一个方框。

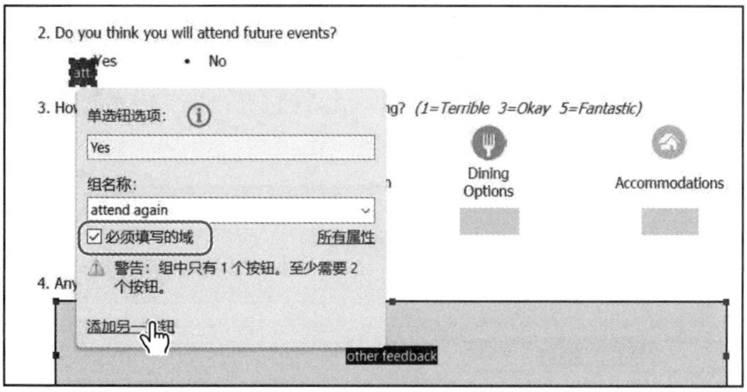

2. Do you think you will attend future events?
   • Yes   • No

单选钮选项 ⓘ

3. Ho...   ...g? *(1=Terrible 3=Okay 5=Fantastic)*

Yes

组名称：
attend again

☑ 必须填写的域   所有属性

⚠ 警告：组中只有 1 个按钮。至少需要 2 个按钮。

4. Any...

添加另一按钮

Dining Options   Accommodations

other feedback

图11–16

8. 单击 No 前面的黑点。

9. 如图 11-17 所示，在"单选钮选项"中输入 No，确保"组名称"为 attend again，勾选"必须填写的域"。然后在对话框外部单击，将其关闭。

10. 在"准备表单"工具栏中单击"预览"按钮。对于第 2 个问题，先单击 Yes，再单击 No，你会发现这 2 个选项中只能选择 1 个，如图 11-18 所示。

图11-17

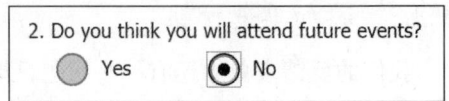

图11-18

11.3.4 添加下拉列表

下拉列表允许用户从一个弹出菜单中选择一个选项，若表单制作者同意，你还可以输入其他值。下面我们为第 3 个问题添加下拉列表，请参与者就体验打分。

1. 在"准备表单"工具栏中单击"编辑"，返回到表单编辑模式。

2. 从"准备表单"工具栏中选择下拉列表工具（⊞）。

3. 在 Environmentally Responsible 下方单击，创建一个下拉列表。

4. 在"域名称"文本框中输入 environment。

5. 如图 11-19 所示，单击"所有属性"。

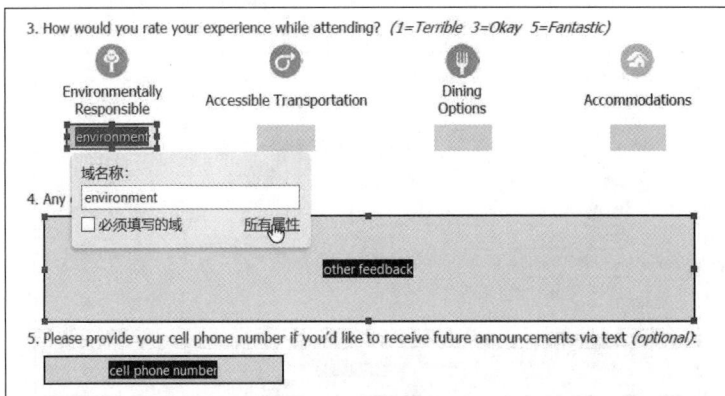

图11-19

6. 如图 11-20 所示，在"下拉菜单属性"对话框中，单击"选项"选项卡，然后在"项目"文本框中输入 --，单击"添加"按钮，Acrobat 会把 -- 添加到下拉菜单中。

7. 在"项目"文本框中输入 1，单击"添加"按钮。

8. 重复步骤 7，分别输入数字 2 ～ 5，此时菜单中包含如下几个选项：--、1、2、3、4、5。

9. 如图 11-21 所示，选择第一个选项 --，使其成为默认选项。当第一次打开表单时，就会显示该选项。

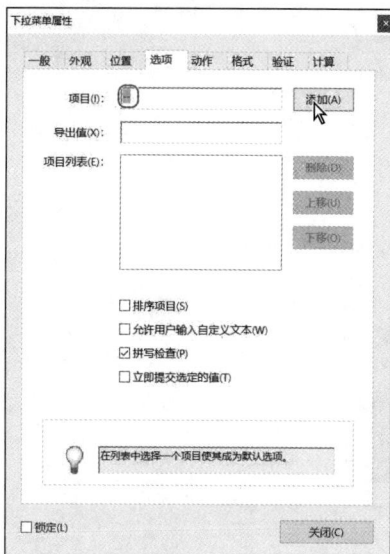

图11-20

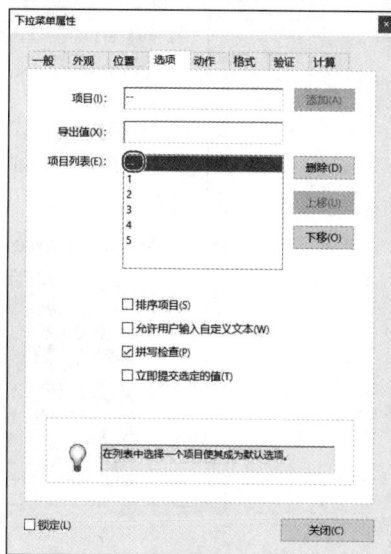

图11-21

10. 单击"关闭"按钮。

11. 调整下拉列表尺寸，使其与灰色框尺寸一致。

12. 重复步骤 2 ～步骤 11，分别为其他 3 个评估项添加下拉列表，分别命名为 transportation、dining、accommodations。

13. 在"准备表单"工具栏中单击"预览"。

14. 从每个下拉列表中选择一个选项，为各个项目评分，如图 11-22 所示。

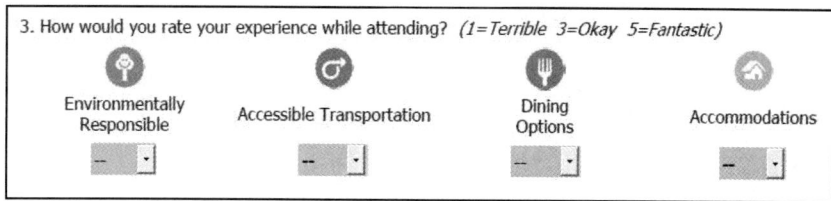

3. How would you rate your experience while attending? *(1=Terrible 3=Okay 5=Fantastic)*

Environmentally Responsible　　Accessible Transportation　　Dining Options　　Accommodations

图11-22

使用图像域

有时你可能想要表单用户提供一张图片或插图（见图11-23）。例如，你可能想在比赛提交的表单、申请表、问题或事件表中添加一个图像域。在Acrobat DC中，创建图像域与创建其他域一样容易。先在"准备表单"工具栏中选择图像域工具（ ），在页面中单击添加一个图像域，然后自定义外观。当用户单击表单中的图像域时，Acrobat会弹出"选择图像"对话框，要求你浏览并选择图片。

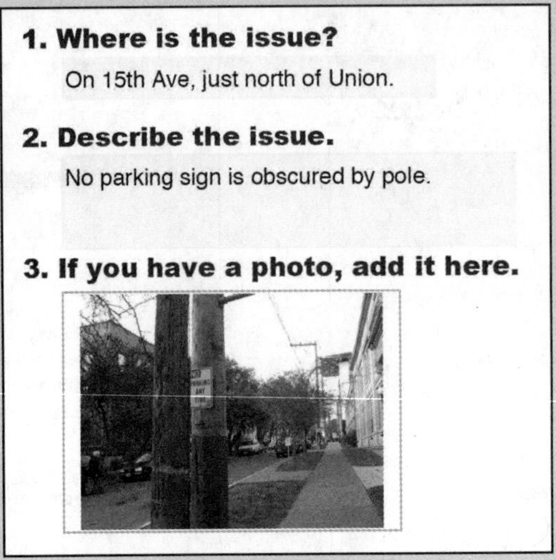

1. Where is the issue?

On 15th Ave, just north of Union.

2. Describe the issue.

No parking sign is obscured by pole.

3. If you have a photo, add it here.

图11-23

11.3.5　添加动作按钮

动作按钮允许用户执行一个动作，如播放影片、跳转到其他页面、提交表单等。下面我们在表单中添加一个"重置"按钮，用来清空所有表单域，以便用户重填表单。

1. 在"准备表单"工具栏中单击"编辑"，返回到表单编辑模式。

2. 在"准备表单"工具栏中选择按钮工具（ ）。

3. 单击表单左下角，创建一个按钮。

4. 在"域名称"文本框中输入 Reset，然后单击"所有属性"，如图 11-24 所示。

5. 在"按钮属性"对话框中单击"选项"选项卡。

6. 如图 11-25 所示，在"标签"文本框中输入 Start over。域名称用来收集和分析数据，它不会显示在表单中。而标签在用户填写表单时会显示出来。

7. 单击"动作"选项卡。

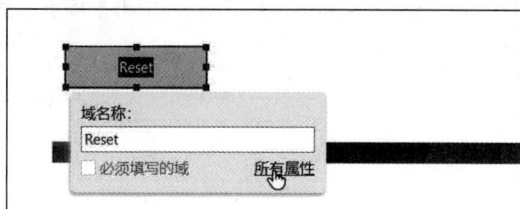

图11-24

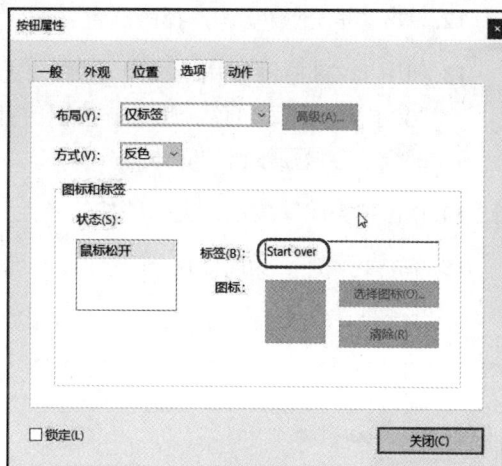

图11-25

8. 如图 11-26 所示，从"选择触发器"下拉列表中选择"鼠标松开"，然后从"选择动作"下拉列表中选择"重置表单"，单击"添加"按钮。当用户单击按钮，然后释放鼠标左键时，表单就会被重置。

9. 在"重置表单"对话框中单击"确定"按钮，重置所选域。默认情况下，所有表单域都会被勾选，如图 11-27 所示。

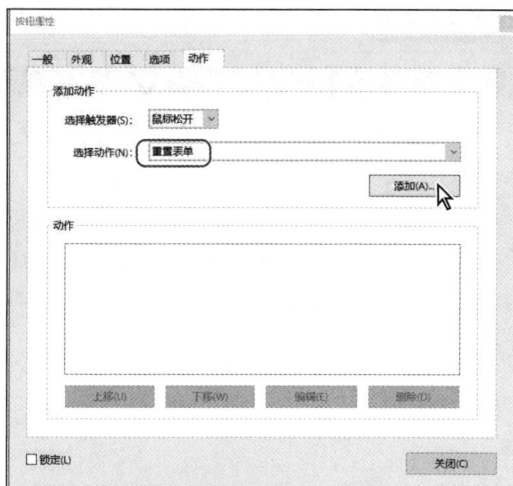

图11-26

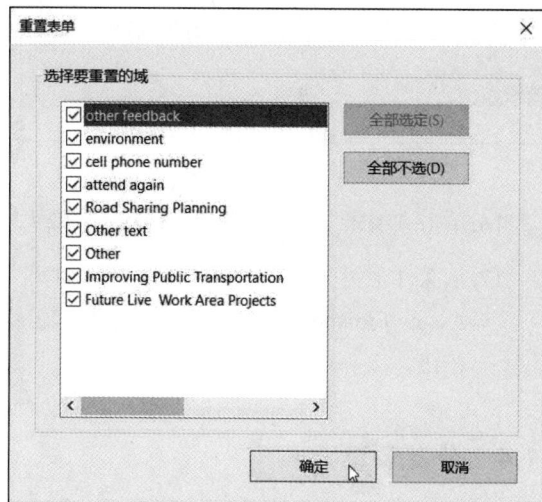

图11-27

10. 单击"外观"选项卡。

11. 单击"外框颜色"，选择深红色。在 Mac OS 中，取消勾选"不透明度"，然后关闭"颜色"面板。

12. 单击"填充颜色",选择淡红色,然后关闭"颜色"面板。

13. 如图 11-28 所示,从"线条宽度"中选择"薄",从"线条样式"中选择"斜面",设置"文本颜色"为白色。此时,按钮的背景变为红色,外框为深红色,文本为白色。带斜面的线条会增强按钮的立体感。

14. 单击"关闭"按钮,关闭"按钮属性"对话框。

15. 单击"预览",为前面几个问题作答,然后单击 Start Over 按钮(见图 11-29),即可把前面的表单域重置。

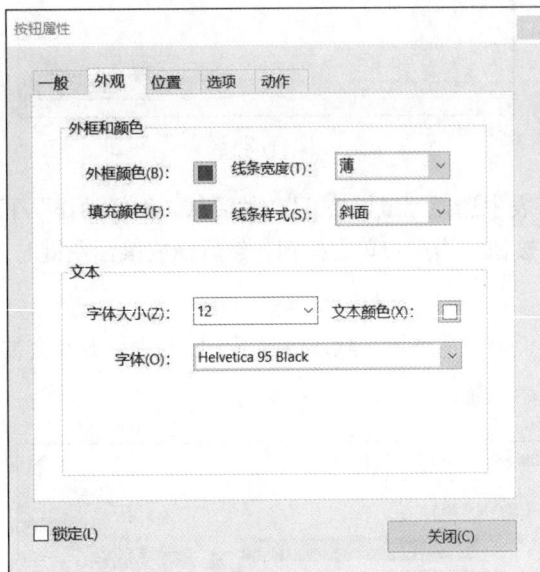

图11-28

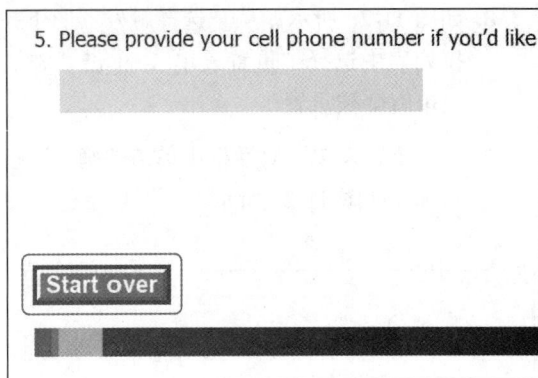

图11-29

16. 单击"编辑"按钮,返回到表单编辑模式。

17. 从菜单栏中依次选择"文件 > 另存为",在"另存为 PDF"对话框中,转到 Lesson11/Assets/Finished_Projects 文件夹下,输入文件名 MeridienFeedbackForm.pdf,单击"保存"按钮。

11.4 分发表单

设计并创建好表单之后,接下来就该分发表单了,分发表单的方式有好几种。例如,如果你有电子邮箱,那么你可以把反馈表单发送给自己,然后从邮件中收集反馈意见。下面使用 Acrobat 中的分发工具来分发表单。

1. 如图 11-30 所示,在右侧面板中单击"分发"按钮。

2. 若 Acrobat 提示你保存表单,单击"保存"按钮。

3. 在"分发表单"对话框中，选择"电子邮件"，然后单击"继续"，如图 11-31 所示。若 Acrobat 提示你先清空表单，则单击"是"。

图11-30

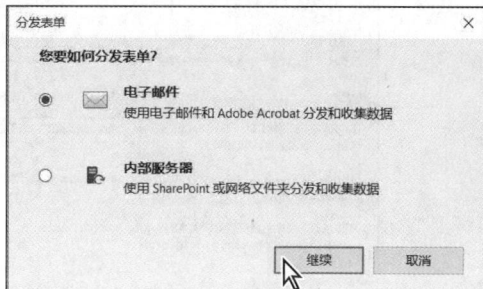

图11-31

4. 若 Acrobat 要求你输入电子邮件地址、名称、标题、组织名称，请输入它们，然后单击"下一步"。如果你之前已经输入过这些信息，Acrobat 会自动使用它们。

5. 选择"使用 Adobe Acrobat 发送"，单击"下一步"，如图 11-32 所示。

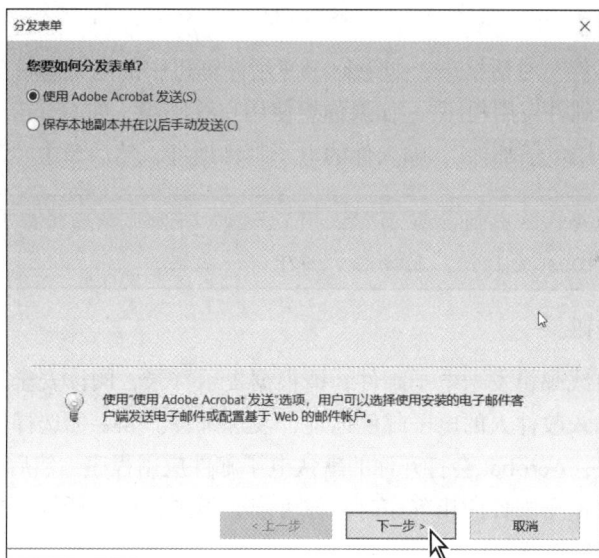

图11-32

6. 如图 11-33 所示，在"收件人"文本框中输入你的电子邮件地址，勾选"从收件人收集姓名和电子邮件以提供最佳追踪"，然后单击"发送"按钮。

> **注意**：你可以根据表单自定义邮件主题和内容，并且可以同时把表单发送给多个人；你可能得向表单接收人提供一些填写表单的说明，因为接收人在 App 中看不到"提交"按钮。

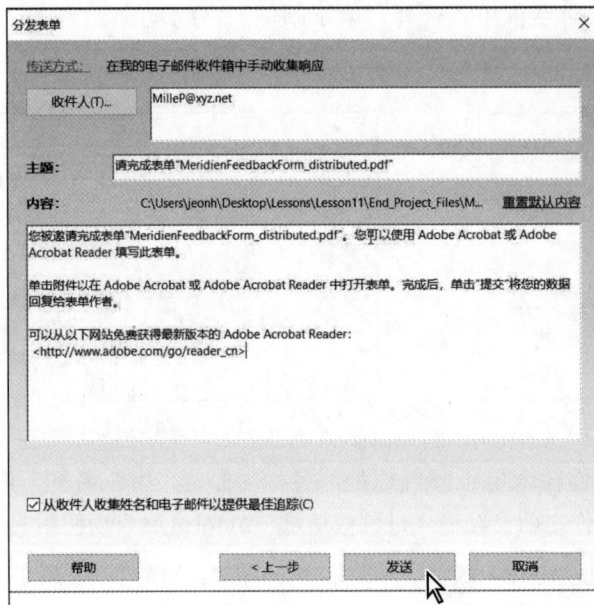

图11-33

7. 在"发送电子邮件"对话框中,如果你想使用计算机中的电子邮件应用程序发送邮件,请选择"默认电子邮件应用程序";如果你想使用在线邮箱(如 Gmail、Yahoo Mail)发送邮件,请选择"使用电子邮件",输入你的电子邮件地址,然后单击"确定"。

> **注意**:若 Acrobat 弹出信息提示你没有默认的电子邮件应用程序,请单击"确定",然后 Acrobat 会打开"发送电子邮件"对话框。

8. 单击"继续"按钮。

9. 如果你是通过在线邮箱发送电子邮件,请根据提示登录,阅读安全须知,然后根据需要进行访问授权,输入收件人的电子邮件地址,发送邮件。如果你选择使用默认的电子邮件应用程序发送邮件,Acrobat 会打开你的默认电子邮件应用程序,然后把表单作为附件发送出去。在使用某些电子邮件应用程序时,你可能必须进行访问授权,或者在电子邮件应用程序中单击"发送"按钮。

10. 查收你的电子邮件,打开附件中的 PDF 文档,填写表单。表单会在 Acrobat 中打开,其上方有一个文档信息栏,其中显示的是表单信息。若表单中没有"提交表单"按钮,那它就在文档信息栏中。另外,文档信息栏还会显示这个表单是否经过了验证,以及是否包含签名域。

> **注意**:若表单接收人使用的是较早版本的 Acrobat 或 Reader,他们可能无法看到文档信息栏,或者文档信息栏中显示的是其他信息。

追踪表单

如果你使用Acrobat分发表单，你可以轻松地对分发或接收的表单进行管理。使用"追踪器"可以查看、编辑反馈文件的位置，追踪是谁给出了反馈，添加更多收件人，向所有收件人发送邮件，以及查看表单反馈。

使用追踪器追踪表单的步骤如下。

1. 打开你想追踪的表单，选择准备表单工具，在右侧面板中单击"追踪"。"追踪器"窗口中会显示你已发起的审阅和已分发的表单。

2. 在左侧"导览"窗格中展开表单，单击"已分发"。

3. 选择你想追踪的表单。在文档窗口中，追踪器会显示反馈文件的位置、分发表单使用的方法、分发日期、收件人列表，以及各个收件人是否做出了回复。

4. 执行如下操作中的一个或多个。

- 单击"查看响应"，查看一个表单的所有响应。
- 在"反馈文件位置"中单击"编辑文件位置"，更改反馈文件的位置。
- 单击"打开原表单"，查看原始表单。
- 单击"添加收件人"，可以把表单发送给更多人。
- 单击"发送邮件给所有接收人"，把电子邮件发送给每一个表单接收人。
- 单击"向还没有响应的收件人发送邮件"，提醒收件人填写表单。

11.5 收集表单数据

电子表单不仅方便了用户，它还大大方便了制作者追踪、收集、审阅表单数据。分发表单时，Acrobat 会自动创建一个 PDF 包，用来收集表单数据。默认设置下，这个文件保存在原始表单所在的文件夹下，名称为文件名 +_responses。

下面我们填写并提交表单，然后收集表单数据。

1. 打开表单，把自己想象成一个收件人，为每个问题作答。在第 4 个问题的多行文本框中输入一些内容，然后单击"提交表单"（Submit Form）按钮，如图 11-34 所示。

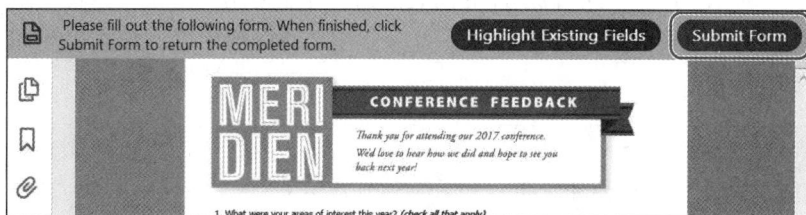

图11-34

2. 在"发送表单"对话框中，检查用来发送数据的电子邮件地址和名字，然后单击"发送"按钮。

> **注意：**在电子邮件应用程序的某些安全设置下，你可能需要先审阅并同意邮件内容，然后才能发送它。

3. 在"发送电子邮件"对话框中，选择默认电子邮件应用程序或网络邮件，单击"继续"，根据提示登录。若出现警告对话框，单击"继续"或"允许"。如果你收到一条与发送电子邮件有关的信息，单击"确定"按钮。在你的电子邮件应用程序的某些设置下，你可能需要手动发送邮件。

4. 查看收到的电子邮件。填写好的表单会以附件的形式存在于标题为 Submitting Completed Form（若你是手动发送电子邮件，则邮件标题由你自己填写）的电子邮件中。

5. 打开邮件附件。选择"添加到一个现有的响应文件中"，保持默认文件名，然后单击"确定"按钮。Acrobat 会把数据收集到分发表单时创建的反馈文件中。

分发表单选项

有多种方法把表单发送给需要填写表单的人。例如，你可以直接把表单"挂"到网站上供他们下载，也可以使用你的电子邮件应用程序把表单发送给他们。不过，为了能够使用Acrobat中的表单管理工具来追踪、收集、分析数据，你最好还是使用如下方法。

- 把表单作为电子邮件附件发送出去，然后在收件箱中手动收集反馈文件。
- 使用网络文件夹或 Windows 服务器（运行着 Microsoft SharePoint 服务）发送表单，你可以在内部服务器上自动收集反馈。

不管使用上面哪种方法发送表单，都要先在"表单"面板中单击"分发"，然后根据提示一步步完成操作。有关分发表单的更多内容，请阅读Adobe Acrobat DC帮助文档。

> **注意：**浏览表单反馈文件需要你的系统中安装有 Adobe Flash Player；若你的系统中尚未安装 Adobe Flash Player，Acrobat 就会提示你安装它。

6. 如图 11-35 所示，单击 PDF 包欢迎界面底部的"开始使用"按钮。你收集到的表单数据会在 PDF 包中列出来，每个反馈都将作为一个独立的文件列出。你可以使用 PDF 包筛选、导出、归档数据。

> **注意：**你可以同时向反馈文件添加多个表单反馈；单击"添加"，找到你想添加的反馈；使用某些电子邮件应用程序时，你可能需要使用这个方法添加文件，而非双击附件。

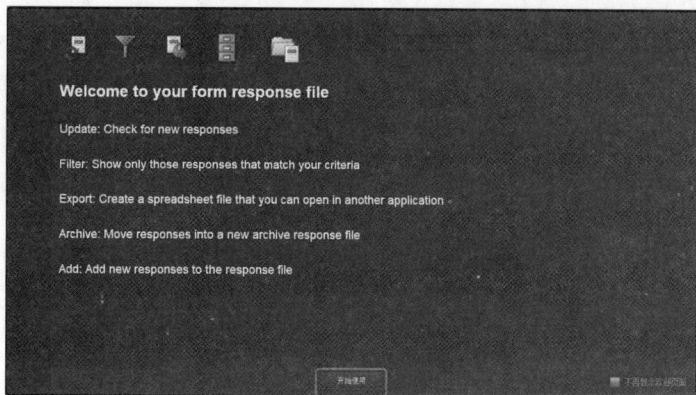

图11-35

11.6 处理表单数据

收集好表单数据后，你可以自由地查看每个反馈数据、根据特定问题筛选数据、把数据导出为 CSV 或 XML 文件以便在电子表格或数据库中使用，或者把数据存档供日后使用。下面我们先对反馈表单中的数据进行过滤，然后把它们导入一个 CSV 文件中。

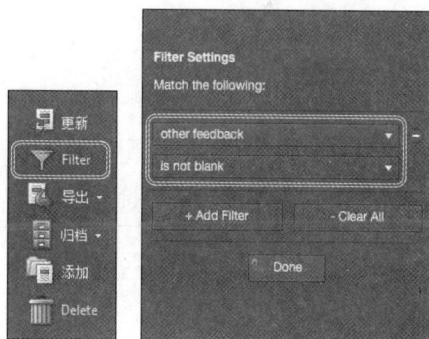

图11-36

1. 单击 PDF 包左侧的"筛选"（Filter）按钮，如图 11-36 所示。

2. 在"选择域名称"下拉列表中选择 other feedback。

3. 在下一个下拉列表中选择"非空"（isnot blank）。在你填写的表单中，other feedback 域中包含数据，所以该表单会被列出来。从第 2 个下拉列表中选择"非空"后，你填写的表单不见了，因为它与筛选条件不匹配。你可以根据需要添加多个筛选条件把指定的反馈选出来。

4. 再次选择"非空"，你填写的表单将再次出现。

5. 在"筛选"面板底部单击"完成"。

6. 选择该反馈。

7. 在 PDF 包左侧依次选择"导出 > 导出所选内容"。

8. 选择文件类型为 CSV，单击"保存"按钮。Acrobat 会创建一个 CSV 文件，其中包含了所选的反馈数据。你可以在 Microsoft Excel、其他电子表格程序、数据库程序中打开它。

9. 关闭所有打开的 PDF 文档和追踪器。

11.7　验证和计算数字域

Acrobat 提供了许多确保用户正确填写表单的方法。例如，你可以创建一些域，只允许用户输入特定类型的信息，还可以创建一些根据其他域的输入自动计算自身值的域。

11.7.1　验证数字域

在 Acrobat 中，使用域验证功能可确保用户输入到表单域中的信息是正确的。例如，如果要求用户输入的数字必须在 10 ～ 20 内，则在创建这个域时可以对其属性进行指定。下面我们将把订单中乐器的价格限制在 1000 美元以内。

1. 从菜单栏中依次选择"文件 > 打开"，转到 Lesson11/Assets 文件夹下，打开 Order_Start.pdf 文件。这个 PDF 文档中已经包含了表单域。

2. 在工具面板中单击"准备表单"，编辑表单。

3. 双击 Price.0 域（Price Each 列中的第一个单元格）。

4. 如图 11-37 所示，在"文本属性"对话框中单击"格式"选项卡，具体设置如下。

- 在"选择格式种类"中选择"数字"。

- 在"小数位数"中选择 2（精确到美分）。

- 在"分隔符样式"中选择 1,234.56（默认）。

- 在"货币符号"中选择 $（美元符号）。

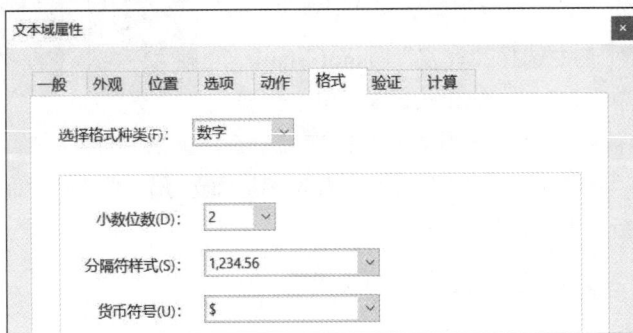

图11-37

5. 接下来，在"验证"选项卡中为输入这个域的数据指定一个范围。单击"验证"选项卡，然后选择"域值范围"，在"从"文本框中输入 0，在"到"文本框中输入 1000，单击"关闭"按钮，如图 11-38 所示。

6. 在"准备表单"工具栏中单击"预览"。在 Price Each 栏的第一个单元格中，输入 2000，按 Enter 键或 Return 键。此时会弹出一个警告框，指出输入的值无效（见图 11-39），并给出允许输入的范围。

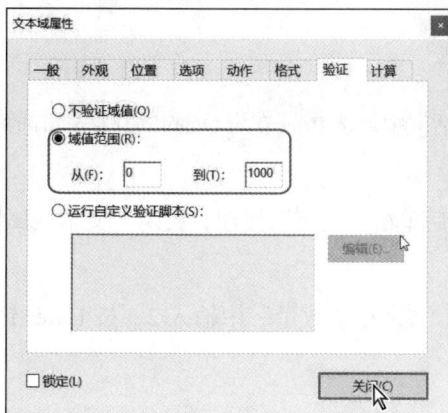

图11-38

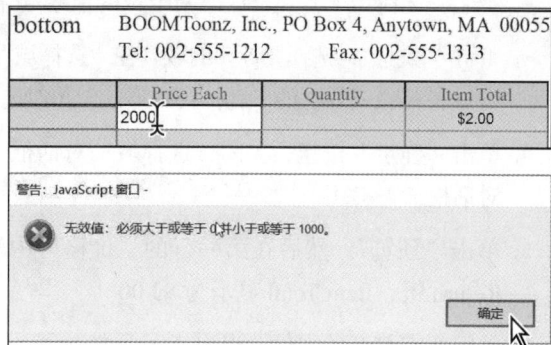

图11-39

7. 单击"确定"按钮，关闭警告对话框。

11.7.2 计算数字域

在 Acrobat 中，除了可以验证、格式化表单数据之外，你还可以让 Acrobat 自动计算某个表单域的值。在我们的 PDF 订单表单中，在填入乐器单价和订购数量后，我们让 Acrobat 自动计算出总价。

1. 若当前处于预览模式，单击"编辑"，返回到编辑模式。

2. 双击 Total.0 域（Item Total 列的第一个单元格）。

3. 如图 11-40 所示，在"文本域属性"对话框中单击"计算"选项卡，做如下设置。

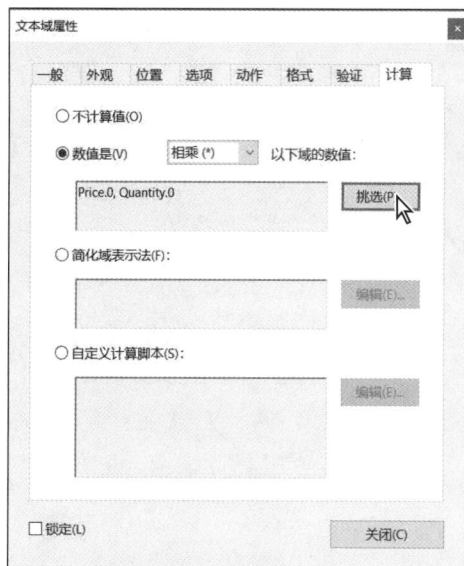

图11-40

- 选择"数值是"。

- 选择"相乘（*）"，表示把两个域的值乘起来。

- 单击"挑选"，选择要计算的域。在"选择域"对话框中勾选 Price.0 与 Quantity.0（先勾选第一个，然后按键盘上的↓键，找到第二个并勾选）。

4. 单击"确定"按钮，关闭"选择域"对话框。然后单击"关闭"按钮，关闭"文本域属性"对话框。

5. 单击"预览"。然后在第一行的"价格"中输入 1.5，在"数量"中输入 2，按 Enter 键或 Return 键，Item Total 显示为 $3.00。

6. 关闭所有打开的文件，退出 Acrobat。

11.8　复习题

1. 在 Acrobat DC 中，如何把一个现有文档转换为一个交互式 PDF 表单？

2. 在交互式 PDF 表单中，单选按钮和动作按钮有何不同？

3. 如何把一个表单分发给多个人？如何追踪你收到的反馈表单？

4. Acrobat 把反馈表单收集到了哪里？

11.9　复习题答案

1. 把一个现有文档转换成交互式 PDF 表单的步骤如下：先在 Acrobat 中打开待转换的文档，然后选择准备表单工具，选择当前文档，单击"开始"按钮。

2. 单选按钮只允许用户从多个选项中选择一个。动作按钮可以触发动作，如播放影片、跳转到其他页面、清空表单数据等。

3. 你可以通过电子邮件把表单发送给多个人，也可以把表单发布到内部服务器上，选择准备表单工具，从右侧面板中单击"分发"，选择一个分发方式即可。

4. 使用 Acrobat 分发表单时，Acrobat 会自动创建一个 PDF 包来存放反馈表单。默认情况下，PDF 包与原始表单在同一个文件夹下，名称为文件名 + _responses。

第**12**课 使用动作（仅适用于Acrobat Pro）

课程概览

本课学习内容如下。

- 运行动作。

- 创建动作。

- 创建动作说明步骤。

- 在步骤中设置选项，省去输入的麻烦。

- 在特定步骤中提示用户输入。

- 共享动作。

学完本课大约需要45分钟。开始学习之前，请先前往"数艺设"网站下载本课项目文件。请注意，学习过程中，原始项目文件会被覆盖掉。如果你想保留原始项目文件，请在使用项目文件之前进行备份。

AQUO NATURAL ENERGY

green bottling initiative

THOMAS BOOKER
Founder, President and CEO of Aquo

Biography

Thomas Booker founded Aquo Energy Drinks Ltd. in August 2006, and currently acts as the company's President and Chief Executive Officer. Mr. Booker is responsible for overseeing all Aquo business units, including Aquo energy drink and water brands, and also remains a driving force behind Aquo's product development. He has served on the boards of many large public companies, consulting them on environmentally sustainable business practices throughout his career. He currently serves as chairman of the California Corporate Green Building Council. Prior to founding Aquo, Mr. Booker was Director of Research and Development at Purely Natural Energy Company, the ground breaking Northwestern energy bar company that was the first to introduce a 100% organic bar to the national market in 1996. He earned a B.S. from the University of Virginia in 1987, and a MBA from the College of William & Mary in 1990. He was named *Better* magazine's 2006 "Most Environmentally Responsible CEO of the Year."

在 Adobe Acrobat DC Pro 中，使用动作可以实现任务自动化，使处理更加连贯一致。你可以使用 Acrobat 自带的动作，也可以自己创建动作，并分享给其他人。

12.1 动作简介

在 Adobe Acrobat DC Pro 中，你可以使用动作把包含多个步骤的任务自动化，并与其他人分享处理流程。动作是一系列步骤的组合，其中有些步骤（如向文档添加标签）由 Acrobat 自动执行，有些步骤（如删除隐藏的内容）需要用户做一些输入，以指定要删除或添加哪些内容或者使用什么设置。还有一些步骤（如添加书签）无法实现自动化，因为需要人为的判断才能创建和命名书签。这些情况下，动作中必须包含一些说明，以指示系统去执行某个必要的步骤，这样动作才能继续执行下去。

Acrobat Pro 为我们提供了一些动作，你可以在"动作向导"中找到它们。这些动作可以用来执行一些常见任务，如准备用来分发的文档，或创建可访问的 PDF。此外，你还可以自己创建动作，把若干步骤按顺序组织起来，以完成特定任务。动作中还应在适当的地方包含一些步骤信息，以指导用户顺利地使用每个动作。

一些常做的任务特别适合做成动作，每次做任务时，只要执行动作，动作中的步骤就会自动得到执行。有些不怎么常做但每次做都需要执行相同步骤的任务做成动作也会很方便。通过动作，你可以确保每次处理时某些关键步骤都会得到执行。

12.2 使用预设动作

在 Acrobat Pro 中使用动作时，先要选择动作向导工具，然后在右侧面板的动作列表中选择要执行的动作。下面我们使用"准备分发"动作来准备一份将要发布到内部网站上的文档。

1. 启动 Acrobat Pro，从菜单栏中依次选择"文件 > 打开"，转到 Lesson12/Assets 文件夹下，选择 Aquo_CEO.pdf，单击"打开"。Aquo_CEO.pdf 文档的内容是一家虚拟饮料公司 CEO 的个人简介。

2. 在工具栏中单击"工具"。如图 12-1 所示，在"自定义"中单击"动作向导"，将其打开。

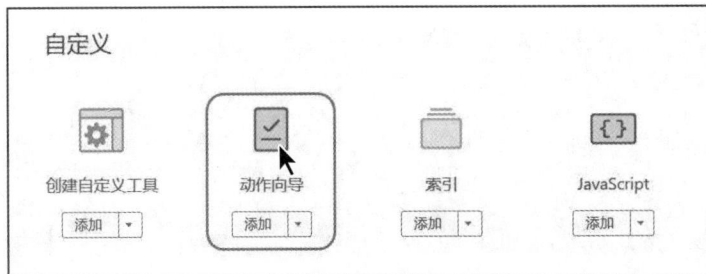

图12-1

3. 如图 12-2 所示，在右侧面板的"动作列表"中选择"准备分发"。此时，右侧面板中显示的是动作的步骤和相关信息。动作面板指出了即将处理的文件，如果需要，你也可以添加文件，然后列出动作的步骤和相关信息。

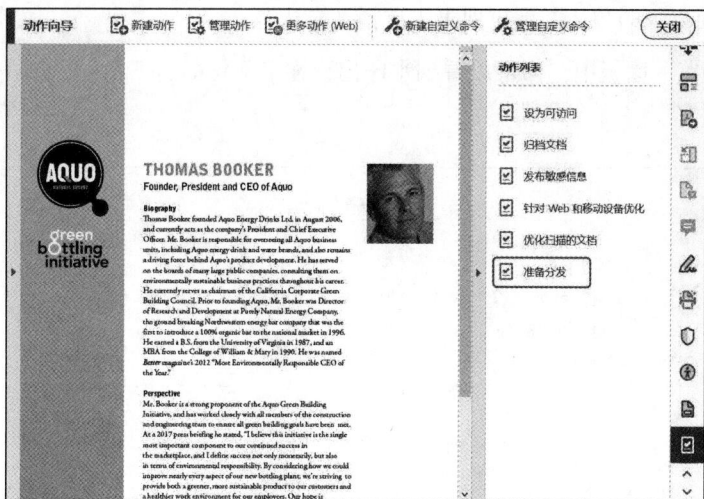

图12-2

4. 检查动作步骤。读完相关信息后，单击"开始"（见图 12-3），进入第一步。此时，"开始"
按钮变成"停止"按钮，你可以随时单击它，停止当前动作。第一步是删除隐藏信息，你可
以看到"删除隐藏信息"对话框，并且动作面板中的"删除隐藏信息"是高亮显示的。

5. 如图 12-4 所示，在"删除隐藏信息"对话框中单击"确定"按钮，使用默认选择。

图12-3

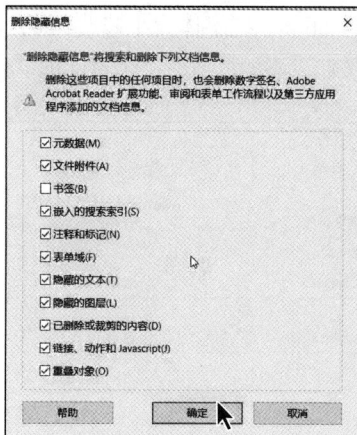

图12-4

6. 如图 12-5 所示，在"添加水印"对话框中做如下设置。

- 在"文本"文本框中输入 Copyright Aquo 2019。

- 设置字体"大小"为 20。

- 设置"不透明度"为 20%。

- 在"位置"选项组中选择"点"，设置"垂直距离"为 1，然后从"从"下拉列表中选择"下边"。

- 在"水平距离"的"从"下拉列表中选择"右边"。

7. 此时在"预览"面板中，你可以看到水印出现在了文档的右下角上。单击"确定"，进入下一步。

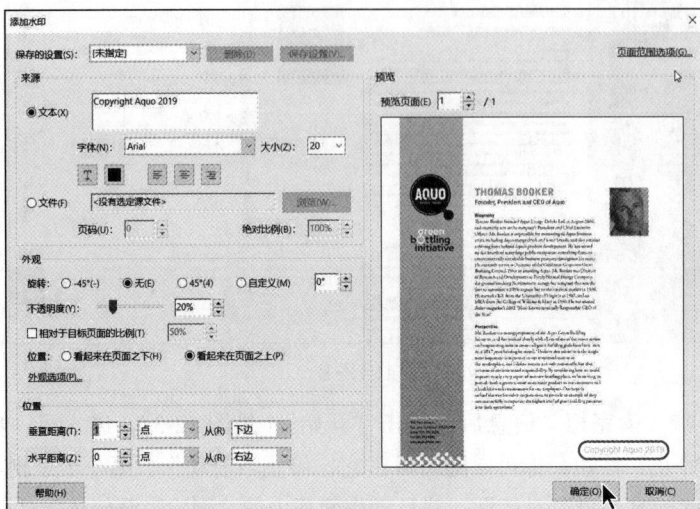

图12-5

8. 如图12-6所示，在"添加页眉和页脚"对话框中，在"中间页眉文本"文本框中，输入 Aquo Corporate Information，把字体大小修改为9，此时在预览区域中，你可以看到添加好的页眉。单击"确定"按钮，添加页眉，关闭对话框。

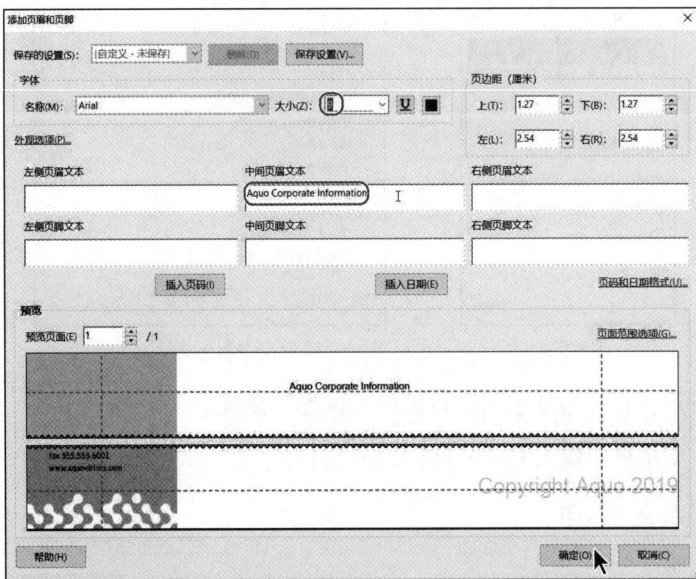

图12-6

9. 在"另存为 PDF"对话框中，转到 Lesson12/Finished_Projects 文件夹下，输入文件名 Aquo_CEO_dist.pdf，然后单击"保存"按钮。此时在"动作向导"面板中，"停止"按钮变成了"已完成"，如图 12-7 所示。

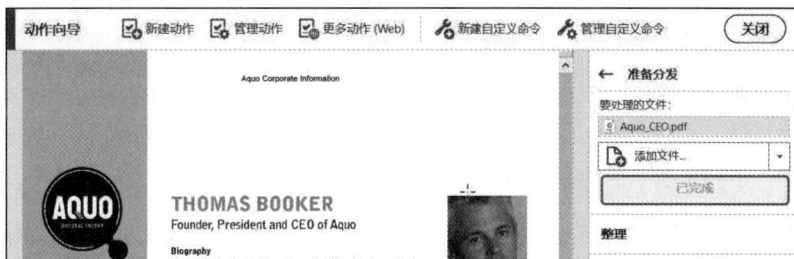

图12-7

10. 单击"动作向导"面板底部的"完整报告"链接（见图 12-8），查看"准备分发"动作执行的详细步骤。报告将在浏览器窗口中打开（见图 12-9），浏览完毕后，关闭浏览器。

图12-8

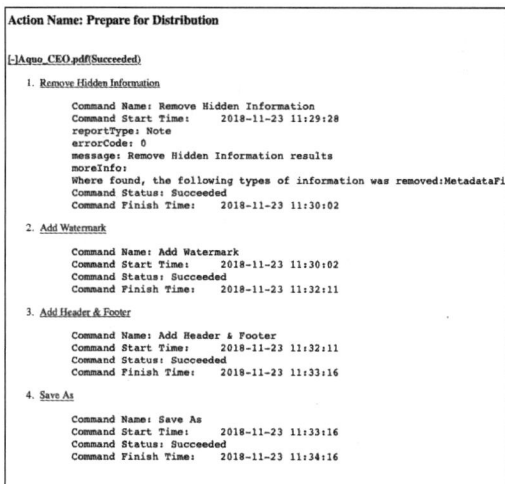

图12-9

11. 在 Acrobat Pro 中保持动作向导工具和文档处于打开状态。

12.3 创建动作

在 Acrobat DC Pro 中，你可以自己创建动作，把若干步骤及其说明组合在一起，实现自动化处理或使某个处理过程标准化。创建某个动作之前，要先考虑处理步骤有哪些，以及这些步骤之间的逻辑顺序。例如，使用密码保护来加密文档应该是一个动作的最后一步。

下面我们将在 Acrobat DC Pro 中创建一个动作，这个动作用来准备多媒体演示文稿，其中包含的步骤有：添加页眉或页脚（把页面彼此连在一起）、添加视频文件、创建页面过渡、设置文件在全屏模式下打开、添加密码保护（防止其他人修改文档）。

1. 在"动作向导"工具栏中单击"新建动作"。在弹出的"创建新动作"对话框中有两个窗格，左侧窗格显示的是要添加到动作中的工具（按类别排列），右侧窗格中显示的是要处理的文件和添加到动作中的步骤。通过最右侧的按钮，你可以设计动作外观，添加分隔符、面板和说明。

2. 在"创建新动作"对话框中，确保在"默认选项"下拉列表中选择了"添加文件"，如图 12-10 所示。你可以把一个动作应用到一个打开的文件上，或者让这个动作提示用户选择一个文件或文件夹、要求用户扫描文档，或者从云存储中打开一个文件。

图12-10

12.3.1 为动作添加步骤

接下来，我们为动作添加步骤。

1. 在左侧窗格中展开"页面"类别,选择"添加页眉和页脚"。

2. 单击对话框中间的"添加到右侧窗格"按钮(🖳)。此时,"添加页眉和页脚"出现在右侧窗格的列表中。

3. 在"添加页眉和页脚"步骤下勾选"提示用户"。这样在执行动作时,用户可以自定义演示文稿的页眉和页脚。

> **提示**:如果某个步骤你不需要了,可以将其删除;具体做法是先选择要删除的步骤,然后单击对话框右侧的"删除"按钮(🗑);此外,使用键盘上的↑和↓键可以更改步骤的先后顺序。

4. 下一步是添加视频文件。如图 12-11 所示,此时"创建新动作"对话框中无添加视频工具可用,所以我们要添加一个说明性步骤,向用户做出说明。单击位于对话框右侧的"添加说明"按钮(🖳)。

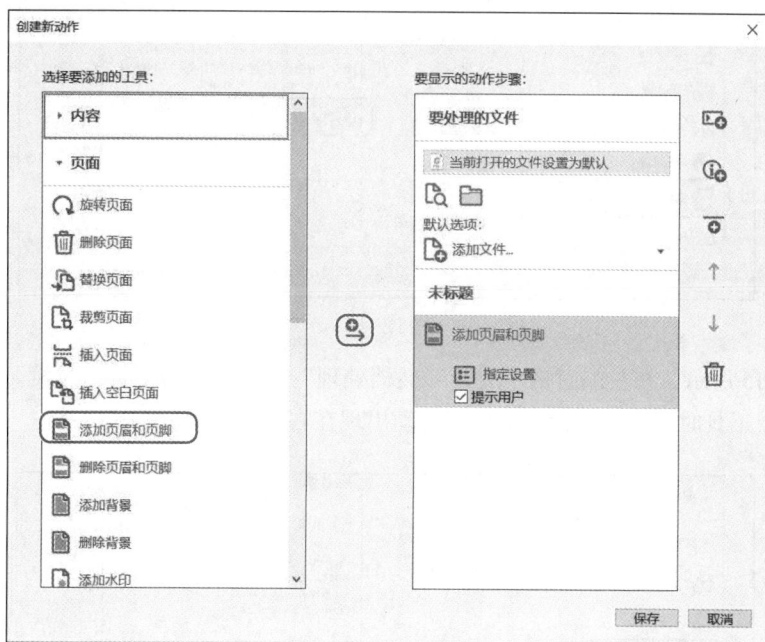

图12-11

5. 如图 12-12 所示,在"添加或编辑标签"对话框中输入 Add video files as appropriate.To add a video, click Add Video in the Rich Media toolbar, drag a box on the page, and select the video file and any settings., 然后单击"保存"按钮。在说明步骤中,你可以添加任意数量的内容。如果你想把动作分享给那些不太熟悉 Acrobat 的朋友,建议你把步骤描述得详细一些。如果创建的动作只是供自己使用,那你可以把说明写得简短一些,如"添加视频",只要起到提醒作用就够了。

6. 如图 12-13 所示，在刚添加的步骤下方勾选"暂停"，以给用户留出足够的时间来阅读说明。

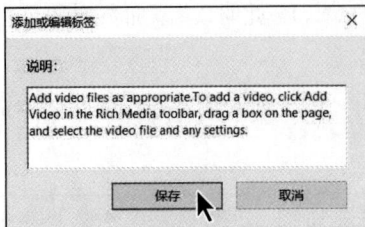

图12-12

图12-13

7. 执行动作时，工具面板和工具中心都是无法访问的。此时，如果你确实需要用户访问某个工具，可以添加一个"转到"步骤。这里，我们想要用户使用"添加富媒体"工具来添加视频。展开"转到"类别，双击"富媒体"（见图 12-14）。

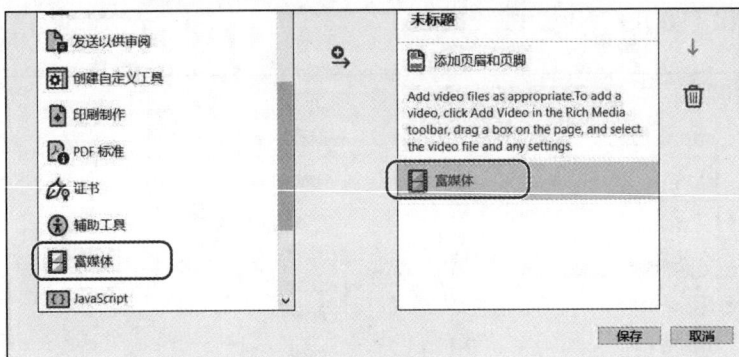

图12-14

8. 如图 12-15 所示，在左侧窗格中展开"文档处理"类别，双击"页面过渡"。在左侧窗格中双击一个工具时，它会作为一个步骤自动出现在右侧窗格中。

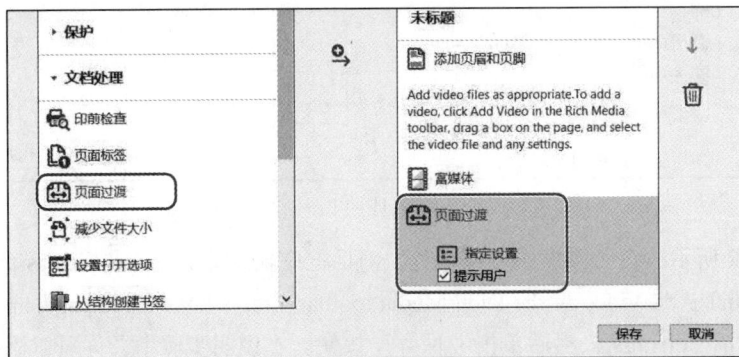

图12-15

9. 在"页面过渡"步骤中单击"指定设置"按钮。

10. 如图 12-16 所示，在"页面过渡"对话框中，从"过渡"下拉列表中选择"分解"，然后从"速度"下列列表中选择"中速"，单击"确定"按钮。

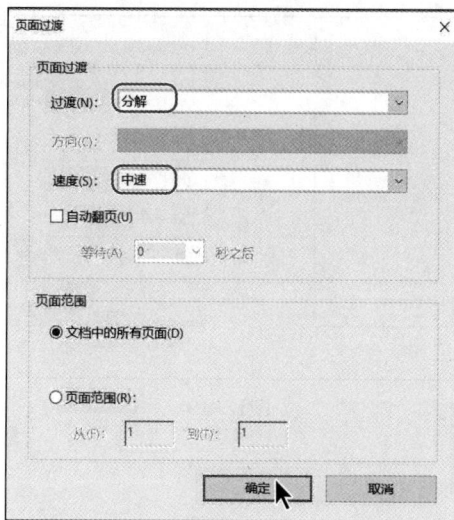

图12-16

11. 如图 12-17 所示，在"页面过渡"步骤中取消勾选"提示用户"。Acrobat 会自动把你指定的选项应用到"页面过渡"步骤中，并且不会提示用户。

12. 在左侧窗格的"文档处理"类别中双击"设置打开选项"。

13. 取消勾选"提示用户"，然后单击"指定设置"，在图 12-18 所示的"设置打开选项"对话框中，从"以全屏模式打开"下拉列表中选择"是"，然后单击"确定"按钮。

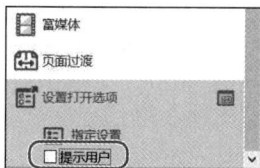

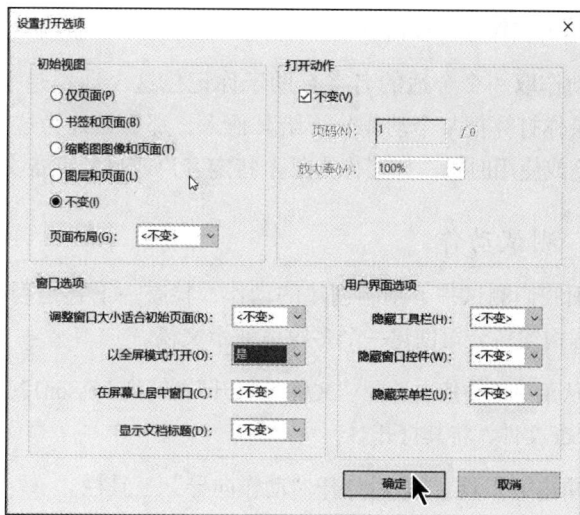

图12-17

图12-18

14. 如图 12-19 所示，展开"保护"类别，然后双击"加密"，确保"提示用户"处于勾选状态，以方便每个用户设置密码。

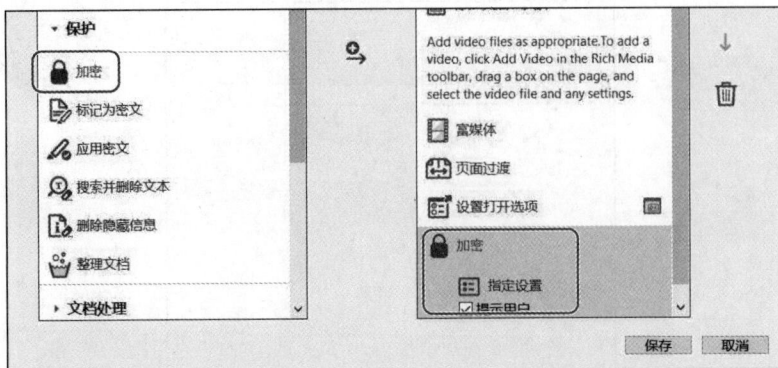

图12-19

12.3.2 保存动作

当你为动作添加好所有步骤、确定好先后顺序，以及指定好要使用的设置后，接下来就该对这个动作进行保存和命名了。

1. 在"创建新动作"对话框中单击"保存"按钮。

2. 在"保存动作"对话框中把"动作名称"指定为 Prepare Multimedia Presentation。

3. 如图 12-20 所示，在"动作说明"文本框中输入 Add video, headers, transitions, and a password to a presentation.，然后单击"保存"按钮。

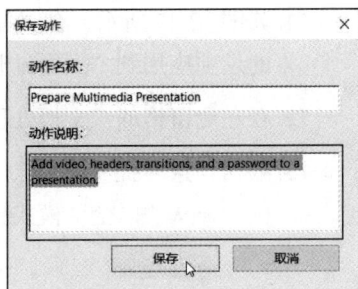

图12-20

为动作取一个合适的名字有助于你记住这个动作是干什么的。如果你打算把某个动作分享给其他人，那么最好为这个动作做一些必要的说明，指出这个动作的用途或使用时机，如当你为某个特定客户或目的准备文档时会使用这个动作。

12.3.3 测试动作

下面我们测试一下刚刚创建的动作，检查一下它是否能像你期望的那样工作。这里，我们要为一家虚构饮料公司创建一个多媒体演示文稿。

1. 从菜单栏中依次选择"文件 > 打开"，转到 Lesson12/Assets 文件夹下，双击 Aquo_presentation. pdf 文件，将其打开。

2. 单击"工具"，然后打开"动作向导"工具栏。

3. 如图 12-21 所示，在"动作列表"中选择 Prepare Multimedia Presentation 动作。此时，右侧

窗格中列出了该动作的步骤，以及要处理的文件。

4. 如图 12-22 所示，单击"开始"按钮，进入动作中的第一步。

图12-21

图12-22

5. 如图 12-23 所示，在"添加页眉和页脚"对话框中，在"左侧页眉文本"文本框中输入 Aquo Shareholders Meeting 2019，把字体"大小"更改为 10，然后单击"确定"按钮。此时，你创建的说明步骤会出现在屏幕上。因为我们为说明步骤勾选了"暂停"，所以用户必须单击"单击以继续"（见图 12-24），才能继续往下执行动作。这里，我们要添加一个视频。

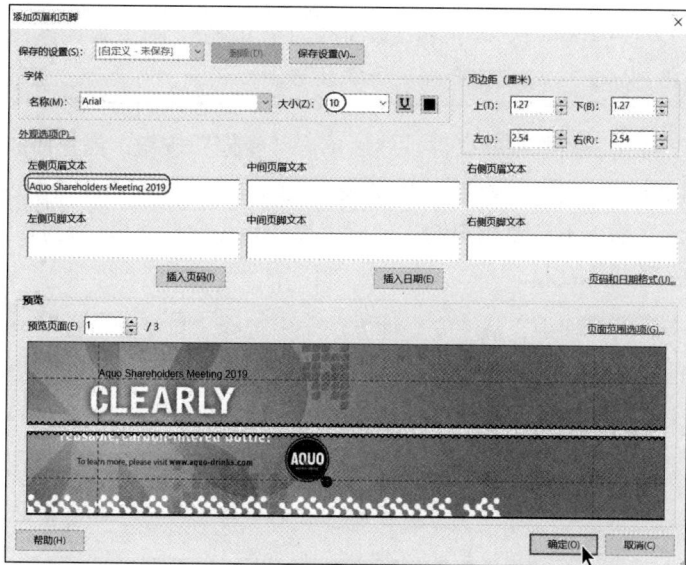

图12-23

6. 如图 12-25 所示，在说明框中单击"单击以继续"，Acrobat 会打开"富媒体"工具栏，同时应用程序窗口底部会出现另外一个说明框。

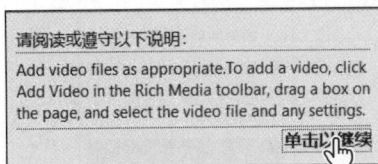

图12-24　　　　　　　　　　　图12-25

7. 在"富媒体"工具栏中单击"添加视频"（见图 12-26），在饮料瓶广告页面（文档的第 1 页）的右半部分拖出一个框。在"插入视频"对话框中单击"浏览"或"选择"按钮，转到 Lesson12/Assets 文件夹下，选择 Aquo_T03_Loop.mp4 文件，单击"打开"，然后单击"确定"。

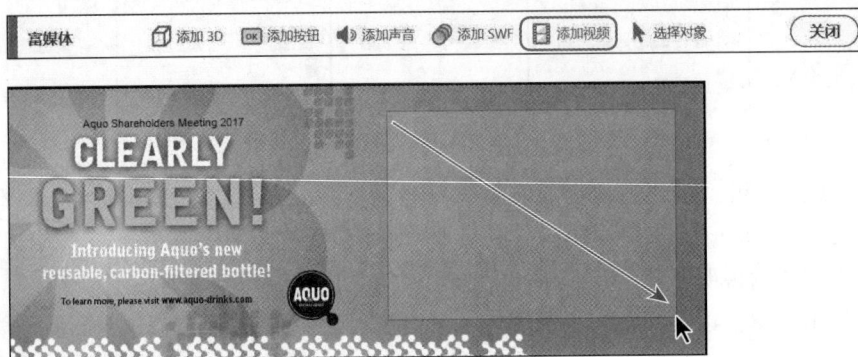

图12-26

> **注意**：插入与播放视频需要用到 Adobe Flash Player，如果你的系统中没有安装 Adobe Flash Player，Acrobat 会提示你安装它。

8. 单击"播放"按钮，预览视频文件。然后单击"暂停"按钮，停止播放视频。在说明框中单击"单击以继续"，进入下一步。由于接下来的两个步骤（添加页面过渡与设置全屏模式下打开的演示文稿）不涉及用户输入，所以 Acrobat 会自动执行它们。最后一步是添加密码，需要接收用户的输入。

9. 在"文档安全"对话框中，从"安全性方法"中选择"口令安全性"。在"口令安全性 - 设置"对话框的"许可"选项组中勾选"限制文档编辑和打印"。如图 12-27 所示，在"更改许可口令"文本框中输入 Aquo1234，然后单击"确定"按钮。

> **注意**：当你输入许可口令时，Acrobat 会评估口令的安全级别；这里为了快速完成动作，我们使用了一个非常简单的口令，其安全级别较低；在真实的工作环境下，你应该输入一个安全级别较高的口令。

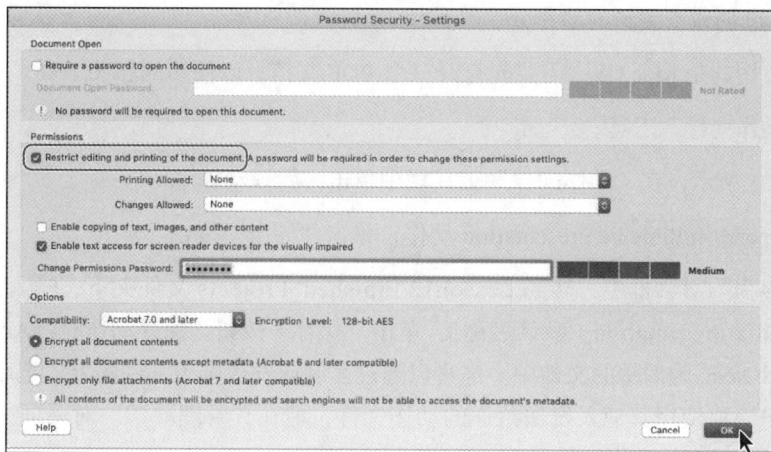

图12-27

取消全屏显示警告

默认情况下，当一个PDF文档被设置为以全屏模式打开时，Acrobat会向用户发出警告，因为有些恶意程序员可能会创建出一个伪装成PDF文档的恶意程序。单击"记下我为这个文档的选择"后，再次在你的计算机中打开这个PDF文件时，Acrobat将不再显示警告信息。当你使用自己的计算机做演示时，你可以修改Acrobat的首选项，使其不显示警告信息。具体做法是：从菜单栏中依次选择"编辑>首选项"（Windows系统），或者"Acrobat>首选项"（Mac OS），然后在左侧"种类"中选择"全屏"，取消勾选"文档要求全屏显示时进行警告"。

10. 在弹出的警告框中单击"确定"，在"确认许可口令"对话框中再次输入许可口令，然后单击"确定"按钮。在"文档安全性"对话框中单击"关闭"按钮。此时，"动作向导"面板中显示 Prepare Multimedia Presentation 动作已经完成。

11. 从菜单栏中依次选择"文件 > 另存为"，转到 Lesson12/Finished_Projects 文件夹下，输入文件名 Aquo_meeting.pdf，单击"保存"按钮。

12. 关闭文档。如果你想检查演示文稿是否在全屏模式下打开，以及是否有页眉和页面过渡，请在 Acrobat 中打开 Aquo_meeting.pdf 文件。检查完成后，按 Esc 键退出全屏模式，然后关闭文档。

12.4 共享动作

> 提示：创建好动作之后，你可以再次编辑它们，单击"管理动作"，在"管理动作"对话框中选择要编辑的动作，然后单击"编辑"按钮即可。

你可以把自己创建或编辑的动作分享给其他人。

1. 如果你使用的是 Mac OS，需要先打开一个 PDF 文档，以便访问相关工具。

2. 打开"动作向导"工具。

3. 如图 12-28 所示，在"动作向导"工具栏中单击"管理动作"。

4. 选择 Prepare Multimedia Presentation 动作，单击"导出"按钮。

5. 在"另存为"对话框中，转到 Lesson12/Finished_Projects 文件夹下，输入文件名 Prepare Multimedia Presentation（默认名称），单击"保存"按钮。保存动作时，Acrobat 会把动作保存在以 .sequ 为后缀的文件中。你可以通过复制或发送电子邮件的方式把动作文件发送给其他用户。要使用其他人发送给你的动作文件，请在"管理动作"对话框中单击"导入"，然后选择要导入的动作文件。

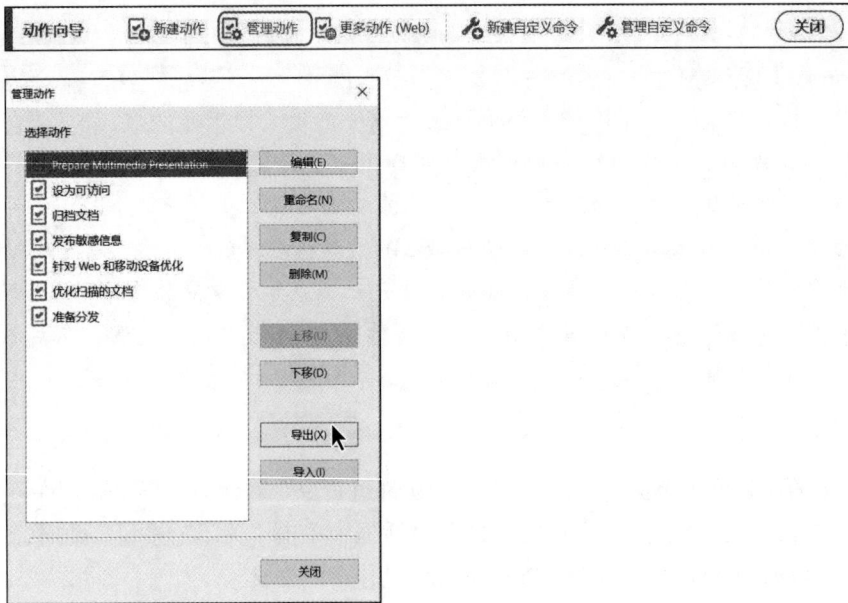

图12-28

6. 单击"关闭"按钮，关闭"管理动作"对话框。然后关闭所有打开的文档，退出 Acrobat。

12.5 复习题

1. Acrobat DC Pro 中的动作指什么？

2. 创建动作时，若某个步骤不在"创建新动作"对话框的左侧窗格中，应该怎么办？

3. 如何把动作分享给其他人？

12.6 复习题答案

1. 在 Acrobat DC Pro 中，动作是一系列步骤的组合。其中有些步骤（如向文档添加标签）由 Acrobat 自动执行；有些步骤（如删除隐藏的内容）需要用户做一些输入，以指定要删除或添加哪些内容或者使用什么设置；还有一些步骤无法实现自动化，如添加书签，因为创建和命名书签都需要人为的判断参与其中。

2. 若你想添加的步骤未在 Acrobat 中预定义，你可以单击"添加说明"按钮，然后输入说明内容。

3. 分享动作时，先在"动作向导"工具栏中单击"管理动作"，选择想分享的动作，单击"导出"，然后把导出的动作文件（后缀为 .seque 的文件）发送给你想分享的人即可。

第**13**课 在专业印刷领域中 使用Acrobat

课程概览

本课学习内容如下。

- 创建适合高分辨率印刷的 Adobe PDF 文档

- 对 Adobe PDF 文档做印前检查，检查其质量和一致性（仅适用于 Acrobat Pro）。

- 查看透明对象对页面的影响（仅适用于 Acrobat Pro）。

- 色彩管理。

- 使用 Acrobat 生成分色。

学完本课大约需要 1 小时。开始学习之前，请先前往"数艺设"网站下载本课项目文件。请注意，学习过程中，原始项目文件会被覆盖掉。如果你想保留原始项目文件，请在使用项目文件之前进行备份。

all entertain, and the way fashion allows us to dream.

lice Ritter is kneeling at the feet
of a long-limbed model, one of
a dozen milling around a pho-
tography set in clothes from her
Fall-Winter 2011 collection. It is
at she get the girl's pant legs scrunched
the shoot. Precise, but with an unstud-
etry that somehow comes off as casual.
y admits to being obsessed with this
etail, because it's where story springs
sign is storytelling," Ritter explains.
to draw, then you go into the details
ory takes over."
ch as detail is the motor that drives
nherent in an Alice Ritter piece, it's
provokes an emotional response to
"The piece has to trigger an emotion,"
eves, and the seat of emotion is detail.
bs you by the scruff of the neck. It slips
n yours. It follows you home. Detail is
es an item "really special," she says, "the
you'll wear for ten years."
sweats the small stuff, crafting and

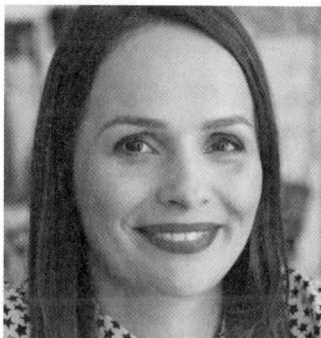

path might lead her. The story she's telli
the design process that leads her there i
flection of my journey, my self-discover
part of my identity—or my dreamed ide
goes into my design."

Which raises a really good question
Alice Ritter anyway? There are at least t
to tell that story.

A small-town French girl raised in a
family with traditional bourgeois values
grew up playing dress up in her grandp

Acrobat Pro 为我们提供了多种专业印刷工具，如印前检查、透明度预览，使用这些工具可以帮助你获得高品质印刷效果。

13.1 创建用于打印的 PDF 文档

前面第 2 课中讲过，把原始文档转换成 PDF 文档的方法有许多种。不管使用哪种方法，你都需要选用合适的 PDF 预设才能获得预期的输出结果。对于高分辨率的专业印刷，你需要选用适合高分辨率印刷品质的 PDF 预设，或者你的印刷商自定义的 PDF 预设。

13.1.1 Adobe PDF 预设简介

一个 PDF 预设就是一组影响 PDF 文档创建过程的设置。这些设置根据 PDF 文档的用途在文件大小和质量之间做了平衡。大多数预设在 Adobe Creative Cloud 的多个应用程序（如 Adobe InDesign、Adobe Illustrator、Adobe Photoshop、Acrobat）之间可以共享。此外，你还可以根据自身需要自定义预设，并把它们分享给其他人。

例如，名称中包含 Japan 字样的预设专用于日本印刷行业。关于每个预设的更详细信息，请阅读 Adobe Acrobat DC 的帮助文档。

- 高质量打印：使用该设置创建的 PDF 文档可以通过桌面打印机和打样设备进行高质量打印。

- 超大页面：使用该设置创建的 Adobe PDF 文档适用于查看和打印幅面超过 200 英寸 ×200 英寸的工程图纸。

- PDF/A-1b：使用这个设置可创建符合 PDF/A-1b 规范（该规范是电子文档长期保存或归档的 ISO 标准）的 Adobe PDF 文档。

- PDF/X-1a：使用该设置创建 Adobe PDF 文档时，可以最大限度地减少文档中变量的个数，以提高文档的可靠性，使用 PDF/X-1a 创建出的 PDF 文档常用于打印刊印在报纸杂志上的广告。

- PDF/X-3：类似于 PDF/X-1a，但它支持色彩管理 ICC 颜色规范，并允许插入一些 RGB 图像。

- PDF/X-4：与 PDF/X-3 一样，它也支持色彩管理 ICC 颜色规范；除此之外，它还支持实时透明度。

- 印刷质量：使用该设置创建的 Adobe PDF 文档适用于高质量的印刷生产（如用于数字印刷，或为激光照排机、印版照排机分色）。

- 最小文件大小：使用该设置创建的 Adobe PDF 文档适用于屏幕显示、通过电子邮件发送以及通过因特网发布。

- 标准：使用该设置创建的 Adobe PDF 文档适用于在桌面打印机或数码复印机上打印，或者通过 CD 发布，或者作为出版校样发送给客户。

创建可交付打印的PDF文档

当你把一个PDF文档提交给打印机时，打印效果就已经定下来了。有时即使你提供的PDF文档不太理想，打印机还是可以打印出高品质的印刷品的。但是，大多数时候，打印机都是严格按照PDF文档来打印的。因此，要想获得较好的打印效果，稳妥的办法还是提供高品质的PDF文档。遵循如下一些规则，可以确保你能创建出高质量的PDF文档。

- 最终打印效果取决于各个组成部分的状态。要想获得高质量的打印效果，PDF文档中包含的图像、字体，以及其他部分必须有足够好的呈现状态。

- 不到万不得已，不要做转换。每次转换文本、对象、颜色，都会损害文档的完整性。转换次数越少，最终打印效果就越接近原文件。保留文本的原始形态，如字体，尽量不要做轮廓化和栅格化处理。保留渐变色，尽可能地保持实时透明度。若非明确要求，不要把独立于设备的颜色转换成特定于设备的颜色，也不要把大颜色空间（RGB）转换成小颜色空间（CMYK）。

- 有效地使用透明度。只要你应用混合模式或改变一个对象的不透明性，透明度就会发挥作用。为了获得较好的效果，要尽可能地保留透明度。把不想受到拼合影响的对象（如文本、线条）放到所有透明物之上，最好放在一个单独的图层中。拼合透明度时，请使用最高质量的拼合设置。

- 创建PDF之前先进行校样和印前检查。在工作流程的早期阶段，你掌握的问题背景信息会很多，解决方法也很多。创建PDF之前，一定要认真校对内容和格式。另外，如果文档编辑程序提供了印前检查功能，请使用它找出丢失字体、断链的图像，或其他有可能引发印刷问题的地方。越早找出这些问题，修复起来越容易，付出的代价也越小。当然，解决在编辑程序中找到的问题要比解决在Acrobat或印刷机上发现的问题更容易。

- 嵌入字体。为了最大限度地减少问题出现，请在PDF文档中嵌入字体。购买字体之前，请认真阅读最终用户许可协议（End User Licence Agreement，EULA），确保所购字体允许你将其嵌入PDF文档中。

- 使用合适的PDF设置文件。创建PDF文档时，要确保你使用的设置文件是合适的。PDF设置文件控制着图像数据的存储方式、是否嵌入字体，以及是否转换颜色。默认情况下，Microsoft Office中的Acrobat PDFMaker使用标准设置文件来创建PDF文档，而这个标准设置文件是不符合大多数高端打印要求的。不管你使用什么应用程序来创建面向专业印刷的PDF文档，请选用PDF/X-1a或Press Quality PDF设置文件，或者印刷商指定的设置文件。

- 若可以，请创建PDF/X兼容文件。PDF/X是Adobe PDF规范的其中一项，它要求PDF文档符合印刷业的特定标准，以生成更可靠的PDF文档。使用PDF/X兼容文件可以消除大多数常见错误：未嵌入字体、错误的颜色空间，以及套印问题等。PDF/X-1a、PDF/X-3、PDF/X-4是最常用的几种格式，每种格式对应不同的用途。请询问印刷厂是否需要把文件保存为PDF/X格式。

13.1.2　创建 PDF 文档

不管在什么应用程序中，你都可以使用"打印"命令来创建 PDF 文档。由于不知道读者都使用什么应用程序制作文档，所以也就无法提供相应文档来做下面的练习。你可以使用任意一个现有文档，或者新建一个文档，然后按照如下步骤操作，这些步骤在大多数应用程序中都是一样的。

1. 在你使用的应用程序中打开一个文档。

2. 依次选择"文件 > 打印"。

> **注意**：有些应用程序并非使用标准的打印对话框来创建 PDF 文档；例如，在 Adobe InDesign 中，保存 PDF 文档时要使用"导出"命令。

3. 执行如下一种操作。

- 在 Windows 系统中：如图 13-1 所示，从"打印机"下拉列表中选择"Adobe PDF"，然后单击"打印机属性""属性""首选项"，或"设置"，不同的应用程序叫法不同，在"Adobe PDF 文档属性"对话框中选择"印刷质量"或自定义的 PDF 设置文件。

- 在 Mac OS 中：单击 PDF，从菜单中选择"另存为 Adobe PDF"。然后在"另存为 Adobe PDF"对话框中，从"Adobe PDF 设置"菜单中选择"印刷质量"设置文件或自定义设置文件，单击"继续"按钮。

4. 如图 13-2 所示，在 Windows 系统中，从"Adobe PDF 输出文件夹"下拉列表中选择"提示输入 Adobe PDF 文件名"，然后单击"确定"按钮。若不选择该选项，Adobe PDF 打印机会把文件保存到"我的文档"文件夹中。（在 Mac OS 中，系统会提示你指定文件名和保存位置。）

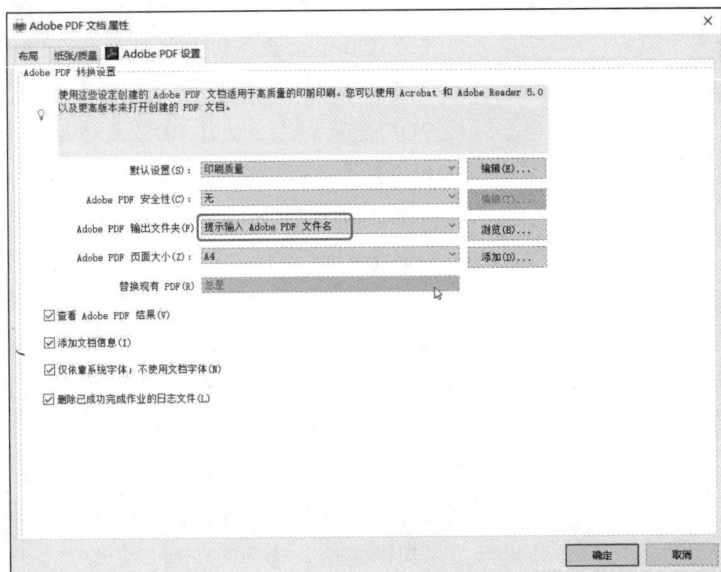

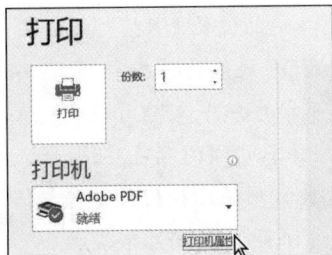

图13-1　　　　　　　　　　　　　　　　　図13-2

5. 在 Windows 系统中单击"打印"或"确定"按钮。

6. 若提示需要你指定文件名和保存文件夹，请指定，然后单击"保存"按钮。

7. 关闭 PDF 文档和原始文档。

有关选择预设的更多内容，请阅读 Adobe Acrobat DC 帮助文档。

13.2　印前检查（仅适用于 Acrobat Pro）

在把 PDF 文档交付给印刷服务商之前，应该先做印前检查，确保文档符合印刷要求。执行印前检查时，Acrobat 会分析文档，检查其是否与你在印前检查配置文件中指定的条件相符。除了发现潜在问题之外，许多印前检查配置文件还提供了修复措施，为我们解决一些常见的问题。

做印前检查之前，请先向印刷服务商询问要使用哪个印前检查配置文件，这样才能对你的文档准做准确的印前检查。许多印刷服务商都会向客户提供自定义的印前检查配置文件。

下面我们对一个文档做印前检查，判断其是否可以交付给印刷服务商做打印。

1. 在 Acrobat Pro 中选择"文件 > 打开"，转到 Lesson13/Assets 文件夹下，选择 Profile.pdf 文件，单击"打开"按钮。

2. 单击"工具"，进入工具栏。然后在印刷制作工具（位于"保护和标准化"类别下）下方单击"添加"按钮，将其添加到工具面板中。本课会多次使用这个工具。

3. 在工具面板中单击"印刷制作"工具。

4. 如图 13-3 所示，在右侧面板中单击"印前检查"。"印前检查"对话框中列出了所有可用的印前检查配置文件，这些配置文件按测试的类别组织在一起。

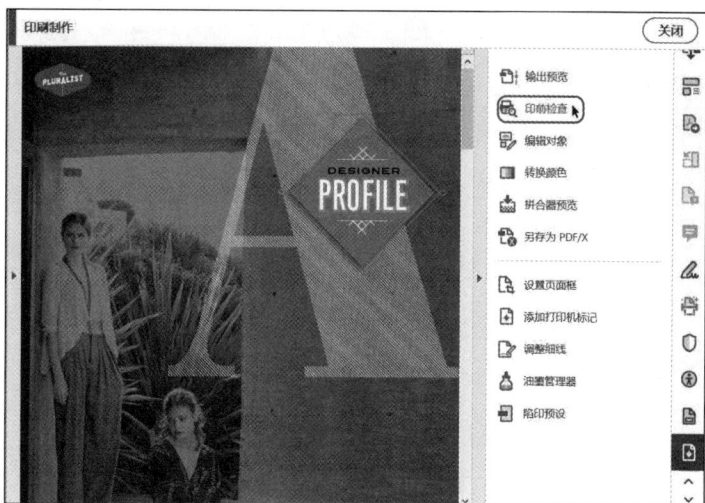

图13-3

5. 单击"数字印刷和联机发布"左侧的三角形,将其展开。

6. 如图 13-4 所示,选择名为"数码印刷(彩色)"的配置文件。当你选择某个配置文件后,Acrobat 会相应显示它的说明信息。

7. 单击"分析和修复"按钮。

8. 在"另存为 PDF"对话框中,转到 Lesson13/Finished_Projects 文件夹下,输入文件名 Profile_fixed.pdf,单击"保存"按钮。配置文件会对发现的问题进行修复,所以它会对文件做一些改动。保存时,起一个不同的名字,可以确保新文件不会覆盖原始文件,把原始文件保留下来方便你随时返回到最初状态。

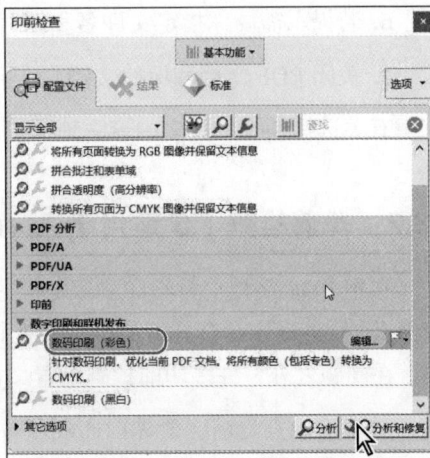

图13-4

9. 查看印前检查结果。Acrobat 会在"结果"选项卡中显示印前检查结果。在这里,Acrobat 做了几处修复,包括重新压缩、颜色转换、透明度拼合等。"结果"中还指出了一处错误:白色对象未设置为镂空。为了确保文档印刷质量,请与印刷服务提供商联系,询问"结果"中的每一项是否会引起打印问题。

10. 单击"创建报告",如图 13-5 所示。

11. 转到 Lesson13/Finished_Projects 文件夹下,输入文件名 Profile_fixed_report.pdf,单击"保存"按钮,保存报告。Acrobat 会生成一份印前检查小结报告(PDF 文档),并将其在 Acrobat 中打开,如图 13-6 所示。

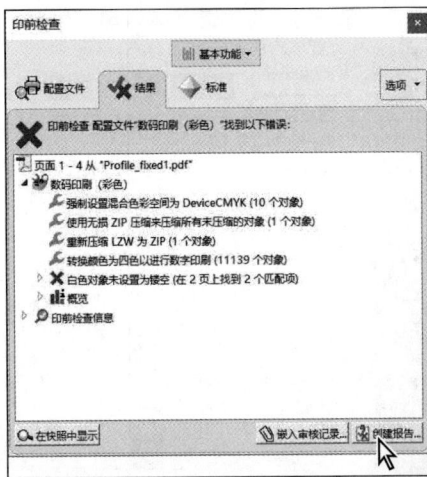

图13-5

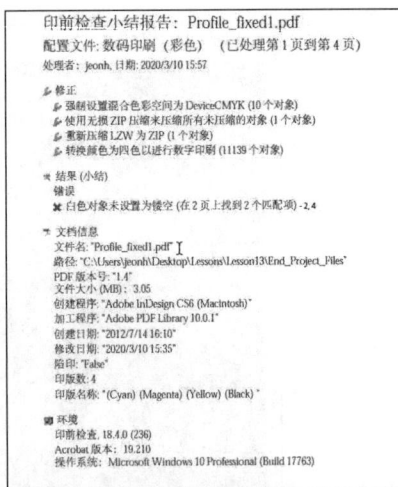

图13-6

12. 关闭"印前检查"对话框，浏览印前检查小结报告。为了保险起见，你可以把这份印前检查小结报告发送给你的印刷服务提供商，请他们进行检查确认。请注意，印前检查小结报告其实有 5 页，第 1 页列出的是文档的修复与错误小结，其他页面是文档本身，里面以注释的方式指出了错误发生的位置。

> **提示：**你可以显示或隐藏在创作程序中创建的各个图层，决定打印哪些图层；有关显示、隐藏、打印图层的内容，请阅读 Adobe Acrobat DC 帮助文档。

13. 从菜单栏中依次选择"文件 > 关闭"，关闭印前检查小结报告，然后再次选择"文件 > 关闭"，关闭 Profile_fixed.pdf 文件。

自定义印前检查配置文件

在Acrobat中，你可以编辑已有的印前检查配置文件、导入印刷服务商提供的配置文件，或者自己创建配置文件。要新建配置文件，请先打开"印前检查"对话框，然后依次选择"选项>创建配置文件"。要修改现有配置文件，请先选择要修改的配置文件，然后单击名称右侧的"编辑"按钮，若当前配置文件处于锁定状态，请选择"未锁定"，输入一个新名称；接着选择一个"编组"，展开配置文件，单击某个类别，添加或删除特定检查项、修复，完成后保存配置文件。

要导入一个印前检查配置文件，先打开"印前检查"对话框，选择"选项"下拉列表中的"导入配置文件"，找到并选择后缀名为.kfp的配置文件，单击"打开"按钮。

导出配置文件时，先选择想分享的配置文件，然后依次选择"项目>导出配置文件"，指定配置文件的显示名称，然后指定保存位置即可。

13.3 处理透明度（仅适用于 Acrobat Pro）

在 Adobe 应用程序中，你可以用影响底层作品的方式来修改对象，从而创建透明外观。在 InDesign、Illustrator、Photoshop 中，你可以使用不透明度滑块来创建透明效果，也可以通过修改图层或所选对象的混合模式来实现透明效果。不论创建投影还是应用羽化，透明度都会起作用。当你把文档从一个 Adobe 应用程序转移到另外一个 Adobe 应用程序时，文档中的透明度都会被保留下来，而且是可编辑的。一般来说，打印之前必须先拼合透明度。在 Acrobat Pro 中，你可以看到文档的哪些区域会受到透明度的影响，以及如何打印这些区域。

13.3.1 预览透明度

在把打印作业提交到打印机之前，必须先拼合文档中的透明度。如图 13-7 所示，拼合过程中，作品中的重叠区域会变成独立的部分，这些部分可能会被转换成独立的向量形状，也有可能被栅格化，以便保留透明效果。

　　如图 13-8 所示，拼合之前，你可以指定透明区域进行矢量化和栅格化的比例。有些效果（如投影）必须先栅格化才能得到正确的打印效果。

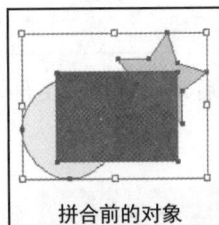  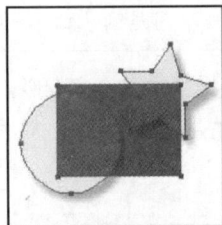 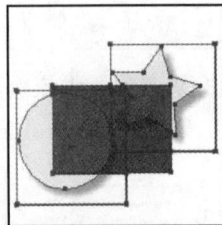

拼合前的对象　　　　拼合后的对象

图13-7　　　　　　　　　　　　　　　　　　　　　　　图13-8

　　如果你拿到的 PDF 文档是其他人创建的，那你很可能不知道这个 PDF 文档中是否应用了透明效果，以及应用在了什么地方。好在 Acrobat 为我们提供了透明效果预览功能，借助这个功能，你可以知道文档中哪些地方应用了透明效果，而且它还可以帮助你确定打印文档时使用的最佳拼合器设置。

PDF标准

　　PDF标准是由国际标准化组织定义的，包含PDF/X、PDF/E、PDF/A这3个标准，其中PDF/X 标准应用于图形内容交换；PDF/E 标准应用于工程文档的交互式交换；PDF/A 标准应用于电子文档的长期归档。印刷出版行业广泛使用的标准是PDF/X-1a、PDF/X-3、PDF/X-4。

　　在Acrobat Pro中，你可以检查一个PDF文档是否符合PDF/X、PDF/A、PDF/E标准，可以根据需要把文档保存为符合PDF/X、PDF/A、PDF/E标准的文档。在一个Adobe应用程序中创建文件时，你还可以使用"打印""导出""保存"命令把一个PDF文档保存为PDF/X、PDF/A兼容文件。

　　在Acrobat DC或Acrobat Reader DC中，你可以使用"标准"窗格查看文件一致性的相关信息。只有当一个打开的文档符合某个标准时，"标准"窗格才可用，依次选择"视图>显示/隐藏>导览窗格>标准"，可以打开它。在Acrobat DC Pro中，你还可以单击"标准"窗格中的"验证一致性"，使用印前检查功能检查PDF文档是否是一个合法的PDF/X或PDF/A兼容文件。

在Acrobat DC Pro中，要把一个PDF文档保存为PDF/X、PDF/A、PDF/E
兼容文件，请遵循如下步骤。

1. 从菜单栏中依次选择"文件 > 另存为"。

2. 在"另存为 PDF"对话框中选择保存位置。

3. 从"保存类型"或"格式"下拉列表中选择 PDF/A、PDF/E、PDF/X，单击"设置"。

4. 选择标准的版本和其他选项，单击"确定"按钮。

5. 输入文件名，单击"保存"按钮。Acrobat 开始转换文件，并显示转换进度
信息。

下面我们预览一下 Profile.pdf 文件的透明度。

1. 打开 Lesson13/Assets folder 文件夹下的 Profile.pdf 文件。

2. 翻到第 1 页。若看不到完整页面，请依次选择"视图 > 缩放 > 缩放到页面级别"。

3. 选择印刷制作工具，在右侧面板中单击"拼合器预览"。如图 13-9 所示，在"拼合器预览"
对话框的右上角区域，你可以看到文档第 1 页的预览效果。

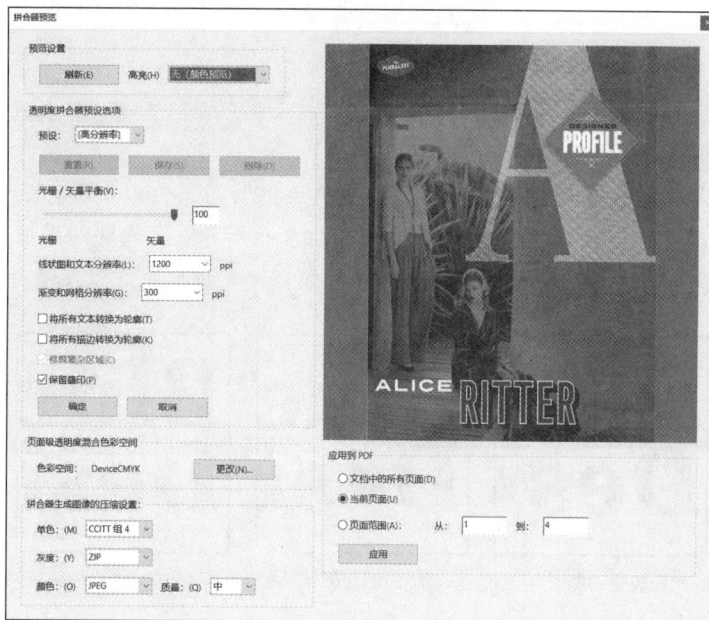

图13-9

13.3.2 指定拼合器预览设置

你可以选择不同设置来预览文档中透明度与对象相互作用的不同方面。

1. 如图 13-10 所示，在"拼合器预览"对话框的"高亮"下拉列表中选择"所有受影响的对象"。此时，几乎整个页面都高亮显示为红色，这表示对象本身具有透明度属性，或者与有透明度属性的对象之间产生了相互作用。页面中只有很少部分（包括页面底部的文本）不受透明度影响。

2. 在"透明度拼合器预设选项"的"预设"下拉列表中选择"高分辨率"。预设控制你的作品中矢量化与光栅化区域的比例。做专业印刷时，请选用"高分辨率"预设，或者听从印刷服务提供商的安排。

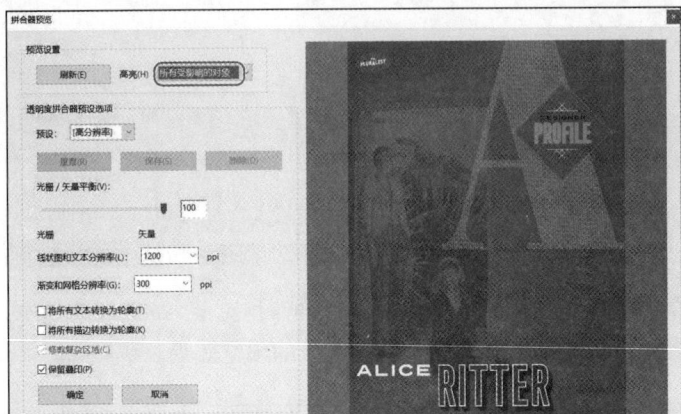

图13-10

什么是光栅化？

光栅化是指把矢量对象（包括字体）转换成位图图像，以便进行显示或打印。每英寸的像素数（ppi）称为"分辨率"。如图13-11所示，一个光栅图像的分辨率越高，其质量就越好。进行拼合时，有些对象可能会被光栅化，这取决于拼合设置。

| 矢量对象 | 以72 ppi光栅化 | 以300 ppi光栅化 |

图13-11

3. 如图 13-12 所示，单击"光栅 / 矢量平衡"滑块的左端点，或者直接输入 0。然后在"预览设置"选项组中单击"刷新",从"高亮"下拉列表中选择"所有受影响的对象"。此时,整个页面都高亮显示为红色,这表示在这个设置下,页面中的所有对象都被光栅化了。

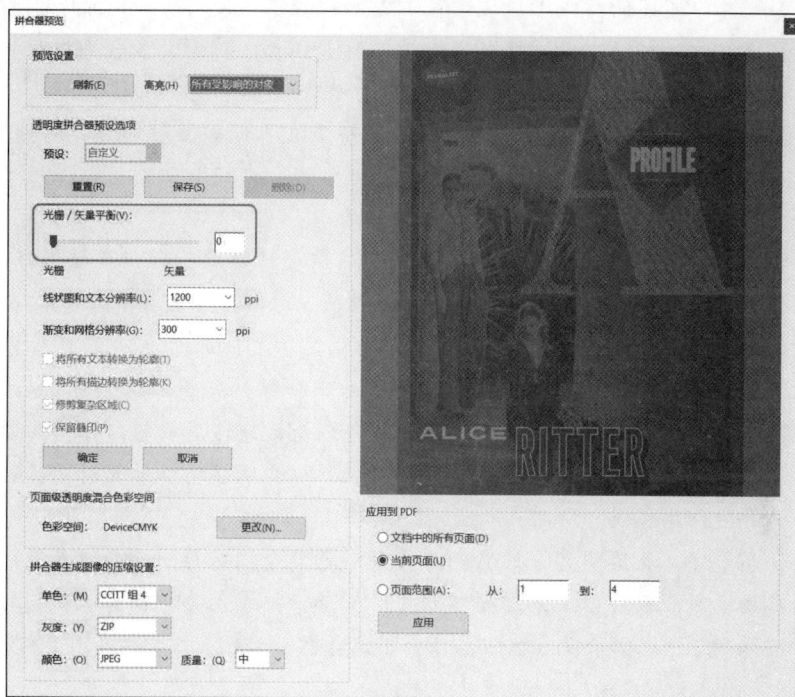

图13-12

4. 尝试一下其他设置,并观察不同设置对文档的影响。完成后,单击窗口右上角(Windows系统)或左上角(Mac OS)的"关闭"按钮,关闭"拼合器预览"窗口,不应用任何设置。

> **提示**:你可以在 Adobe 官网上找到更多有关打印透明度的内容。

如果你希望打印时使用所选的透明度拼合器设置,请单击"拼合器预览"对话框中的"应用"按钮。

"拼合器预览"对话框中的拼合选项

* 线状图和文本分辨率。控制线状图和文本光栅化时使用的分辨率。线状图和文本的边缘对比十分明显,所以光栅化时需要使用更高的分辨率,这样可以保留高质量的外观。打样时,分辨率设置为 300ppi 就足够了,但是,如果你想获得高品质的印刷效果,必须把分辨率进一步调高,通常设为 1200ppi。

- 渐变和网格分辨率。控制着渐变和网格（有时称为"混合"）光栅化的分辨率。不同的打印机应该设置不同的分辨率。使用普通的激光打印机或喷墨打印机打样时，推荐把分辨率设置为150ppi。对于大多数高质量打印输出设备（如胶片或印版设备）来说，把分辨率设置为300ppi就够了。
- 将所有文本转换为轮廓。确保作品中所有文本的粗细程序保持一致。但是，在把小号字体转换为轮廓后，文本会明显变粗，而且识别性会降低（在低端打印设备上打印时更是如此）。
- 将所有描边转换为轮廓。确保作品中所有描边的粗细程度保持一致。不过，勾选该选项后，细描边会稍微变粗（在低端打印设备上打印时更是如此）。
- 修剪复杂区域。确保矢量区域与光栅化区域之间的分界线沿着对象路径下降。在将对象的一部分光栅化而让另一部分保持矢量形态（由"光栅/矢量平衡"滑块控制）时，勾选该复选框可以有效地减少拼接赝像。但勾选该复选框有可能会产生极其复杂的剪切路径，这会明显增加计算时间，也有可能会导致印刷错误。
- 保留叠印。把透明部分的颜色与背景颜色混合，从而创建叠印效果。叠印颜色由两种或两种以上油墨叠印而成，例如，把青色叠印在黄色油墨之上，就会得到绿色。如果没有叠印，只会印出青色，而底层的黄色则不会被印出来。

13.4　色彩管理

借助色彩管理，你可以确保颜色在整个工作流程中保持一致。色彩配置文件中记录了每一种设备的特征。色彩管理使用这些配置文件把一种设备（如计算机显示器）所支持的颜色转换成另一种设备（如打印机）支持的颜色。

1. 从菜单栏中依次选择"编辑 > 首选项"（Windows 系统），或者"Acrobat> 首选项"（Mac OS），然后从左侧下拉列表中选择"色彩管理"。

> 注意：你可以在 Adobe Bridge 中把色彩管理设置同步到其他所有 Adobe Creative Cloud 应用程序，更多内容，请阅读 Adobe Bridge 帮助文档。

2. 如图 13-13 所示，从"设置"下拉列表中选择"北美印前 2"。在该设置下，Acrobat 显示的颜色与使用北美印刷标准印出的颜色一样。你选择的设置控制着应用程序使用哪个颜色工作空间，以及色彩管理系统如何转换颜色。要查看某个设置的说明，请选择这个设置，然后把鼠标指针放到设置名称上，此时说明内容就会显示在对话框底部。ACE（Adobe Color Engnine，Adobe 色彩管理引擎）是 Adobe 图形软件通用的色彩管理引擎，所以 Acrobat 中的色彩管理设置也能正常在其他 Adobe 应用程序中使用。

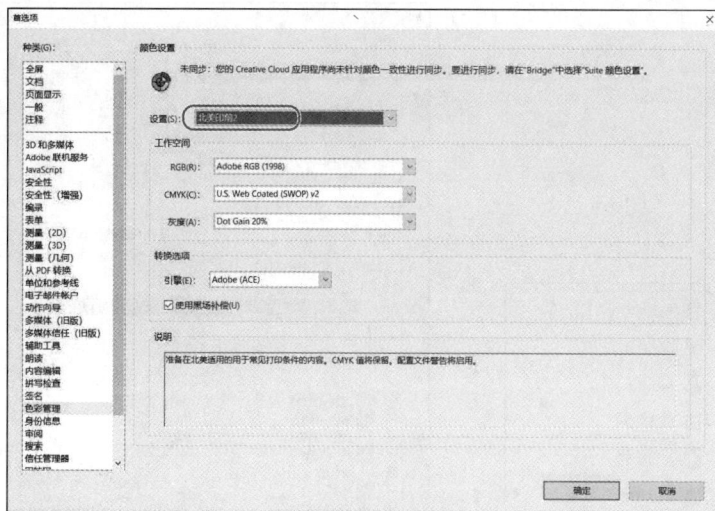

图13-13

3. 单击"确定"按钮，关闭"首选项"对话框。

13.5 预览打印作业（仅适用于 Acrobat Pro）

前面我们已经预览了打印透明度。接下来，我们预览一下分色，并检查各个对象的分辨率。此外，我们还要做软打样，即在屏幕上对文档进行校样，而不必将其打印出来。

13.5.1 预览分色

为了把颜色和具有连续色调的图像打印出来，印刷厂通常会按套版色把一个作品分成 4 个印版，每一个印版分别对应图像中的青色、洋红、黄色、黑色。除此之外，你还可以添加自定义的预混油墨（专色），这种油墨需要使用单独的印版。印刷时，4 种颜色的印版会依次把相应颜色印到纸张上，4 种颜色相互叠加在一起就形成了最终作品。印版也叫"分色"。

下面我们通过"输出预览"对话框来预览文档的分色。

1. 滚动到文档的第 1 页，选择印刷制作工具。

2. 在右侧面板中单击"输出预览"，如图 13-14 所示。

3. 如图 13-15 所示，从"预览"下拉列表中选择"分色"。对话框的"分色"区域中列出了打印当前文档需要使用的所有油墨，其中包含 4 种分色（青色、洋红、黄色、黑色）和 2 种专色（TOYO 0349、TOYO 0343）。

4. 把"输出预览"对话框拖到一边，以便你能看到文档。然后如图 13-16 所示，在"输出预览"对话框中取消选择所有油墨，只保留 TOYO 0349。此时，页面上显示的部分就使用这种油墨打印的部分，如图 13-17 所示。

图13-14

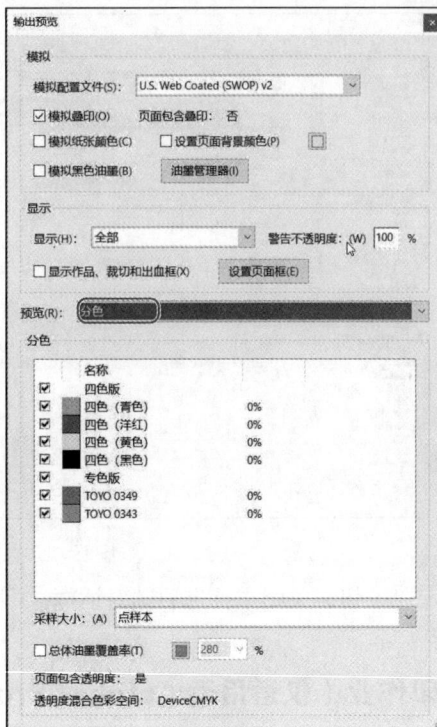

图13-15

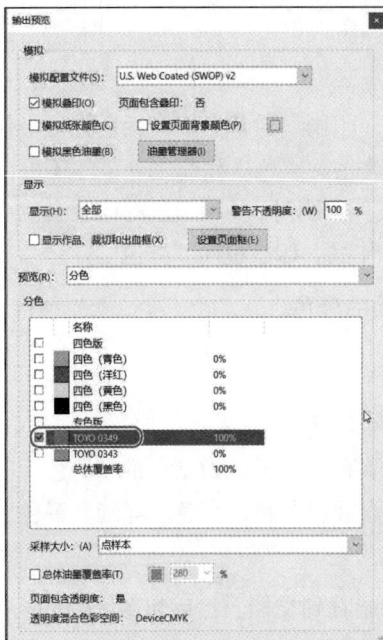

图13-16

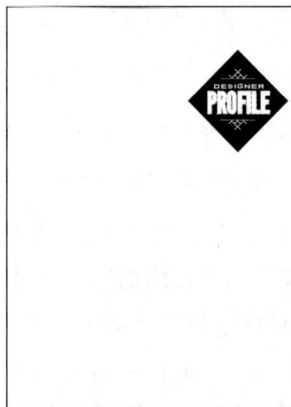

图13-17

5. 如图 13-18 所示，取消选择 TOYO 0349，选择"四色（洋红）"。此时，只有使用洋红印版印刷的部分才会在页面中显示出来，如图 13-19 所示。

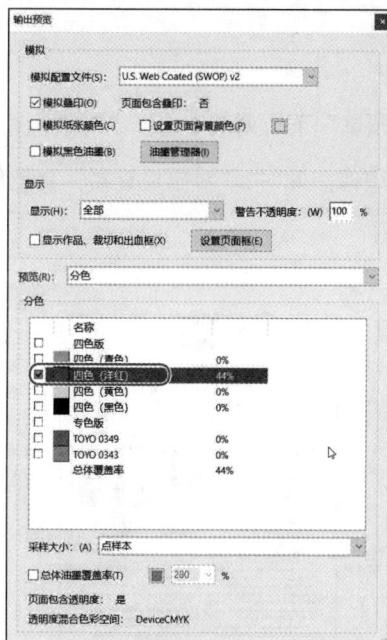

图13-18

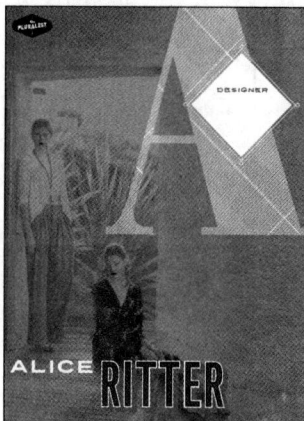

图13-19

> **提示**：如果你想把专色转换成印刷色，以便减少印版数量和费用，可以使用"油墨管理器"来完成转换；在"输出预览"对话框中单击"油墨管理器"按钮，即可打开"油墨管理器"对话框。

6. 再次选择所有油墨。

13.5.2 对文档进行软打样

你可以使用"输出预览"对话框对文档进行软打样，以便在屏幕上查看文档的打印效果。你可以使用模拟设置来模拟颜色。

当你在"模拟配置文件"菜单中选择不同的配置文件时，显示器上的颜色会发生相应的变化。对文档进行软打样时，应该选择与显示设备相匹配的模拟配置文件。如果你使用的是经过精确校准的 ICC 配置文件和显示器，那么你在屏幕上看到的效果和最终打印效果是基本一样的。如果你的显示器和配置文件都没有经过校准，那么预览效果很可能与最终打印效果有很大差异。关于校准显示器和配置文件的内容，请阅读 Adobe Acrobat DC 帮助文档。

> **注意**：如果你处理的是PDF/X、PDF/A 兼容文件，则内嵌在文件中的颜色配置文件会被自动选中。

13.5.3　检查 PDF 文档中的对象

借助"对象检查器"，你可以详细检查 PDF 文档中的图形和文本。"对象检查器"会显示图像分辨率、颜色模式、透明度，以及所选对象的其他信息。

下面一起检查文档第 2 页中图像的分辨率。

1. 如图 13-20 所示，从"输出预览"对话框的"预览"下拉列表中选择"对象检查器"。

2. 如图 13-21 所示，滚动到文档的第 2 页，单击图像。此时，"对象检查器"会把你单击的图像的属性列出来，包括图像大小、分辨率等。

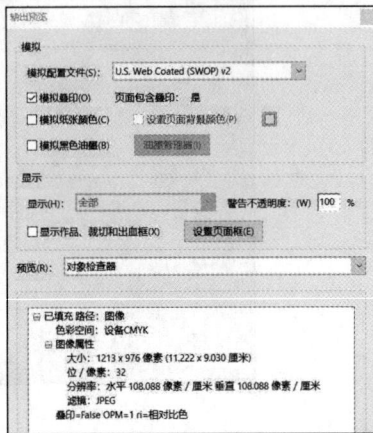

图13-20

图13-21

> **提示**：你可以把"对象检查器"的报告记录下来，供日后使用；为此，你可以按住 Shift 键，单击一个区域，以创建带有该信息的注释。

3. 单击页面中的正文文本，"对象检查器"显示出与正文文本相关的信息，包括字体和字号等。

4. 关闭"输出预览"对话框，然后关闭"印刷制作"工具栏。

13.6　高级打印控制

在 Acrobat DC Pro 中，你可以使用高级打印功能来生成分色、添加打印标记，以及控制复杂透明对象的成像方式。

> **提示**：在 Acrobat DC 和 Acrobat Reader DC 的所有版本中，PDF/X 文件中的叠印会自动显示出来，你可以在"首选项"对话框的"页面显示"中修改设置，为所有文件精确显示叠印。

1. 从菜单栏中依次选择"文件 > 打印"。

2. 在"打印"对话框中选择 PostScript 打印机。在 Windows 系统中，若无可用的 PostScript 打印机，你可以选择 Adobe PDF。有些高级打印选项（如分色）是 PostScript 打印机独有的。Adobe PDF 打印机使用 PostScript 打印机驱动程序，因此你可以选择 Adobe PDF 学习下面内容。

3. 在"要打印的页面"中选择"所有页面"。

4. 在"调整页面大小和处理页面"中选择"适合"。"适合"选项会缩小或放大每个页面，以适合纸张尺寸。

5. 单击"打印"对话框顶部的"高级"按钮。"高级打印设置"对话框的左侧有 4 个选项："输出""标记和出血""PostScript 选项""色彩管理"。

6. 选择"输出"，然后从"颜色"下拉列表中选择"分色"。

7. 在"油墨管理器"区域中单击"油墨管理器"按钮。

8. 如图 13-22 所示，在"油墨管理器"对话框中单击 TOYO 0349 左侧的色块。此时，色块变成 CMYK 色块，表示这种颜色将使用青色、洋红、黄色、黑色印版来打印。Acrobat 会混合青色与黑色来模拟专用油墨，以生成 TOYO 0349 专色。许多情况下，使用 CMYK 油墨生成专色比单独添加专色油墨要划算得多。勾选"将所有专色转换为印刷色"（见图 13-23），Acrobat 可以把所有专色转换成相应的 CMYK 组合。

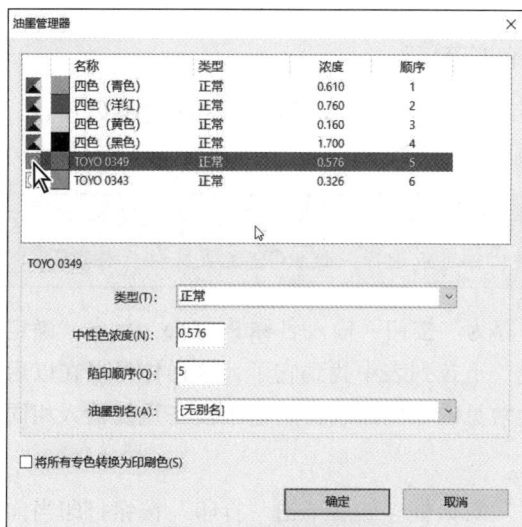

图13-22

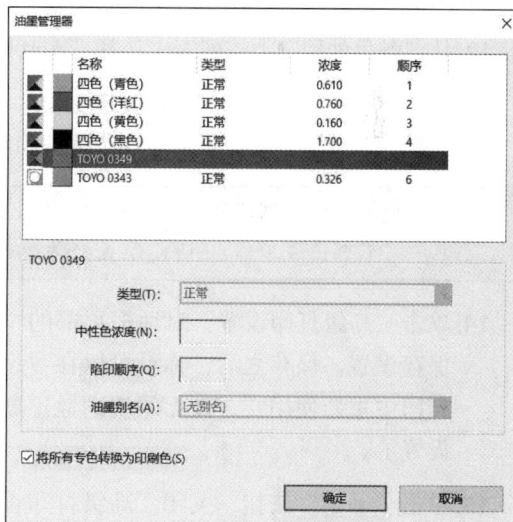

图13-23

9. 单击"确定"按钮，关闭"油墨管理器"对话框。

10. 如图 13-24 所示，在"高级打印设置"对话框中，从左侧下拉列表中选择"标记和出血"，勾选"所有标记",启用"裁切标记""出血标记""对齐标记""颜色条""页面信息",以在文档边缘之外的每个印版上打印。

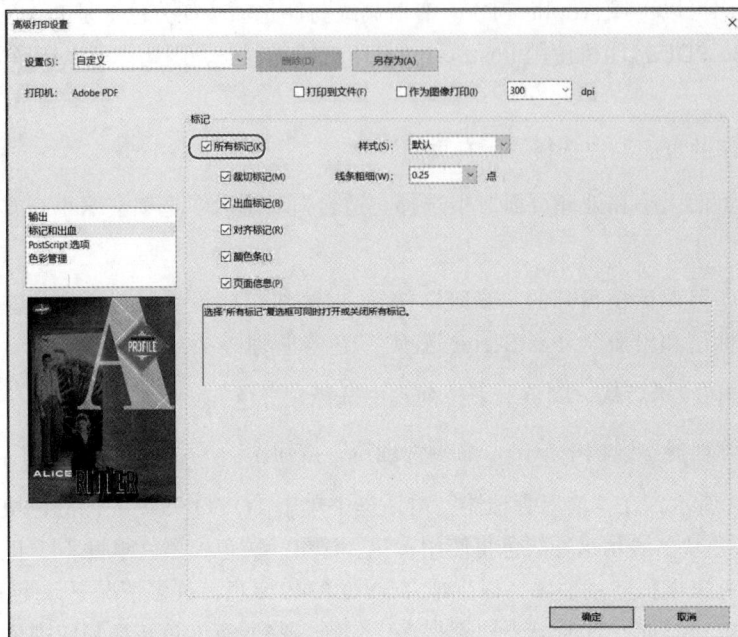

图13-24

11. 从左侧下拉列表中选择"色彩管理"。

12. 从"颜色处理"下拉列表中选择"Acrobat 色彩管理"。

13. 如图 13-25 所示,从"色彩配置文件"下拉列表中选择 U.S. Web Coated (SWOP) v2。你选择的颜色配置文件应该与打印设备相匹配。

> **注意**:如果你选择了一个不支持 CMYK 打印的打印机,"色彩配置文件"下拉列表中将不会出现工作 CMYK 配置文件;此时,你可以选择工作 RGB 配置文件代替。

14. 单击"高级打印设置"对话框顶部的"另存为"按钮,输入名称 Profile,单击"确定",保存设置。保存之后,你就可以在"设置"下拉列表中找到它了,这样你可以在以后的打印中重新使用它,而无须费劲地不断为常见的印刷品或特定输出设备重复输入相同的设置了。

15. 单击"确定"按钮,关闭"高级打印设置"对话框。然后单击"打印"按钮打印当前文档,或者单击"取消"按钮取消打印。

16. 关闭文档,退出 Acrobat。

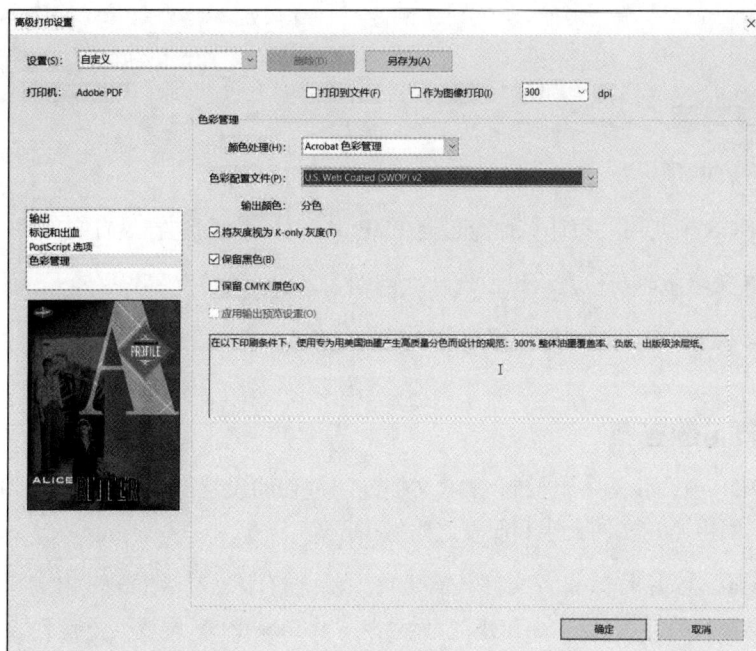

图13-25

13.7 复习题

1. 什么是 PDF 预设?

2. 在 Mac OS 中使用"打印"命令创建 PDF 文档时,如何选择设置文件?

3. 对 PDF 文档做印前检查可以发现什么问题?

4. 什么是专色? 打印时,如何把专色转换为分色?

13.8 复习题答案

1. 一个 PDF 预设就是一组控制 PDF 文档创建过程的设置。这些设置根据 PDF 文档的不同用途在文件大小和质量之间做了平衡。

2. 要在 Mac OS 中修改设置文件,需要首先从"打印"对话框的"PDF"下拉列表中选择"另存为 Adobe PDF",然后从"Adobe PDF 设置"下拉列表中选择一个预设。

3. 使用"印前检查"命令可检查 PDF 文档中的重要区域。例如,在把 PDF 文档发送给印刷服务商之前,你应该对文档做一下"印前检查",检查字体是否嵌入、图像分辨率是否合适,以及颜色是否正确。

4. 专色是一种预先混合好的特殊油墨,用来代替或补充 CMYK 分色油墨。使用专色时需要有专门的印版。如果你对颜色精确度要求不高,建议你不要使用专门的印版来打印专色。你可以使用"油墨管理器"把专色转换成印刷分色。在"高级打印设置"对话框中,选择"分色",然后单击"油墨管理器"。在"油墨管理器"中,单击专色左侧的色块,即可将其转换成印刷分色。

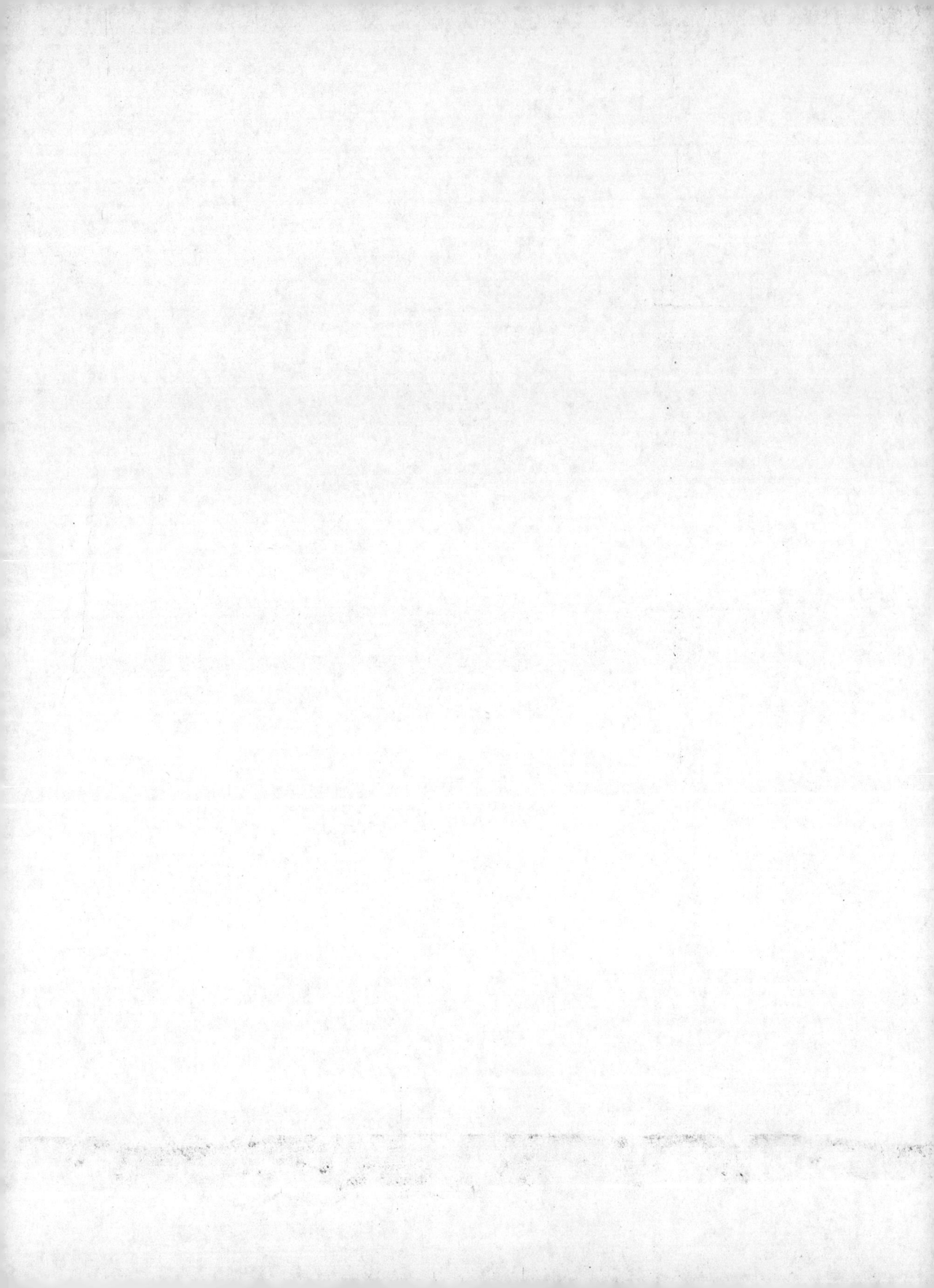